OPEN是一種人本的寬厚。

OPEN是一種自由的開闊。

OPEN是一種平等的容納。

OPEN 1/40

機器人

作　　　者	漢斯・摩拉維克
譯　　　者	韓定中、劉倩娟
責 任 編 輯	劉佳茹
美 術 設 計	吳郁婷
發 行 人	王學哲
出 版 者 印 刷 所	臺灣商務印書館股份有限公司 地址：臺北市 10036 重慶南路 1 段 37 號 電話：(02)23116118 ・ 23115538 傳眞：(02)23710274 ・ 23701091 讀者服務專線：0800056196 郵政劃撥：0000165 － 1 號 E-mail：cptw@ms12.hinet.net 網址：www.commercialpress.com.tw 出版事業登記證：局版北市業字第 993 號

初 版 一 刷　2004 年 5 月

定價新臺幣 380 元
ISBN　957-05-1863-4（平裝）／ 46800030

ROBOT : Mere Machine to
Transcendent Mind

機器人

由機器邁向超越人類心智之路

漢斯·摩拉維克
Hans Moravec／著

韓定中、劉倩娟／譯

臺灣商務印書館　發行

目　次

張系國序

　　大約是一九八四年吧，我還在伊利諾理工學院擔任電機系的系主任。有一天有家公司和我聯絡，要送幾台機器人給電機系。有這樣的好事自然難以拒絕。原來伊利諾理工學院辦學務實，畢業的學生多半進入工業界服務，多少年累積下來成為它的雄厚資本和特色。因此伊利諾理工學院的一大長處是和工業界關係良好，經常有公司自動表示願意捐款給學校，或者提供設備和產品，不一而足。我看這批機器人可以給大學部的學生做實驗，就欣然接受了。這家公司就是當時生產熱門的英雄機器人（Hero）的 Heathkit 公司。英雄機器人的外形矮胖很像星際大戰的 R2D2，十分可愛，能夠滾動，有發聲裝置及觸碰式、聲納、紅外線等感知元件。學生可以寫程式控制英雄機器人做一些簡單的事情，例如感知有人來了就說「你來了嗎？請坐請坐」等。

　　學生起初對英雄機器人頗有興趣，但是玩了一陣都不肯玩了，也不願意利用英雄機器人做實驗。主要的原因是英雄機器人的電腦威力不夠強大，學生必須用低階語言寫程式，而且機器人又很笨，能做的事情很有限。當時令我十分頭大，因為對捐獻的公司無法交代。事實上英雄機器人熱賣了一陣就無人問津，這並不是說大家對機器人沒有興趣，而是時機尚未成熟。這一直是機器人的大問題。儘管科幻小說和科學家言之鑿鑿，機器人最大的挫折是消費者始終不接納它。換句話說，消費者不肯買機器人，機器人沒有市場，發展的公司雖然前仆

後繼，搞了一陣就無以為繼。

這已是二十年前的事了。二十年之後是否推廣機器人的時機比較成熟呢？漢斯・摩拉維克教授在這本書裡提出他的看法。俗語說，吃甘蔗應該倒吃才能漸入佳境，摩拉維克教授的書很能反映這句話。本書的第一章和第二章比較不好讀，尤其是第二章相當枯燥無味，你必須是專家才能完全了解作者在說什麼，但如果你是專家恐怕也不必讀本書了。第三章看圖識字略知內容即可。如果讀者不想先看枯燥無味的章節，這本書應該倒讀，或者從第四章讀起，最後再讀前三章。這是搞工程的人和科學家的習慣，他們總想先說明事實再談比較沒有根據的事情。但是一般的讀者反而是對機器人和人類的未來最有興趣。

一九二一年，捷克劇作家查貝克（Karel Capek）在他寫的劇本《羅桑的萬用機器人》（*Rossum's Universal Robots*）裡首次使用機器人這個字。萬用機器人的概念，也是在這劇本裡首先提出的。本書的第四章討論萬用機器人，從這章開始故事變得比較有趣了。作者提出四代機器人的區分：第一代像蜥蜴、第二代像老鼠、第三代像猴子、第四代才變得比較像人。至於出現的時間，作者預測是二○一○年出現第一代，以後每十年一代。作者也討論了機器人的感覺、感情、愛等，但這些預測討論並沒有超過艾西莫夫的著名科幻小說《我，機器人》（*I, Robot*）的範疇。這本書真正生動的是第五、六、七章。在機器人的時代、心智的時代、心智之火這三章裡，作者提出許多大膽有趣的觀念，值得讀者仔細品嘗。很久以前我就發現，始自科學的討論，最後往往終於哲學。所以作者在心智之火裡討論到哲學問題及存在的意義，並不奇怪。

但是讓我們從未來回到現實世界。機器人的時代會出現嗎？在資

訊工業界有句老話：「什麼是最了不得的應用（killer application）？」這雖然是句老話，卻歷久彌新。誰要推出一種新產品，說得天花亂墜，冷靜的人就會問：「什麼是它最了不得的應用？」假如回答不出來，這產品多半銷路有問題。例如汽車最了不得的應用是可以從甲地到乙地載客，洗衣機最了不得的應用是可以自動洗衣，家用電腦最了不得的應用是從前可以處理文書、現在是可以連網。這些最了不得的應用的普遍特徵是它們都能提升人的能力。但什麼才是機器人最了不得的應用呢？

消費者不肯買機器人的基本原因是機器人不能提升人的能力。汽車、飛機可以提升人的能力，甚至洗衣機也能提升人的能力。機器人如果太像人，對人用處不大，反而變成一種威脅。人並不希望機器人取代他，而是希望機器人能提升人的能力。如果不能做到這點，機器人始終不會有很大的市場。但如果能做到這點，機器人可能就不再是（像人的）機器人了！例如機器人會洗衣，它可能變成智慧型洗衣機，不再是（像人的）機器人。這是機器人最大的吊詭：如果機器人像人，它就不能在商業上成功；如果機器人在商業上成功，它就不再是（像人的）機器人。

我的看法是機器人會繼續在特定的領域獲得成功：噴漆機器人、看護嬰兒機器人、燒飯機器人等等。也會有人反對稱呼它們為機器人，只肯稱它們為智慧型噴漆機器、智慧型看護嬰兒機器、智慧型燒飯機器等等。除了工業用及家用之外，當然還有軍事用機器人，例如柏克萊加州大學發展中的飛翔機器蟲（Micromechanical Flying Insect），就像一隻稍大的蜻蜓。這些智慧型機器其實就是機器人，但不是萬用機器人。萬用機器人可能再過四十年仍然不會出現，不是摩

拉維克教授的預測錯誤，而是人類會故意打壓萬用機器人。人類為了自保，不會乖乖束手就縛，更不甘心像雄蜘蛛被雌蜘蛛麻醉一樣作為下一代機器人的食物。除非……

除非什麼？萬用機器人的最了不得的應用在哪裡？未來會不會真有機器人的時代？在什麼情況下人類才會乖乖束手就縛？我的看法是人機合體的混種人（cyborg）會首先出現。第一個混種人已經問世了，他是英國的華威克（Kevin Warwick）教授，到匹茲堡來訪問時我特地去聽他的演講。他在手臂裡插入電極，可以不用語言直接和他太太通訊，真是心有靈犀一點通！他也可以用心意來控制電燈開關。混種人的好處是殘廢者因此可以行走，盲人因此可以恢復視覺等，換句話說人的能力大幅度提升了。因此我認為混種人會首先出現，然後混種人裡面的人不知如何死了，機器人卻不會死，混種人就自然而然演變成機器人，人類社會不得不接受了它。所以萬用機器人不是人類有意創造來消滅自己種族的，而是人演變成為混種人然後變成機器人的自然結果。當然這是我的看法，摩拉維克教授也有他的看法。親愛的讀者，你說呢？

張系國
美國匹茲堡大學計算機科學系
2003 年 10 月

譯者序

一個十一月底寒風凜冽的冬日早晨，當我帶著凍紅的鼻子快速踏入紐威爾—賽門大樓 (Newell-Simon Hall) 的前廳，就在進門的走道旁，一個不太尋常的景象讓我停下了腳步。吸引住我的目光的是一張長得不怎麼美的臉，正從電腦屏幕裡盯著過往的行人瞧著。我好奇地走上前去，發現在這個不久前才裝潢好的一個小小吧台上，放著她的名牌，上頭寫著：

「機器人接待小姐：薇樂莉 (Valerie)」(http://www.roboception-ist.com/)

薇小姐只有一張電腦螢幕臉。我走到她跟前，她先向我問了聲好，接著問我有什麼問題是她可以幫忙的。

我說：「哪裡可以找得到洗手間？」

「三樓的洗手間就在你前方，繞過大廳的梯子向左轉。還有什麼可以為您服務的嗎？」

「沒有了，謝謝。」

我半信半疑地正預備從吧台前走開，赫然又發現薇小姐竟然開始自言自語起來。我側耳傾聽，咦！

「您好，這裡是卡內基美倫大學 (Carnegie Mellon University) 的電腦科學學院……」

她竟是在接聽從外頭打進來的詢問電話！

這就是卡內基美倫大學機器人研究所眾多研究計畫當中的一個項目。其餘像是漫遊於火星表面進行探勘的機器車 (http://www.frc.ri.cmu.edu/sunsync/html/Background.htm)，或是一年一度的盛事「機器人世界盃足球賽(RoboSoccer, http://www.cs.cmu.edu/obosoccer/main/)」，卡內基美倫大學都是這研究領域中的一個重要成員。本書的作者——現職於機器人研究所，擔任研究教授的漢斯・摩拉維克博士，正是啟動這個新機器人世代的巨擘。在這本書裡，摩拉維克教授不但把故事從頭說起——由青年時期他在史丹佛大學研究機器視覺開始，細細描述各個世代機器人演進到今日的過程；更精彩的是他透過多年來積累的實際研究經驗，從人文的關懷角度出發，透過科學的舉證，為我們對未來的世界臨摹出一個精確和令人歎為觀止的想像圖。身為讀者的我們會發現，機器人將不再只是死板板、冷冰冰的金屬機械，而是結合了人類在人工智慧、認知科學和生物科技上的種種突破，所精心創造出來的「新生命體」。隨著機器人以及相關研究的進展，哲學上思辯已久的「心身問題 (mind-body problem)」終將失去它的重要性。機器人將成為人類智慧和科技的結晶，會接續人類傳遞生命的種子——只是這樣的生命，這「意識」，將不再具有我們所熟悉的形式了。

　　就讓我們隨著作者的引領，展開這一個飛向奇異新世界的美妙旅程吧！

韓定中與劉倩娟

美國匹茲堡卡內基美倫大學

2004 年 1 月

前　言

　　這本書其實在我腦海中已經醞釀了近五十年的光陰——打從我還是一個學齡前孩童時，與一套機械組件的邂逅後，便在我腦海中深深植下了「無生命組件在組合後可以表現出像是擁有生命行為」的迷人概念。一九七八年我將這一系列的想法第一次以文章的方式呈現，一九八八年一本書因之而誕生，接著便是一九九八年的這一本書。

　　一九七八年時，我正在史丹佛人工智慧實驗室 (Stanford Artificial Intelligence Laboratory) 完成有關具有視覺能力機動機器人的博士論文，並且與實驗室的先驅創始人約翰・麥卡錫 (John McCarthy) 抱持著相左的看法——當時他正專注於有關電腦推理 (computer reasoning) 方面的研究。那時能夠推理的電腦程式已經可以在一些非常專門的領域上勝過人類，約翰因此進一步認為，只要賦予適當的程式，電腦便能夠如同人類一般表現出完全的智能。然而，我在電腦視覺方面的研究經驗告訴我這是不可能的。對機器人來說，每次對世界的驚鴻一瞥都是由上百萬畫點的馬賽克拼圖所拼湊出來的。光是造訪每一畫點就要耗去當時電腦數秒的時間，若是要找出一些稍微複雜的圖形樣式，則要耗去數分鐘，至於要將兩眼（攝影機）看到的影像加以完整的立體比對，則更要花上數小時的計算。相比之下，人類的視覺系統只消用去十分之一秒便能完成遠為複雜的工作。

　　在一九七八年，沒有一台電腦能夠稍稍達成人類每天都進行的基

本感官、運動和推理工作的技巧。更不幸的是，朝這些目標邁進的研究似乎都深陷泥淖。當時我力排學界瀰漫的悲觀主義，指出機器若要在這些方面達成像人類般的效能，我們需要的是數以百萬倍更為強大的電腦，並且這目標或許能夠在一個僅長達十年的速成計畫中，利用連接數以百萬台當時最新的微處理器 (microprocessors) 達成。科幻雜誌《類比》(Analog) 在一九七八年時刊登了我以這論點為基調的文章，題為〈今日的電腦，智慧的機器，以及我們的未來〉(Today's Computers, Intelligent Machines and Our Future)。

刊登在《類比》雜誌上的文章不切實際地要求人們投下數以億計的資本來建造足以實現像人類效能的機器。我在後續的文章中將之逐漸修正得較為務實，認為我們只需要花二十年的時間，建造數百萬元等級的電腦，便可以達成目標。但是在人工智慧的研究領域中，單一電腦的運算效能卻在降低！研究機構擁有的大型電腦隨時間逐漸被個別研究團隊擁有的迷你電腦所取代，而迷你電腦則再被汰換為工作站及個人電腦。然而，電腦的價格／效能比卻在改善，這意味著單一機器效能上的降低趨勢遲早要停止。根據這些觀察，我決定該是重新審慎修正我之前預測的時候了。在一九八八年我將十年前的那一篇文章擴充為一本書：《心智孩童：機器人和人類智能的未來》(Mind Children: The Future of Robot and Human Intelligence)，書中指出實現像人類效能機器的目標，可以在四十年內以萬元級的個人電腦達成。

到了一九九〇年的時候，個人電腦在效能上已經超越了一九七八年的大型電腦，而之前太過複雜而無法計算的問題已經開始得到一些解答。家用電腦很快就開始能夠識別印刷和口語上的用字，而實驗性的機器人則開始巡梭於走道和高速公路之上。憑藉著較《心智孩童》

一書時期更為穩固的基礎，我在本書中預測：展現像人類效能的機器將在四十年內藉由千元級的電腦實現。儘管這些問題的困難度比當初估計的高了一些，但是電腦效能的快速進展也或多或少起了一些彌補的作用。

我在《心智孩童》一書中所提出種種的近程預測都相當準確，但是只有一項除外：直到今天我們仍見不到四處移動的機器人穿梭在我們的住家之中，協助我們處理各種事務。早在一九八八年時有一些剛成立的小公司開始發展用於安全、清潔以及運輸的機器人——這些機器人可以像昆蟲一樣，藉著感測牆壁和特殊信號，在事先安排好的路徑上進行自我導航。我曾經希望這些處女作能夠進一步發展成為能夠感知周遭環境並自由行動的先進（且更易於銷售的）機器人。唉，事實證明這些第一代機器人未能抓住顧客的心，因此這些公司也就一家家夭折了。今天我們儘管擁有能夠感知的機器人，但是它們都只存在於實驗室裡。但是，這一次的機會卻不再是虛幻的！根據本書第四章對於實用機器人的預測修正，在這裡我要提出與之相呼應的商業藍圖：在二〇〇〇年前我們應該有能力將現有工廠中的車輛載具加裝上足夠賦予其感知空間能力的配備，以使這些車輛載具能在沒有繪製地圖的區域自由工作；在二〇〇五年前我們應該可以將這樣的科技普及到一般家用的小型吸塵器機器人；接著是二〇一〇年前創造出多功能「萬用」機器人。我們即將迎接一場科技的競賽：許多機器人技術就要起飛。

本書第四章預測了四個萬用機器人世代，每一世代都會延續大約十年。第一代萬用機器人擁有像蜥蜴一般的空間概念，第二代則添加了像老鼠一般的適應力，第三代擁有似猿猴般的想像力，而第四代則

具備了像人類一般的推理能力。這看似制式的時間表其實是源自於將每種原型動物的腦與不斷進展的電腦計算能力相匹配的結果。就演化的歷史來說，人類花了三億年的光陰由原始的脊椎動物（具有像昆蟲般的複雜度，就像今日的機器人一般）演化為似蜥蜴般的動物，花了一億五千萬年的時間演化為像是老鼠般的生物，僅用去了七千萬年化身為猿猴般的生物，最後又用去了約僅五千萬年的時間演化成為今日的人類。我所預測的時間比例，放在近程上可能過於大膽，放於遠程上卻可能又失之微小不足道——這正是一個預測科技發展的典型問題。在未來這一系列的下一本書中（預計在二〇〇八年出版），我當然會提供一個經過校正後的新預測。

在那之前，你可以在我的網頁（目前的網址如下）中找到相關最新的發展、評論、參考文獻和彩色插畫（你也可以用關鍵字「hp-m98book」找到該網頁）：

http://www.frc.ri.cmu.edu/pm/book98

第一章
逃逸速度

　　從古至今，漸進式的改變不斷地塑造著我們的宇宙和社會；但是直到最近，人類才跨越了用日與夜、夏與冬、出生和死亡這樣侷限的眼光，來看待人類的文明。①隱埋在歷史軌跡之中的萬物變化，一直要等到被持續加速的歷程縮短在人的一生時間長度之內，才得以被發掘。在這個時代，無論我們藉由任何一種度量方式來量衡——能量、資訊、速度、距離、溫度、多樣性——這個已開發的世界，正以一種前所未有的速度成長得更為強大更為複雜。這樣的描述至少可以概括在過去半個世紀的人類歷史，抑或是自五千年前農業革命和書寫文字發明後的大部分時光。

　　許多源自這加速進展過程中的產品——舉例來說，書寫文字的發明、城市、國家的形成和自動化等——反過頭來更加速了這進程。在今天，這飛快的步調正考驗著人類適應能力的極限，舉例來說，科技教育往往在學習過程結束前，就已經落伍。但是，這樣的加速過程仍然無情地持續著——每當人類落後的時候，機器便起而代之。在一九七〇年代，生產一個擁有上打或是上百個零組件的積體電路（integrated circuits）所需的光學樣式，必須藉由人以手工的方式在塑膠片

①Stephen Jay Gould, *Time's Arrow, Time's Cycle: Myth and Metaphor in the Discovery of Geological Time* (Jerusalem-Harvard Lectures), Harvard, 1987.

上繪製。今日的電腦晶片擁有數以千萬計的零組件，它的設計藍圖，卻是由在它上一代電腦上執行的設計程式自動排列而成。這些電腦不但創造了它們的下一代，而且完成設計的速度，更是少於一年的光陰，遠比人類平均設計歷程所需的三年時間要快上許多。

　　這種自我加速的電腦演化歷程，影響了許多其它科技領域，幾乎每一位設計工程師的作品，都被不斷更新的電腦工作站和通訊設施加以無限放大。讓我舉一個非常貼切的例子：一台嶄新波音 777 飛機的許多零組件，是由彼此相隔千萬里的工程師團隊們，運用功能強大的三度空間模擬程式，同時間設計而成的。工程師們使用電腦程式，將局部裝配組件的設計，結合成一個完整虛擬飛機的模擬，以便在第一台實體原型機真正被製造前，也就是在問題還能容易而快速地修正的時候，將種種或大或小有關機械、電汽、控制，或是空氣動力方面的問題，加以發掘出來。這樣過程的結果，使工程師得以只耗掉設計前一代飛機所需的一半時間，就足以完成設計一台擁有前所未見複雜程度的飛機工作。同樣地，化學家和生物學家們也正以只需數週時間就能完成的電腦程式，來模擬分子行為，以達成之前須耗費經年的實驗室苦工才可完成的工作。建築師們更早在一九九〇年代便開始以電腦工作站代替繪圖桌和種種人工的設計工作，進而將他們的生產力提高了四倍。

消失中的眞實

　　千年以來，人們毫無疑問地相信著這個可以在每天日常生活中得以印證的物理規則：「往上拋的東西最後一定會掉落下來」，直到數千年前牛頓發現了萬有引力定律，告訴我們運行速度夠快的衛星可以

在太空中保持在一個穩定的軌道而不會下墜，而運行的更為快速的拋射物體，則可以逃脫地心引力的掌握，飛向冥冥太空。同樣地，「被摩擦生熱的木塊最後總會冷卻下來」這句話，對我們遙遠的祖先來說是如此地真實正確，直到他們其中一位發現如果摩擦得夠久，使木塊溫度達到燃點，熊熊燃燒的火焰，會將溫度提升到遠比木塊自身的溫度高上許多。在我們現今的工業社會裡，「機器最後總會耗損毀壞」是一個永恆不滅的真理，但是隨著機器逐漸擁有設計、診斷，以及自我修復的能力，這樣的真理也將付之東流。一旦擁有了「逃逸速度」(escape velocity)，機器將比我們現在所知道的更有能力，不再需要人類的協助，而是藉由自我學習變得更為強大，就像人類自身經歷過的生命和文化演化進程一樣。那被摩擦的木塊，此刻已然生熱生煙。

就像坐在不斷上升中的電梯裡的乘客一樣，那些乘坐在進步浪潮上的人們，往往對自身已達到的高度渾然不自覺——直到他們從一閃而過的窗戶外，驚鴻一瞥看到了已遠離的地面。在一九三〇年，一群來自澳洲的淘金客飛進了無人居住的新幾內亞高原，無意發現了一支與世隔絕了五萬年的人類文明。那呼嘯而過、降落在泥屋附近的巨大金屬鳥兒，釋放出一群皮膚鬆垮沒有性器官的奇異白人，帶著一台叫做「柯達」(Kodak) ②的小型黑色盒子，據說擁有攝人靈魂的能力，使那些赤裸著身體、手持石矛的原住民，忽然陷入一種混雜著困惑、宗教式的恐懼及崇敬的複雜情緒。

在一九九一年，一位來自亞馬遜流域亞諾瑪米 (Yanomami) 部

②Bob Connolly and Robin Anderson, *First Contact* (motion picture) produced in association with The Institute of Papua New Guinea Studies, New York: Filmmakers Library, 1984.

族，名叫達威・科比納瓦 (Davi Kopenawa) 的原住民，跨出了歷史性的第一步——他代表他的部落走出了叢林，進入了外面的世界。擁有大約兩萬人口的亞諾瑪米族，是世界上僅存最大的石器時代部落。亞諾瑪米人已經與世隔絕了一萬年，直到二十世紀傳教士和人類學家——甚至晚近的高速公路建築工和金礦工——開始入侵他們的家園。達威與一位隨行的口譯人員，帶著他僅有的一些私人物品，穿著布鞋、牛仔褲和一件為了這長程旅行而送給他的線衫，走遍了紐約、華盛頓和匹茲堡，懇求世人放過他的部落：外來的疾病例如瘧疾，已經在五年內奪走了五分之一在巴西境內亞諾瑪米族人的性命。

　　在大城市中的所見所聞震驚了達威：這些如螞蟻般的瘋狂人群，成天在高聳天際的建築中上上下下，心中所想的不是自己的親屬家人和大自然，卻只是汽車、金錢和更多的財物。在造訪動物園時，達威對於生活在塑膠植物、金屬藤網和污濁空氣圍繞下無精打采的動物們頗能感同身受。他說：「如果我必須在你們的城市裡住一個月，我一定會死在這裡。這兒根本沒有叢林。」

　　達威言之成理。今天我們身處的世界，無論在文化或實質上，都與過去我們藉生物本能不斷適應的世界有著極大的差異。在過去兩百萬年間，我們其實一直被持續進行的冰河時期形塑著。在這期間內，地球上的氣候持續變化著，而覆蓋地球大部分的冰河，則以數萬年的週期成長與衰退著（目前這一段溫暖的氣候只是間冰期 [interglacial period] 而已）。這樣的變化造就了生物的高度適應性，因為任何僵化地迎合特殊環境的生命形式，將無法存活。而人類這一個物種，我們的高度適應力，來自於極度發達的大腦和延長的童年期——這些造就了人類對文化的高度適應性，也使得我們的語言愈來愈豐富，得以

將學習來的行為變化快速傳遞下去：當我們成長到青春期時，我們可以同樣輕易地長成為身覆毛皮的極地獵人，或是身穿長袍的沙漠遊民，抑或是全身赤裸的赤道採集者。綜觀所有人類的歷史，文化的承傳，幾乎都扮演了支撐生命延續的直接角色（這描述用在達威的世界仍然正確）：它回答了許多生命賴以延續的實際問題。但是就在五千年前左右，一個在人類文化歷史上的進展，大大改變了人類的生物本質和文化之間的關係。

文化革命

文化提供了另一種演進的媒介，使我們能很快地適應環境上的變化。匯整而成的行為規範，就像生物基因一樣（套用理查・道金斯 [Richard Dawkins] 在《自私的基因》[Selfish Genes] 一書中提出的名詞，③就是瀰 [memes]），透過突變和重組，由這一代傳遞到下一代，但變化甚至較生物基因更為迅速。一個生物本質的特徵，需要透過好幾世代的天擇和繁衍才能在族群中站穩腳跟，但是一個文化上的行為，卻可以在人短短一生中，迅速地變化並傳遍整個社群好幾回。人類在經過數十萬年緩慢的文化漫遊之後，我們的祖先因緣際會地發明了一套行為規則，進而催化了更多複雜的行為和知識，以及伴隨而來支援這些行為知識的科學工具：這正像是一個自我加速的進程，在今天就要將我們推進到了逃逸速度。至於到底是什麼樣的洞察，能夠在單純的知識積累之外，引發這樣劇烈的變化，仍是一個迷人的問題。也許在距今一萬年前的近東和現今的中國，人類族群或因數量激

---

③ Richard Dawkings, *The Selfish Genes*, 2nd edition, Oxford, 1989.

增，或因被迫遷徙，導致由狩獵和採集得來的資源不敷使用，迫使存活下來的人們開始農耕生活，最後因而一舉將人類帶進了農業文明。

過去幾百萬年來，靈長類動物 ——包括我們的祖先——都是以部落的形式生活著。在靈長類部落中，個體成員間能夠以非常親近的方式認識對方，也能在相互之間保持長久的一對一關係，像是支配、臣服、友誼、敵意、歉疚、怨恨和好奇心等等——就像電視肥皂劇裡不斷上演的情節一般。這樣複雜的社會化程序，為部落帶來了巨大的優勢。每每在危急的狀況下，部落成員知道可以將什麼樣的工作託付給誰。但是要記住每一個成員這樣多種的屬性，腦中總得要有一個空間來存放這些訊息。羅賓‧唐巴爾 (Robin Dunbar) 的確找到了在猿猴的腦容量和其團隊大小之間的線性關係④——舉例來說，獼猴 (macaque monkeys) 一般都以十五隻的數量形成一個團體，而腦較大的黑猩猩 (chimpanzees) 和大猩猩 (gorillas) 則生活在大約由三十到四十隻個體組成的部落當中。這種像是肥皂劇中才會出現的關聯性，極可能是促成靈長類動物演化的原動力之一：因為在爭奪食物和棲息領地的鬥爭當中，一個充分協調的較大團隊，較有可能贏過一個較小的團隊；這賦予了能夠組成較大的團隊、擁有較大腦容量的物種一個優勢。唐巴爾進一步將得到的線性關係，外推到人類腦大小的情況，進而推論人類自然的部落大小，應該是在兩百人左右。事實上，這正是在自給自足、沒有階級之別的人類群體中，所能形成的最大數量：由前文提到的亞諾瑪米原住民、吉普賽部落，甚至對現代的嬉皮族群的觀察，這

---

④ Robin I. M. Dunbar, *Grooming, Gossip, and the Evolution of Language*, Harvard 1997.

推論的確可以成立。在現代社會中，個體間的熟識網絡也許看來複雜，卻也逃脫不了這源自部落時代起就加諸我們身上的限制——我們可以在種種軼聞趣事中印證這理論。舉例來說，內人曾參與了許多不同的教會組織，觀察到每當一個教會成長到大約兩百人左右時，組織便會經歷嚴重的自我認同危機。在一九七〇年代，當卡內基美倫大學電腦科學系只有一百人左右時，該系以擁有互助合作，彷彿美滿和樂家庭一般的環境著稱。電腦科學系在一九八〇年代經歷了快速的成長，到了一九九〇年代時，整個系膨脹到了六百人大小，在旗下分支的各部門和各研究計畫中工作的人們，往往根本不認識另一個部門裡的同事。

農業文明之所以可以成長到遠遠超過村落大小的規模，要歸功於種種社會文化上的創新，像是各種因制度而產生的新角色，例如國王、士兵、教士、商人、稅務員和農民等等；每一種角色都擁有自己的穿著、儀式和基本的慣例，使得記憶上千人之間關係的工作變得不再如登天般困難。但是新的解答也帶來了新的問題。在小村落裡，騙子很容易就被揪出來加以懲罰，但是在一個複雜的大社會裡，隱姓埋名的他們，很容易找到許多機會和藏身之處。公權力機制的建立，像是樹立道德權威、立法機構、警察制度和各種不同的罪行標籤，或多或少反制了這種會導致社會崩潰瓦解的力量。知道誰欠了誰，欠了什麼東西的問題，在小村落裡可以仰仗著記憶力來解決，但是到了大城市裡，卻成為一個引發犯罪的動機。這也鼓勵了各種維持記錄的發明：例如簡單的記號、算數用的標記，進而演變為數字系統、書寫文字，一一應運而生。這些嶄新的社會運作，不同於過去的部落生活，為我們帶來了更為複雜的程序，需要花長時間的學習才能得心應手。

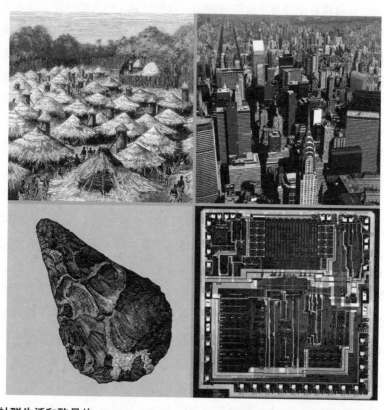

社群生活和矽晶片

本圖的左方裡，顯示著在過去的一百萬年裡，我們生物特性上所歷經的演化過程。
而在圖的右方，則顯示的是我們在文化上演進的奇異歷程——這個過程是如此的
迅雷不及掩耳，以致於我們的生物本能無法完全跟得上這個進展進程的腳步。大
部分的我們之所以還能夠成功地將自己擠進這個新的生存模式安身立命，其實都
要歸功於我們繼承著古老的生物設計裡的一種彈性。這也就是為什麼我們對新的
生活方式有時仍感到不自在，而有些人甚至永遠無法適應融入其中的原因。

這也因此延申了人類正式的訓練期間，於是應運而生的便是老師和學校的設置。

就如同村落，不同的文明之間也會互相為搶奪資源而彼此競爭，而擁有能夠發明創新組織的一方，往往能在競爭中取得上風。有時這也會觸發激烈的文化革命。舉例來說，發達的農業有賴於對季節變化的精確知識，由此因而促進了對天體運行的進一步了解；抑或是在各種軍事和建築的工作中，若擁有專業智囊團和建築師的幫助，工作將會進行得更為順利和有效率，因此天文觀星家、哲學家、魔術師、工程師和工匠等等，一一出現在人類歷史的舞台上。這些專業智囊團的種種發明創造，藉著愈來愈有效的文字系統，得以跨越時空無遠弗屆，因而更加速了創造發明的腳步。這最終的結果是成就了一個遠比生物演化更快速的進程，使得人類得以居住在更精緻的生活環境，尋得更迅捷的方式來旅行和溝通，建造更巨大的儲存空間，佔領更廣大的生活領域，和控制更大量的能源。這也使得這世界變得離村落式社會愈來愈遠（不論是遊牧式或是定居型的村落），進而在人的適應力上，加諸了更多的要求。

從水裡走上陸地的怪鴨

在今天這個時代，正當機器在許多方面已經發展到擁有逼近人類能力的時候，石器時代的人類生物本質，和已然來臨的資訊時代生活之間，卻存在著愈來愈巨大的差異。許多工作在已開發國家當中，變得如此地專門和深奧，以致於人們需要花上他們一生中的一半工作時間，來取得一個研究所學位，才可能習得並專精於這些工作所需的知識技巧。當社會上各種職司變得更為複雜、專門、離我們生物天性愈

來愈遠時，這些工作將需要更長的時間來學習，但卻帶給我們內心愈來愈少的滿足和成就感。在今天，愈來愈多人發現，他們其實並不了解這個科技社會賴以運作的許多重要元素。就算在職業生涯中獨佔鰲頭的人們，也常常認為他們的工作是無趣的、艱難的、不近人情的，這也使得他們開始對工作感到不滿；他們認為這與其說是一個真實的生活，反而比較像是在馬戲團裡持續地演出。於是咖啡因替代了自然生活帶來的刺激感，而許多人類的原始工作，像是進食和生育，便被一些奇異的新工作給推擠到一旁。這種種存在於人類生物天性和現代生活必需之間的差異，使得即使人類享受著富足的物質生活，卻仍然不斷地感到疏離。

從我們先天遺傳的部落心理角度來看，現代的人們不但病態而且瘋狂。但是在實質上，我們卻比起過往任何時代的人類，活得更為健康和長壽，在生活的每一個環節上，也享有遠比以往更為豐富的選擇。儘管現代的城市居民對他們的生活感到不自在，他們之中卻很少有人會願意再回到石器時代，在叢林部落裡度過頗多受限的生活。相反地，許多第三世界國家，正努力採用已開發國家的模式，來克服他們物質上的問題（記得達威嗎？他現在已經成為在世界各種生態會議上發表演說的常客，而報導他的故事和評論也遍佈在許多網站上！）。另一方面，已經城市化的人們發明了許多能夠滿足他們部落需求的替代品；舉例來說，教會和許多其他種類的社會組織應運而生，提供了一個讓如同部落大小般的團體共享同一目標、擁有同樣經歷、認同明確的神話，和期待成員擁有一致的行為。也有一些人會在充滿競爭性的運動活動中（就像部落間的戰爭）、戶外生活的假期裡，甚至在後院的烤肉活動中獲得慰藉。有些商業旅行甚至就像是古

時候狩獵巨象的長征，只是缺乏著應有的場景，比如小心翼翼的跟蹤，和成功獵殺後的心滿意足——這時度過一個高爾夫週末就填補了這缺憾。但是，隨著現代生活步調、多樣性，和全球性不斷地增加，就連這些偶爾為之，用以模仿我們遠古祖先生活方式的替代品，也會變得不敷所需。這個世界正快速地飛離我們延續自祖先的傳承，考驗著人類在生物上和文化制度上的適應能力。

有些人和社團嘗試著把自己與這個難題分離。居住在賓州 (Pennsylvania) 的阿曼族人 (Amish) 就是一個例子：他們的生活永遠停留在十九世紀初期鄉村工業化的方式。一些提倡隱士生活的宗教教派則以類似孤立部落的方式運作著。存在於一九六○和一九七○年代中的反文化鄉間社區，則刻意模仿村落形式。但是，工業社會卻從各種領域中以不斷增加的人口、便捷的生活，和旺盛的競爭力，逐漸侵蝕著這些社區，因為它們沒有理由和法源來剝奪社區成員從現代醫學、平價的食品、衣物、建材、實用的機械，以及能夠賦予個人權利但卻也可能會混淆視聽的教育中，獲得好處。

在今天有一些反對的聲音出現，認為全世界應該反璞歸真，重回過去的生活形態。但是由於現代文明提供了食物、居所和各種的便捷，使得其他數以億計的人們對這樣的意見不表贊成。然而弔詭的是，當未來我們所創造的文明達到一個能夠自我維持的成熟度時，它同樣也可以提供回復以往人性和自然世界的方法和工具。

回到未來

在工業革命時期，隨著持續改良的機器，在產能上超越和取代了人力，社會整體的生產力也隨之提高。透過單純的財貨流通，或是藉

由工會和所得稅等社會制度的創新，隨之而來的財富也更廣泛地被散播出去。財富的成長可以從公共和私人支出的增加，和休閒時間的延長裡看出端倪。在過去的三個世紀裡，工業國家逐漸將奴隸、童工和每週工作超過一百小時的工廠，以每週低於四十小時的工時制和退休等制度取代。

儘管在短時間之內，這樣的趨勢會有小幅的變動，長遠來看，隨著機器擔任更多，甚至是全部的重要生產工作，全球各地的人們將進入空有財富卻無事可做的時代。在工作時間內，企業可以為了各種奇特的需求運用人力，但是人們卻可以將休閒時間加以規畫，用以滿足人類原始採集的天性。人類將重新獲得以更自然的方式規畫自我生命的機會。而地球也會因為這個進程，而變成一顆更翠綠的行星。當社會在經歷工業化而達到富裕的過程裡，雖然各種問題，例如森林的消失、污染等等會隨之而生，但是這惡化只會到達一定的程度。

進一步成長的財富將會使得擁有綠色環境不再是奢侈品，進而減少各種負面的工業化現象。先進的科技，會從塑造他人生活開始，進而影響到個體所屬的社區。近數十年來，隨著每人年平均所得成長超過了一萬五千美元，在美洲、亞洲和歐洲的已開發國家，早已開始了他們回歸綠色環境之路。許多其它開發中國家也正在朝這個轉型點前進。先進的機器人藉由科技加速演化的過程，以及——舉例來說——將一些極為艱鉅的工作移往太空，會間接地強化這不斷綠化的趨勢。這些機器人將會取而代之，一肩挑起工業中屬於能量和化學技術密集的物質分離以及成型過程，進而直接為綠化進程作出直接的貢獻。這些遠超過人類數量的機器人群，可以不辭辛勞地以極高的工作效率，運用它們微型的手指在極小的尺度下進行物質排序和整理的工作。

一九〇〇到一九九四年間美國人平均財富與製造空氣污染之間關係圖

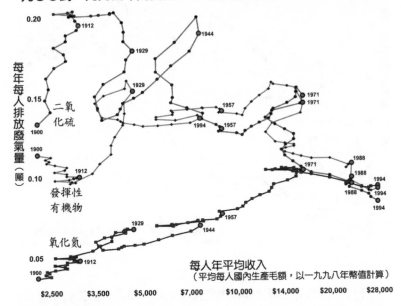

先是上升，再來下降

人類所擁有不斷增長的知識和財富，為每個人帶來了更多的選擇。一開始的時候，個人的需求和慾望會超越群體層面的考量，但是最後社群的需求將會變得更為容易實現。打從一九七〇年起，儘管美國的人口和個人物資消費量都在不斷地提高，但是當個人的平均收入到達了與一九九八年幣值相當的一萬五千美元時，環境污染的程度便會開始大大地改善。這是因為來自公眾輿論的影響，決定了社會發展的方向，而科技和財富則提供了必要的工具。

✳資料來源：一九九六年美國統計概略資料 (U.S. Statistical Abstract of the United States)，由美國人口普查局 (U.S. Census Bureau) 於一九九七年出版——特別是試算表版本當中的第三七四號表格。輔助資料來自美國人口普查局於一九七六年出版的美國歷史統計資料：由殖民時代到一九七〇年 (Historical Statistics of the United States: Colonial Times to 1970)。

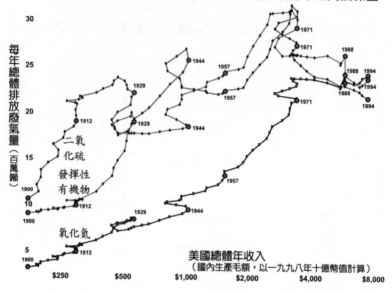

一九〇〇到一九九四年間美國總體財富與製造空氣污染之間關係圖

毎年總體排放廢氣量（百萬噸）

30

25

20

15

10

5

1971

1971

1988

1944

1957

1988

1994

1929

1957

1994

1912

1988

二氧化硫

1971

發揮性有機物

1929

1944

1900

1957

1912

1900

氧化氮

1929

1944

1912

美國總體年收入
（國內生產毛額，以一九九八年十億幣值計算）

1900

1912

\$250   \$500   \$1,000   \$2,000   \$4,000   \$8,000

　　任何抉擇都有它隨之而來的後果：正當人類決定回歸到生物本能時，機器將航向那令人不舒適的、但卻擁有無限機會的未知領域。

　　就如同存在於今天的組織一般，未來全面自動化的公司，將不只會在例行的生產和配送方面進行競爭，也會在計畫、發展和研究方面一決勝負。對於為了這些競爭而製造的機器人們，外太空將會為它們帶來前所未有的巨大競爭優勢：不論是在能源、物質、空間，甚或是為了避稅方面。很快地，全自動化的工業便會向地球以外成長。太空工業將會不斷地改進，並且在規模、效率、多樣性和智能上飛快地成長。留在地球為了「消費者通路」而留下的工業，雖然在絕對大小上並不會縮減其規模，但在整體上卻會不斷地降低其佔有率。古老的地

球，將在整個由地球源起的浩大進程中，變得愈來愈微不足道。

機器人工業最初會由以往既存的企業體轉型而成，並保留其制度、法律和競爭的架構。但是其後，它們將會開始探查和開發出非傳統的機會，有些甚至是非常非人類的。我們所創造出的人工後裔，將會在結構上、生理的差距上，在與人類思考和動機的相似度上，成長得與我們大相逕庭，甚至遠遠超越我們。總有一天，它們的存在將會與古老的地球不再相容。即便如此，人類——一切機器起始的歷史源頭——即有可能以某種形式被保存下來，只是這些形式對許多人來說可能極端怪異。也許，藉著依附在一個擁有超級智能的宿主上，或是轉型成為某種與機器相容形態的方式，人性將得以借用某種方式，參與未來進程的主流——這聽來的確非常的非人類。

然而，在數億年前由簡單的化學反應，所誕生的第一個生物有機體，和後來人類藉著對於操作和學習事物技巧而發展出來的科技文明，這兩者之間存在著一個類似性。科技文明和其賴以存在的人類心智，就像是一個剛誕生、脆弱又與以往截然不同的新存在形式，這跟生命之間的差別，就像是生命與簡單化學反應之間的差別一樣。讓我們把這新形式叫做心智 (Mind)。心智並不像生命一般，只能由過去習得經驗，但卻對未來一無所知；心智可以從種種可能性中，以不完美的方式來選擇自己的命運，甚至是選擇去強化那種能力。

心智之火

我在本書的第二章中將會回顧目前機器人技術的發展狀況——目前這整個工業，就像是一個牙牙學語的嬰兒，很快就會迅速地成長茁壯。在接下來的章節裡，我將會提供對未來的預測和對策。由混沌理

論 (chaos theory) 中，我們知道高敏感度的系統通常難以預測，但卻易於控制。在那樣的模型下，事實上未來是「可以」被預測的——只要人們持續地朝著這個預測的方向一步步邁進！只要是可信賴，和在現實生活中可行的預測，都可以藉著啟發更多的發明創造而讓預言逐步成真。每當這種充滿積極性的預言，最後被證明子虛烏有的時候，常常都是因為該預言忽略了更有力的可能性，而不是預言的目標太高而遙不可及。

十三世紀的羅傑・培根 (Roger Bacon) 曾預言，終有一天人們可以藉由一雙神奇的七里靴 (Seven-league boots)，⑤快速地環遊世界，而不用靠搭乘飛行器。十六世紀的達文西 (Leonardo da Vinci) 設計了一台飛機——但是飛機是由人的肌肉力量驅動，而非今日使用的內燃機引擎。十九世紀時，朱爾斯・威恩 (Jules Verne) 預言了潛艦戰爭的來臨——但與之相對的卻是木造船隻，而非今日由電子偵測裝備和戰機護衛的裝甲艦隊。在那不久之後，赫伯・喬治・威爾斯 (Herbert George Wells) 預言了在遙遠的未來，人類本身將會經歷一場巨大的轉型——但是他預言的這種變化是隨自然演化而來，而非來自人為的工程。科幻小說在二十世紀的初期，受到了康斯坦丁・契爾高夫斯基 (Konstantin Tsiolkovsky)、羅伯特・哥達德 (Robert Goddard) 和赫曼・奧伯爾特 (Hermann Oberth) 等火箭先驅所帶來理論、發明和預測的激勵，文中充滿了對太空船的描寫——但是這些先進的太空載具，卻是由還在使用計算尺 (slide rule) 的人類導航員指揮，而非使用現代的數

---

⑤源自十七世紀的神話故事《小拇指》(*Le Petit Poucet*)；七里靴可以讓人一步七里（七里約為三十五公里）。

位電腦（看來特別是電話、無線電和電腦以及它們帶來的廣大應用，讓這些預言家跌了一個大觔斗）。現代的世界也沒有搭載乘客的巨大飛船隊伍，穿梭飛翔在大西洋之間；取而代之的是更容易維護管理、比空氣更重的飛機。

除非地球發生了浩劫，我認為智慧機器的發展，在不久的將來將是不可避免的趨勢。在本書的第三章和第四章裡，我將會描述這樣的一個假想狀況。就如同飛機的發明，但卻不同於太空船和無線電的創造發明，機器智能將是對一個在生物上已經存在的實體的模仿。邁向智慧型機器人之路的每一個技術環節，在生物演化上都有約略相近的類比，也都非常可能會造福創造它們的發明家、製造商和使用者。每一個進展都會帶來智識上的報償、競爭的優勢、積累的財富和各種隨之而來的機會。每一步也都會將這世界變得更適於人居住。在此同時，由於使用機器人能夠以更低廉的成本，把工作做得更好更有效率，它們將會逐漸在許多重要工作上取代人類。很快地，它們甚至可能會完全取代人類的存在。對於這最後的可能性，我並不像許多其他人一樣地感到憂慮，因為我將這些未來的智慧機器，看作是我們的後代——一群依照著我們的形象所創造、更為強大的「心智孩童」(mind children)。就如同生物上，自上一代孕育而出的孩童們一般，他們代表了人類在長遠的未來中最佳的存活機會。我們有絕對的義務，盡力賦予它們任何可能的競爭優勢，並且在我們不再能夠貢獻一己之力時，下台一鞠躬。

但是，就如同與生物上的孩童相處一般，在我們漸離舞台時，或許可以為自己安排一個舒適的退休生活。一些現實生活中的生物子孫，可以被灌輸而且奉行不渝地照顧著他們年邁的雙親。同樣的道

理，我們或許可以創造一種溫馴的超級智能，至少在某一段期間內會保護和供養我們。為了達到這目標，我們需要事先計畫，勤奮地做好許多規畫和維護工作。第五章將會提供相關的建議。

然而，未來卻是屬於那些「狂野」的、超出我們掌控之外的智慧實體。當然，現時之下，我們所擁有可以窺探這奇異未來的工具，包括外推法、類比、抽象思考和推論等——都絕對是不合時宜的。但就算是只靠著這些工具，我們仍可以預測種種超現實的發展。在第六章當中描述的機器人將橫掃天際，成群進入太空找尋殖民地，而它們航程所到之處，將每一樣東西逐漸地轉換成純粹的思考體。一場「心智之火」即將燃遍全宇宙。在這一統的心智當中，正如同本書第七章所描述的一般，物理定律將失去其重要性，取而代之的，將是意志、目的、詮釋，和只有老天才知道的其它種種。

第二章
小心！前有機器車！

　　在一九七○年代，凡是開過位在史丹佛大學後山，沿途種滿尤佳利樹的阿拉斯特拉得羅 (Arastradero) 路上的駕駛們，都會注意到一個奇異的景象。在一片綿延起伏的山坡地上，除了零星散布著的跑馬場、飼養乳牛的酪農莊，和一間駕駛們偶爾會停車造訪的小咖啡館外，在山丘的頂端上，矗立著一棟巨大的圓形建築物，它那些在太陽底下閃閃發光的窗戶，使得這棟圓形建築物，遠遠看來像是一頂用來加冕的皇冠。難道，這是最近降落地球的太空飛船嗎？在通往山丘頂的陡峭車道旁，豎立了一塊橘色告示牌，警告著來往車輛：「小心！前有機器車！」或許，那位出現在一九五一年的電影「地球停止運轉的那一天」(The Day the Earth Stood Still) 裡，令人毛骨悚然的外星機器人郭爾 (Gort)，就正駐守在入口的坡道上？

　　這倒也不是個全然錯誤的猜測。這棟山坡上的建築物，原來是通用電話電子公司向史丹佛大學所租用，用來作為其重要研究實驗室的所在。然而到了一九六○年代中期，這個研究計畫發生了變化，結果蓋了一半的建設工程便被棄置於一旁。在找不到其他買主的情況下，史丹佛大學只好自行收回，在這個青黃不接的過渡時期裡，這個校園裡意外多出來的空間，只好拿來用作倉庫一途，或是分配給由校園裡向外成長的研究團隊來使用。其間在這裡進駐時間最久的（由一九六

八年到一九七九年），就屬由約翰・麥卡錫主持，剛開始萌芽成長的人工智慧專案計畫 (Artificial Intelligence Project)——後來改名為史丹佛人工智慧實驗室 (Stanford Artificial Intelligence Laboratory)，或簡稱 SAIL。這個地處偏僻而且體積過大的建築物，因其高昂的管理及維修費用，使得校方極為頭痛。

這個告示牌是用來警告人們：在這個建築物的車道上或是停車場裡，有時會出現一台纖弱細長、不時傳遞著電視訊號、外表如同撲克牌桌般大小的電動車「史丹佛推車」(Stanford Cart)，用它四個小小的腳踏車輪，以常人步行般的速度四處移動著。通常推車是由建築裡的研究人員，看著機器傳回的電視影像，以遙控的方式控制著。人工智慧實驗室裡如房間般大小的電腦，很快地會將電視影像加以處理，直接接手對推車的控制權——只有在這個時候，推車才是名副其實地變成了一台具有行為自主能力的機器人。在一九七一年，一位名叫羅德・史密特 (Rod Schmidt) 的博士論文研究中，推車的程式被設計成一個像是讓機器人進行的清醒度實驗——推車會沿著地面上預先畫好的白線，慢慢地移動。在我自己的研究裡，一九七五年時的推車開始能夠藉著觀察樹梢所形成的天際線在一條直線路徑上行走；到了一九七九年，推車已經可以透過視覺所見，自行計畫路徑，安然地避過層層障礙物，以驚人的短短五小時穿越三十英尺的房間——但是在每四次的實驗中，推車會有一次在途中迷失了方向。

這些典型的機器人所擁有遠低於人類、令人難為情的能力，長久以來讓機器人迷感到懊惱。約翰・麥卡錫在一九六九年所發表的一篇題為〈電腦控制車〉(Computer-Controlled Cars) 的文章裡，認為當年的中型電腦就擁有足夠的能力，能將由史丹佛推車衍生出來的、具備

史丹福人工智慧實驗室的結晶：「推車」機器人

「推車」——既是機器人，又是馬路上的危險分子——憑藉著它對周遭環境微弱的意識能力，在這張重現一九七〇年代場景的合成照片當中，正於史丹福人工智慧實驗室旁的車道上行駛著。

＊這張圖片是根據布魯斯·鮑姆加爾特 (Bruce Baumgart)、羅得·布魯克斯 (Rod Brooks) 和雷·厄尼斯特 (Les Earnest) 所提供的照片，運用 Photoshop 加以重疊編輯而成的。

視覺能力的機器車，在平常的交通流量狀況下開在道路上。比較保守的預言家們則認為，自動的傳輸系統可以藉著埋設有發射訊號電纜的特殊高速公路來完成。如今三十年的光陰飄忽而逝，電腦已然成長到擁有比當年強大上數十萬倍的運算能力，然而人們卻仍然不能在沒有他們監督的情況下，將駕駛這件事託付給機器們——唯一的例外是少數的載人搬運車，如今可以行駛在佈滿了感應器的車道上。

為什麼這些極其聰明人們的直覺預測，會距離現實如此遙遠？當我們在一個未知的領域裡試著估測距離時，若是這估測僅僅由考慮單一觀點的推論而來，那麼我們很可能會因盲點的蒙蔽而犯下錯誤。在這個比喻裡，距離就是讓機器完成各種心智、知覺和動作本領的絕對

困難度。而單一觀點，人類特別的優勢，便是指我們在過去數億年間，不斷被演化過程所塑造的龐大頭腦。在這期間，我們的遠古祖先因為具備生活和繁衍要件上的優勢能力而為天擇所取，也在和各種不同的對手和寄生者的競爭中脫穎而出。相對來說，書寫、算數和邏輯推理則是較為近代的文化產物。我們總是對知覺和移動感到那樣地自然而且容易，但是對各種「用腦工作」卻感到繁複且困難。我們可以不費吹灰之力地一眼辨認出棋盤上的各個棋子，但是要下一步好棋，卻是需要經過冗長複雜的思考程序才能完成。

這數十年來對建造出有知覺、能行動和會思考機器的過程，為我們帶來了與以往截然不同的新觀點。機器人的知覺和行動能力，其實需要由龐大數量的簡單步驟來加以建構，其複雜度絕不比實現思考能力來得單純。我們終於了解到，要讓機器透過攝影影像，可靠地辨識出某一顆棋子的位置，比下一盤好棋所需的步驟多上好幾千倍。

真正落實了讓機器像人和像動物一般行為的可能，是源於二次大戰的科技進展。一方面來說，運用在感應裝置和武器上的伺服機制（servomechanism），使得電動載具能夠精確地追循行動軌跡，和對微妙的感測訊號作出回應。而另一方面，數位電腦擔任了破解密碼、計算彈道、模擬原子彈試爆等工作，在執行龐大數值計算和邏輯推演程序的工作上，展現了超乎常人的速度和精確度。

控制學的產物

諾伯特・維納（Norbert Wiener）是一位數學家──他發展出的理論被運用在複雜的前置投彈瞄準儀和防空炮控制器上──吸引了一小群主要來自美國和英國的物理學家、生物學家、工程師，和其他領域

的科學家們，創立了一個命名為「控制學」(cybernetics) 的新領域——一門研究動物和機器在控制及通訊機制上的科學。①在這新學門的大旗之下，研究人員運用鞋盒般大小的電子裝置，組合成一個具有辨別簡單樣式能力的人造神經系統，並且設計出一個像烏龜般緩緩移動、能夠避開障礙物和追蹤光源的機器人。

格雷・華特 (W. Grey Walter) 博士在一九五〇年調整尋光電子龜的情形
當「愛爾喜」(Elsie)號完成組裝後，位於機器結構上方的碰撞偵測裝置將會支撐著電子龜的保護外殼——在照片中保護殼放置背景處。
✱ 摘自理查・鮑森 (Richard Pawson) 於一九八五年所著的《機器人之書》(*The Robot Book*)，第 14 頁。

在一九四八到一九五一年間，一位名叫格雷・華特的英國心理學家，在當地建造了半打的電子烏龜：它們具備有以真空管建構的超微

①Norbert Wiener, *Cybernetics: Or Control and Communication in Animal and the Machine*, 2nd edition, MIT, 1965.

型頭腦，會不斷旋轉的光電管眼睛，還有具碰觸裝的觸角。②它們可以在燈光閃爍發出訊號時，安然無恙地避開種種障礙物，並順利地返回籠子。當集體行動時，由於它們彼此會因對方的控制燈和碰觸做出反應，這些機器龜會表現出令人感到意外的社會行為，例如舞蹈。

在一九六〇年代初期，市面上已經可以見到嶄新的電晶體：它們遠比之前的真空管來得輕薄短小、價格便宜，還更為省電；這為一群在約翰‧霍普金斯大學應用物理實驗室 (John Hopkins University Applied Physics Laboratory, APL) 鑽研腦科學的研究人員，帶來了建造更為複雜的機器人的機會。「霍普金斯之獸」(Hopkins Beast) 於是就這樣晃蕩在實驗室的長廊裡，利用兩面裝置的聲納，引導自己走在走道的中線上。當電池壽命快用盡的時候，機器獸會利用光電管構成的眼睛，在漆成白色的灰石牆上尋找以黑色面板覆蓋的電源插座，以便自行將插座插入充電。霍普金斯的機器獸激發了後來許多模仿它的設計。其中有些設計以電視攝影機代替了光電管，並改用由電晶體邏輯閘 (logic gates) 所組成的電子系統來作控制——在今天，上百萬這樣的電子元件就隱藏在每一台電腦的積體電路裡。另有一些設計賦予了機器獸原本不會的動作，像是「左右搖晃讓充電臂由糾纏中解開」。

控制學早年的研究成果是如此地迷人，使得在其後的二十年間學界對該領域一直保持著相當的興趣；但在一九六〇年代晚期，控制學的發展遇到了瓶頸：當研究人員試圖達成更困難的目標，例如建造一個會閱讀的實用機器時，他們發現之前研究出的成果，不再能夠成功地解決問題。

---

②W. Grey Walter, *The Living Brain*, Norton, 1963.

攝於一九六四年的兩台早期「霍普金斯之獸」機器人，正在使用牆壁上的插座充電
這些機器人可以藉著聲納系統的導引在走道上漫遊，並且靠著沿牆壁探測的方式找到電插座。在接下來的實驗裡，其中較大的那一台機器人被加裝上了配有光電元件的額外結構，可以讓它在遠處靠著光學的方式找到帶有對比色彩的電插座。
✳ 感謝約翰霍普金斯大學應用物理實驗室提供照片。

人工智慧

就在同時，電子計算機的發展，提供了實現會思考機器的另一種截然不同的解決方案。在一九三六年，艾倫·圖靈 (Alan Turing) 創造了通用計算器 (universal computer) 這樣一個嶄新的數學觀念——這種電腦具有可程式化的能力以模仿所有其他資訊處理系統的行為；藉著這樣一個抽象的觀念，圖靈得以證明世界上的確存在著無法解決的（數學）問題。在接下來的第二次世界大戰期間，圖靈在英國政府的祕密資助下，以先前的思想為藍圖，創造了一台名為「巨人」(Colossus) 的電子計算機。藉著使用這些機器，聯軍得以破解德國 U 潛艦 (U-boats) 上使用的通訊密碼，進而避開了納粹潛艦的「狼群戰術」，

最後終於贏得戰爭。戰爭結束後，圖靈根據他的研究，進一步揣測通用計算器事實上已經包含了所有人類大腦擁有的能力。雖然圖靈在戰時的研究成果，一直要到一九七四年才被公諸於世，但他對智能機器的揣測卻早在一九五○年，藉著在英國國家廣播電台 (BBC) 上一系列的辯論和其後發表的一篇文章，為世人所知。

　　儘管圖靈在一九五三年辭世，當年辯論的正反兩面意見，在其後的日子裡仍引發著回響。在美國，發明了用來發展原子彈所需數學工具和計算機的約翰‧馮‧紐曼 (John von Neumann)，其時也正思考著模擬生命和思考的問題。然而他的研究也在一九五六年他去世時劃下句點。但是這樣的問題已然在科學界四處燃起火花：有了這些強大的新「電子腦」，為何我們不能藉著聰明的程式設計把它們武裝起來，讓它們不再只是完成一些靠背誦就可以解決的問題，而是進行真正需要心智的工作？

　　第一代的電腦就像是會思考的火車頭。它們不但長得像火車頭一般大，也像火車頭一般能完成驚人的工作：在算術工作上，一台電腦可以輕易地抵過數十萬個數學家。在一九五五年左右，一小群年輕熱情的學者，決定接受讓電腦變得更多才多藝的挑戰。一九五六年，他們於達特茅斯學院 (Dartmouth College) 第一次舉辦的學術會議上，約翰‧麥卡錫將這個新學門取名為「人工智慧」(artificial intelligence)。就在這會議上，艾倫‧紐威爾 (Allen Newell)、赫伯‧賽門 (Herbert Simon) 與喬治‧蕭 (George Shaw) 展示了這新興領域裡第一個真正可以運行的程式：「邏輯理論家」(Logic Theorist)。邏輯理論家能夠由羅素 (Russell) 和懷海德 (Whitehead) 著名的《數學原理》(*Principia Mathematica*) 一書中所定義的數論 (number theory) 公理 (axioms)，運用推理演繹的種種規則，進而證明許多已知的定理。然而令人感到不安的是，儘管執行邏輯理論家所用的電腦「強尼亞克」(JOHNNIAC) 可以以超人般的速度完成每秒一萬次的數值運算，但是整體來說，邏輯理論家證明定理的功力，並不比一個剛學過相關課程的大一新生來得快或好。邏輯理論家以數字來代表證明定理所需的符號，需要耗掉上百個計算程式，才能將一個推理規則用在邏輯陳述上，常常更是需要耗上許多冗長的推論過程後，才能找到最後正確的證明。

在其後的十年間，許多能夠證明幾何定理、解決微積分問題，或是能夠玩上一局好棋的程式，紛紛誕生。然而這些程式，除了帶來一些數學上或是程式設計上聰明的創新外，基本上還是停留在大一新生的程度。更為明顯的是，這些程式都無法被推廣使用到它們最初所限定的範圍之外。舉個例來說，研究人員似乎找不到任何辦法，讓這些程式能夠擁有每天日常生活中都會需要的基本常識。

看似簡單，其實困難

在電腦帶給人的兩種印象——巨腦或是心智侏儒之間的差距，在六〇年代晚期和七〇年代初期間變得愈來愈大。麻省理工學院的馬文・明斯基 (Marvin Minsky) 的研究團隊和史丹佛大學實驗室裡的麥卡錫，在此時開始將攝影機和機械臂接上電腦，希望會「思考」的程式可以開始直接由真實環境中收集資訊。但這些初期實驗所得到的成果就像是一記當頭棒喝。儘管進行純粹推理演繹的程式，已經可以表現得和大學新生一樣快一樣好；然而表現最好的機器人控制程式，除了更難編寫之外，還必須花上數小時，才能夠從桌上找到並拾起幾塊積

木，它們甚至還經常失敗，表現得比六個月大的娃娃還不如。這種存在於能夠計算和推理的程式，以及能與真實世界交互作用的程式之間的巨大差距，直到今天仍然顯而易見。拜大戰後五十年來之賜，電腦能力以百萬倍的成長之姿，在數十年間都有著明顯的進步，但是直到今天，機器人的表現在與人類嬰兒和小動物相比之下，仍然是令人失望。自一九八〇年代以來，電腦已經開始在大師級的棋賽當中現身，而來自 IBM 的「深藍」（Deep Blue）系統更是在一九九七年五月舉辦的對弈當中，一舉打敗或許是當時世界上最好的棋手蓋瑞・卡斯巴洛夫（Garry Kasparov）。但是深藍系統卻仍需要一位人類助手幫忙看棋和移動實體的棋子。世界上還沒有一個能夠像卡斯巴洛夫，或像任何一個人類小孩的機器人，能在不同環境下，做到這一件看來不值一提的小事。

　　對於機器來說，計算是一件遠比推理來得容易的事，而推理，又遠比在真實世界中感知和行動來得容易許多。為何這順序剛好和人類所擅長的事恰恰相反呢？在過去數億年間，我們每一位祖先，都在一個四處充滿敵意的世界裡，終其一生靠著對世界的感知和能優游其中的行動力，在每一場與對手的競爭中獲得勝利。這一場層級不斷節節高升的達爾文式競賽，所得到的結果是賦予了人類一個組織得無與倫比的精細頭腦，可以用在感知和行動上——這些看似不起眼但卻卓越非凡的能力，如今因為太過尋常而常遭到忽略。相對來說，像下棋這樣深刻而理性的思考過程，卻是人類大約在十萬年前才習得的能力。在我們大腦裡負責理性思維的部分，並沒有像感官行動部門一般組織良好，而且在絕對程度上，我們對這樣的工作實在表現不佳——然而，這一切在電腦到來以前並不明顯，因為在那之前我們在這方面並

無敵手。算術這件事在人類的能力上還要排到更後面，因為只有在過去的一千年裡，當文明進展到人口大量激增，以及人們擁有的財富迅速積累後，它才成為專家們所需要擁有的技能。人類能夠算算術，實在要歸功於我們所擁有的一般感知、操弄及語言能力，和一些些運氣——人類能夠找著一套相容的數字表示方式，實在是幸運。

在這一章後段提出的估測中，機器必須要達到比一九九〇年代中期，家用電腦強大上一百萬倍的程度，才能夠在人類頭腦能夠做得最好的事上——感官和運動，與人類相提並論。算術實在是人類最弱的一環。偶爾，我們會發掘一位算術天才，也許因為某種生物上奇特的原因，使得他具有進行複雜心算的能力：有些「閃電心算家」可以在看見兩個十二位數數字的瞬間，得到其相加的結果，或是在一分鐘內完成相乘的運算。然而只要一部普通的家用電腦，就可以輕易地以快數百萬倍的速度完成同樣的事。在這兩種互為極端的工作之間，存在著一些需要運用理性思考的工作，諸如下棋、證明理論，或是根據一串外顯的病徵來診斷出病人所患的傳染疾病等等；在這些工作上，目前的電腦可以表現出大約與人類一樣的水準。

當一個推理演繹的問題超出了狹隘的邏輯運算範圍，而需要運用到一些視覺能力，或是更為廣泛的一般知識時，電腦還是表現得不如人類。直到今天，人工智慧計畫仍然表現不出一丁點擁有基本常識的樣子——舉例來說，一個醫學診斷程式可能會開出抗生素的處方給一台故障的腳踏車，因為程式的內部裡，其實並沒有具備對於人類、疾病甚至是腳踏車的知識模型。然而倘若是我們真要把日常生活中的每個細節常識，塞進在今天電腦上運行的程式，它們將會徹底崩潰。因為每一件細小的知識，可能和其他細節進行互動，達到天文數字般

「組合爆炸」的程度。自一九八五年起，一家在德州奧斯丁 (Austin, Texas)，名叫「微電子電腦協會」(Microelectronics and Computer Consortium) 的公司，開始進行建構一項名為 Cyc（源自英文百科全書：Encyclopedia 一字）的常識資料庫。最初該計畫的創始人估計，最後完成的資料庫，將存有超過一億條關於日常生活常識及其相關互動的邏輯陳述。直到今日，這計畫仍持續進行著，但是他們宣稱的目標，已經比當年要來得謙遜許多：目前他們的目標是為一些應用系統，例如圖像檢索 (image retrieval)，建立大型的知識庫。

要追趕上人類，機器還有一大段路要走。但是它們的確在迎頭趕上——在二十世紀絕大部分的時間裡，機器計算的能力幾乎是每二十年以一千倍的速度增長著。現在這個速度還以二倍的速度持續成長著，而且在實驗室裡已經開始的研究計畫，應該可以在未來的數十年間繼續維持這樣的趨勢。在今後不到的五十年間，平價的電腦將會擁有與某些人類已經發展完善的大腦功能一樣快、甚至具備還更卓越的資訊處理能力。至於要賦予這樣快速的硬體適當的程式，讓電腦真正能感知、擁有直覺、甚至像人一般地思考這樣的工程，未來的遠景又是如何呢？

和蟑螂的賽跑

控制論研究嘗試藉由模仿神經系統的實體結構，進而達成模擬神經系統功能的目的。然而真正建造一個神經系統的困難度，使得這樣的方法，在一九六〇年代，除了達到模擬一些極為簡單的人工神經系統的目標外，基本上呈現停滯不前的局面；但是到了一九八〇年代，這個研究領域在「神經網路」的帶領下，重新活躍起來——藉著電腦

效能的大幅成長，研究人員得以開始進行模擬神經元組合的實驗。基本上，神經網路是在不斷重複的訓練步驟中，藉由調整神經元之間的連接強度，來學習如何由一組給定的輸入，繼而產生指定的輸出。在某些樣式辨認和運動控制的問題上，當輸入和輸出之間的關係，雖然並非全然為人所了解，但又不是很複雜的情況之下，神經網路有時可以達到比其它程式技術更好的效能。然而，這些實驗裡最多也不過模擬到多達數千個的神經元──這遠比一隻昆蟲所擁有的神經元還來得少，更遑論模擬出更為複雜的行為。這種希望藉由複製神經系統而達到模擬智慧行為的方法，還被另外一個問題所侷限著。因為目前檢查大腦細部的運作，依舊是一個緩慢而繁瑣的過程，這對探索擁有更大規模結構和功能的真實神經系統來說，一切仍然是一個未解的謎。但是，等到未來，具備有快速掃描腦細部運作能力的新儀器被發展出來時，這一切都可能會有所改變。

　　人工智慧這門學科，已經成功地模擬了在理性思維中可被意識化的表層結構，並且在達成這個目標的同時，也揭開了底層如同無垠海洋般未知的潛意識結構的事實。要能夠建造一個真正具有智慧的機器，就必須探索這一片無垠的海洋領域──從理性思維的高峰，一直探索到具有高度適應能力的底層。也許，藉著不斷增強的電腦效能所帶來更為精細的適應性系統，以及更有悟性的推理演繹程式，可以讓我們在這探索過程中，從兩個最極端的領域裡先嚐到果實。

　　我的直覺告訴我，能夠幫助我們率先完成這探索的，將是來自一個務實的新機器人學科所提供的研究成果；在這學門的研究當中，研究人員會以不具有任何私利成見地，將各種不同的程式──有些能夠進行推理演繹，有些具有適應能力，還有一些運用了由電腦科學其它

分支研究所得到強大有用的數學技巧——組合在一起，來建構一個可以在真實世界中感覺和行動的系統。我的看法是，機器人的進展，就像是重演了生物心智上的演化進程：一連串效能改善的機器不斷地被設計出來，就像是擁有愈來愈複雜神經系統的動物，不斷地演化誕生。在背後推動這個進展歷程的，將是來自對動物和人類在神經系統上、整體結構上，以及行為模式上種種特徵的觀察，這些觀察被特定產品在市場上是否能夠成功存活，以及一種能夠接受任何可行解決方案的開放心態所影響。

今天在市場上可以買到最好的機器人，只不過是由剛剛強大到可以模擬昆蟲行為的電腦所控制。這些電腦就和房子一樣昂貴，而且在現在的社會中，只能在少數幾個利基市場中找到可以獲利的應用，例如運用在汽車生產過程中的自動噴漆塗裝、定點焊接、電子產品的自動組裝，以及在工廠裡搬運組合好的半成品等等。而目前在這世界上也不過只有十萬多個這樣的機器人存在著。然而在過去數十年來，或是因為太空行星探索的進行，進而引發了某些在機器人上的新奇應用，抑或是由於一些更為乏善可陳的承諾——像是延發更高效能的機器人來吸引更為廣大市場等，使得政府和工業界仍然小額資助著這樣的研究工作。但是研究進展之緩慢，令人感到沮喪。到了一九九○年代，由於電腦效能的大幅增長，機器人的研究進展終於獲得了突破，開始開花結果。實驗室裡的機器人，終於可以在一般室內與室外的環境下穿梭自如，而市場上出現的軟體產品也開始具備閱讀文字和抄錄語音談話的功能。

我相信，在未來十年內，當機器人被大量地生產，且應用逐漸地變得更為廣泛，成為運用在一般生活中的「萬用機器人」時，達到全

智慧化型機器的演化過程，將會大大地被加速。一開始這些機器人在真實世界裡，會表現出像個人電腦在資料世界裡的行為一樣──僅僅遵守著一些事先安排好的指令程序行事。逐漸地，它們會慢慢習得各種技巧和自主能力，最後幾乎在所有事情上一舉超越我們。這些都是下一章要探討的課題，在這一章裡，我們只談論在那美好發生之前，所需要經歷的緩慢準備期。

自一九六○年代中期到一九八○年代中期，大部分的工業用機器人都是用於汽車工業的機械臂，而大部分從事機器人科學的研究學者，都只專注在研發機械臂的操控機制上。這些機械臂當中，大多數都是固定式的，而且它們所在的工作環境也相當侷限。在工廠和研究室的環境裡，這些機械臂，似乎在裝備有為環境特別設計的抓握器(grippers)、感應器和其它裝置的情況下，能表現得最好。特殊設計儘管是經濟有效的解決方案，但是這卻與萬用機器人的觀念背道而馳。固定式機械臂因此就像是活在一個完全不同的演化軌道上。而可動式機器人，卻似乎身處在一個更為正確的演化軌道上，因為它們擁有具有高度彈性的感官和行動能力，可以在多樣且充滿未知驚奇的真實世界中移動。

移動式機器人學(mobile robotics)，在這個已經算是新興的電腦控制機器人學 (computer-controlled robotics) 中，還算是最年輕的一門分支，然而自從一九八五年以來，這分支已然成為該學門中的舉舉大者。一些在一九八五年以前所進行的研究計畫，可以追溯自阿波羅登月計畫。大約從一九六五年開始，美國國家航空暨太空總署 (National Aeronautics and Space Administration, NASA) 在帕薩迪納 (Pasadena)的噴射推進實驗室 (Jet Propulsion Laboratory, JPL) 便開始研究能在月球

及其他行星表面，進行半自動探測的漫遊車 (rovers)。這些計畫的進行，隨著實際發射這樣探測船機會的起起伏伏而時冷時熱著。最後這些研究，終於隨著一九九七年「旅居者」(Sojourner) 火星漫遊車的發射升空而開花結果——旅居者和其後更為聰明的漫遊車，探索了火星上的一大片區域。自一九六六年至一九七二年，史丹佛研究中心 (Stanford Research Institute, SRI) 研發出了第一台由電腦控制的機器人「搖晃小子」(Shakey)；③ 在一九六八年到一九八〇年期間，前文提到過史丹佛推車計畫的進行，也催生了兩個博士論文研究，其中的一個便是我自己的論文研究。其它各種較為小型的移動式機器人研究計畫，也在接近一九七〇年代尾聲，因為體積小且價廉電腦的出現，而在世界各地進行著。在這裡我可以再進一步描述當年史丹佛推車計畫的故事。

繪製地圖的學問

到底在當時我們有沒有可能實現約翰・麥卡錫在〈電腦控制車〉一文中所作出的承諾呢？在一九六九年，世界上唯一由電腦全自動控制的有輪載具，是一台由史丹佛研究中心——一家位於史丹佛大學附近的外包研究公司 (contract research company)——所研發出來的。它大約一點五公尺高，使用了非常原始的懸吊系統，緩慢而搖擺地行走於室內，名叫搖晃小子。搖晃小子是第一代人工智慧的結晶：坐鎮在這台機器人控制中樞裡的，是一個運用定理證明方法的推理程式，無

③Bertram Raphael, *The Thinking Computer: Mind Inside Matter,* Freeman, 1976.

時無刻不沈思著如何在周遭環繞的房間、牆壁、門、可移動路徑，以及一些大積木和角錐等障礙物，或是可以被推開的物體之間，順利移動的問題。那些用來將攝影機和測距儀 (rangefinder) 所傳來資料加以詮釋分析，成為推理中樞可以使用之場景描述 (scene descriptions) 的程式，或是用來將計算而得的執行計畫，實際在真實世界中一一執行的程式，都被認為只是周邊系統而被指派給負責支援的工程師來設計。在一九七○年代初期，電腦視覺 (computer vision) 方面的研究才只有不到十年的歷史，而且當年所存在的系統，幾乎都是只能運作在「積木世界」當中的類型——它們起源於麻省理工學院早年為了自動在桌上尋找兒童的玩具積木所設計的系統。史丹佛研究中心的研究團隊，為了他們的研究創造了一個人工的世界：在一連串只有空白牆壁的房間裡，只有幾個塗成同色系的積木和角錐散放著。在一九七○年的《生活》(*Life*) 雜誌裡有一篇其實有誤導嫌疑、由搖晃小子擔綱的文章，殊不知搖晃小子在影片中最令人驚嘆的表演——移動一個角錐積木到另一塊方形積木旁，抬高角錐，用之推開方形積木上的小積木等——其實是由一個個鏡頭慢慢拍成的；每一個容易犯錯的橋段，都需要重新來過好幾次，常常得費上數小時的時間。

麥卡錫當年提出的挑戰完全是未經探索的領域。我們怎麼可能期待使用當年速度只有 1/2 MIPS（Million-Instruction-Per-Second，每秒可處理的百萬運算次數，每一個運算相當於將兩個八位數字相加的工作量）的電腦，像是一九六九年史丹佛人工智慧實驗室所使用迪及多電腦公司 (Digital Equipment Corporation) 產製的 PDP-10 型電腦一樣，在每秒內就能夠處理導航好幾畫幅的影像資料？一張拍攝道路狀況的理想數位照片，起碼就代表了數十萬的數值陣列資料。光是造訪

每一個畫素（照片裡的每一點），電腦程式便需要花上數秒的時間——若要對每一畫素進行更複雜的分析，更是需要花上好幾倍的時間。這教這些系統如何能夠對交通狀況、前方障礙物、道路號誌，以及其它在攝影影像中到處可能出現的情況做出迅速的反應？

也許我們可以教程式只選擇每一幅影像的某一特殊部位，來加以處理分析。早在一九七一年羅德·史密特就利用這個方法來完成第一個史丹佛推車的博士論文。推車藉著史密特所寫、大約佔二十萬位元電腦記憶體的組合語言程式（寫起來難如登天，執行起來卻非常有效率的程式語言），可以靠電腦視覺，沿著地上畫的白線慢慢走。這程式有一個預測位置的功能，能夠靠過去所觀察白線的位置，約略地預測出，白線將會在下一個攝影影像中的哪一個位置出現，然後只須再搜尋該影像約百分之十的面積，就可以重新再找到它。這個新找到的白線位置，就可以當作預測程式下一次依據推測的輸入值，和供做導航計算所需的資訊。該程式需要花去當年 PDP-10 電腦所有的一半效能——1/4 MIPS，以達到每秒處理一個攝影影像的速度，讓推車能夠一口氣沿著白線，走完十五公尺的距離——這是假設白線中途不斷，彎曲幅度不會太大，而且還要乾淨以及照明均勻。史密特發現，即使想要處理最簡單的例外狀況，像是因為陰影而產生的亮度變化，都需要耗上比原來多上好幾倍的計算時間，以便考慮更多的可能性。因此，要想察覺並且對障礙物、道路號誌及其它危險物做出反應，簡直是難上加難。

搖晃小子的電腦視覺系統，就像當時其它的視覺系統一樣，在進一步處理影像之前，都將它簡化成一堆幾何線條。這樣的方法對戶外環境是絕對不合適的，因為在戶外，我們極少看到簡單的幾何線條，

無線電通訊用天線

電視攝影機

測距儀

機載邏輯單元

攝影機控制單元

觸碰感測裝置

自位輪

驅動馬達

驅動輪

攝於一九七〇年，正在對著周遭積木進行思考的「搖晃小子」機器人
由史丹佛研究中心所建造的搖晃小子機器人，是由一台大型的電腦遠端進行操控著。這台電腦上配備了一個聰明的推理程式，能接受由機器人身上所裝設攝影機和雷射測距儀所傳回的有限空間資料，進行只考慮影像邊緣線的運算。碰到運氣非常不錯的時候，搖晃小子可以花上數小時的時間，構思並外加執行一個由一點移動到另外一點、且能夠根據目標推動不同積木的行動計畫。
＊感謝史丹佛研究中心提供照片。

反倒是有很多複雜的形狀和顏色樣式。當年唯一與這種只能行之於「積木世界」方法唱反調的，是由史丹佛人工智慧實驗室開始，一位獲諾貝爾獎的基因學家，也是約翰・麥卡錫者的熱心支持者，約書亞・雷得博格 (Joshua Lederberg) 所領導的計畫。該計畫的目標是透過分析火星的影像，來推測是否有生命成長的跡象。藉著分析由水手四號、六號、七號及九號無人火星探測船傳回的數位影像，該計畫希望從不同時間但對同一區域的多張照片中，尋找並登計任何可辨認幾何形狀上和顏色上的差別。由於太空船的地點只能由大約的估計得知，這樣的影像比對工作，必須要靠著影像中呈現的地貌特徵來作定位。一位名叫林恩・關 (Lynn Quam) 的研究生，和一些其他的研究生，於是為此研究開發了一系列基於影像強度，運用統計技巧，進行比較、搜尋和影像變換 (transformation) 的方法（唉，可惜的是他們最後並沒有發現任何可靠的生命跡象）。由於他們所處理的是複雜的自然影像，這些運用在火星計畫的方法，對於室外運行需要分析影像的載具，是非常合適的選擇。當時太空總署的火星漫遊車計畫正在醞釀中，因此史丹佛推車計畫和太空總署的火星團隊有著雙重的歷史聯繫。我是在一九七一年年底，以一個太空探索和機器人迷的身分到達史丹佛，很快地由布魯斯・鮑姆加爾特手上接過了推車機器人——當時他正保有推車機器人，以便可以用在他自己有關電腦圖學 (computer graphics) 和視覺方面的研究。推車機器人在那時並沒有什麼研究上的名氣，但是我在與關討論後構思出了一個計畫：在推車的基礎之上我將會提供一個可運作的載具（在當時這是一個不可小覷的工作，因為推車本身的建構非常地陽春），以及在 PDP-10 電腦上運行的馬達控制軟體；關和他的一夥人修改他們的影像分析程式，用作視覺導航。時序到了

一九七三年，當時我正高高興興地建構並測試嶄新的機器人軟硬體，結果在一次遙控過程的失誤中，不小心把推車從小小的載貨道摔下。在接下來的數個月裡，我嘗試了各種低成本的修理方法，但還是沒能修復電視訊號傳輸器。不得已之下，我向麥卡錫哀求再投資下數千元以購買所需的更換零件。他同意了，但是堅持我必須先完成一些電腦視覺的程式，以向他證明我有足夠的本事。

即時的反應速度，對分析火星影像計畫來說，並不是必需的。每一個火星探測計畫都相間隔數年之久，況且直到水手九號為止，每一艘探測船都只傳回不過數打的照片。火星研究小組承受得起花上好幾小時來執行搜尋程式，以便在大規模的影像範圍中尋找到準確和密集的匹配區域。但是推車所需要的驅動程式，就可能需要犧牲這樣的精確度和匹配區域，以提高影像分析速度。當時看來，似乎很多影像分析的工作只可以用兩種基本的影像操作方式完成：其一是挑選出好的影像特徵（features，散布在整個影像中與其它地方明顯不同的區域），其二便是在針對相同區域但不同的攝影影像中找出它們。於是三度空間中的特定地點便可以利用三角測量來定位，接著障礙物便可以被察覺，而機器人應有的動作也可以推理得出。我接著下定決心，想儘快地將這些觀念一一在程式中實現。最後我利用組合語言巧妙寫成的運算，在壓縮過的空間影像中──這些影像將每四、十六、六十四或是更多畫素，取其強度平均值，組合成一點──尋找到數打有用的特徵，然後在電腦時間的十秒鐘內，在另一幅影像中重新找出它們。在一九七五年我運用這些寫好的運算建構了一個程式，可以在史丹佛人工智慧實驗室四周的道路上，藉追蹤地平線上的特徵，為推車決定適當的航向。這程式會不斷數位化地接收到的一幅幅攝影影像，

在十五秒內算出在天地交接線（通常是樹木構成的天際線）和畫幅之間，特徵在水平方向上的位移，計算出修正的駕駛方向，然後驅策機器人向前行走最多十公尺。這系統將這個野心並不怎麼大的工作做得相當不錯，而且操作運行的時候看來相當有趣；但是，這些都只是為達成最終目標的一個練習而已：最後這野心勃勃的系統，必須要能夠利用視覺在三度空間中追踪其環境，進而帶領推車穿越一片充滿障礙物的區域——換言之，就是要能夠自動建構一個地圖，察覺出障礙物，規畫一個安全的路徑；最重要的，是要能夠根據推車對周圍環境觀察到的運動狀況，進而推斷並更正推車本身的運動方向。從一開始，我便決定要在完全三度空間的狀況下，解決這個問題，並且希望最後完成的系統，能夠控制推車在實驗室外面的斜坡紅磚路上行駛。

由於推車上裝備有一個電視攝影機，為了進行三角測量，我們很自然地想到，要運用行駛運動來提供所需的不同攝影角度。讓事情變得更複雜的是，推車的馬達非常地不精準——為了要能夠了解推車本身的移動情況，我們必須在同時間內，運用正在追踪的物體來作推論。火星研究小組當初也有類似的問題。一個名叫唐納‧金納利（Donald Gennery）的研究生，早已為了解決這個問題而完成了一個「攝影解算」（camera solver）的程式。在一九七七年初期我就用這個方法跟問題進行搏鬥。這個系統會由一張照片中選擇出上百個特徵。接著它會驅使推車向前行進一公尺，停下來，再照一張照片，然後在這張照片中，試圖找尋出剛剛選出的特徵。接著系統便會使用攝影解算程式，推斷出推車剛剛的運動，以及所決定特徵群的三度空間位置，以解釋它們由上一張攝影到這一張之間所經歷的運動。但是不管我怎麼樣調整這系統，它的錯誤率總是保持在每四次解算就會失誤一

次的情況：這代表了機器人在喪失對自己位置的概念之前，一次最多可以移動四公尺——真是令人沮喪的結果。攝影解算程式藉由不斷修正對機器人本身運動位置的估測，希望能夠盡量與所選擇特徵的運動結果相吻合，並且將那些太離譜的估測去除。對太空船所傳回高品質、幾乎是針對二度空間行星表面所攝的照片來說，由於甚少有比對上的錯誤，對攝影鏡頭位置初始的估測正確性高，以及連續照片間幾乎只有二度空間上的移動，使得攝影解算這種方式能夠運作良好。

　　相比之下，我能得到的資料完全是另一回事——在由四周環境裡攝取，並且充滿雜訊的電視影像中，每一個畫幅之間都充滿了攝影視角上的扭曲，進而導致了不精確的位置估測。由於攝影角度、採光情況或是攝影機本身雜訊等種種原因，在某一影像區域內的特徵，到了下一幅連續的影像裡，可能被遮掩掉了或是看起來不同，進而造成了在比對特徵上百分之十到二十的錯誤率。利用我低解析度攝影影像所得到的位置估測，原本就不太精準，再加上在往前運動裡所攝得的影像裡，想要對接近運動軌跡的某一點進行位置估測，本來就是一件不可能的事。特徵比對上的失誤，以及隨之而來，針對比對正確性大幅上揚的不確定性，使得推斷機器人本身的運動狀況，成為一個困難的問題。一直要到追蹤了一百個以上的特徵——要耗去當時電腦好幾分鐘的時間——這方法才能達到在每四次解算裡答對三次的正確率。我花上了好幾個月的時間，來調整程式裡的種種數學推演和假設，但是對提升正確率都毫無效果。最後，我決定為機器人添加更多的硬體設備，來降低特徵比對的不確定性。

　　在機器人身上裝置多台攝影機，或是裝置單一但可以變換位置的攝影機，應該可以為它帶來真正的立體視覺——由精確的相對視覺觀

察，我們應該可以消除在特徵比對過程中，最大的不確定性。在求解機器人位置前，我們可以利用以下的限制條件——不管機器人如何運動，觀察得到的兩個定點，在三度空間中的相對距離應維持不變——用來去除掉比對錯誤的特徵。當時一位對研究機械臂特別有興趣，常常為推車計畫提供有關機械裝置上的經驗，名叫維克‧山門（Vic Scheinman）的工程師兼研究生，在他的地下室裡，為我裝設了一個機關，可以讓機器人身上所裝置的攝影機，由一邊移動到六十公分外的另外一邊。這機動的裝置提供了一個不錯的立體視覺基準。運用這裝置，在移動軌跡上，由九個不同的位置所拍攝下的影像，可以帶來九倍的資料重複性，因而進一步降低了比對的失誤率。

最後在一九七九年的十月，我終於完成了第一次對整個程式的除錯程序，這個嘔心瀝血所完成的系統，可以在同時間追踪大約三十個微小的影像特徵，運用在室內擁擠的狀況之下，還能駕駛推車躲避障礙物，並藉由積累的經驗，繪製出周邊環境的地圖。這系統的電腦（當時已改用運算速度為 1 MIPS 的 KL-10 型電腦）必須為推車每一公尺的移動，花掉大約十分鐘左右的時間，努力進行計算的準備工作。在一個長約三十公尺的房間裡，這系統會在大約五小時後由房間一端走到另外一端的指定位置，並在每四次嘗試中順利達成任務三次。在戶外的實驗中，推車大約只能行走十五公尺，之後機器人便會開始失去方向感，搞不清楚自己的位置了。這是因為當時老式的電視攝影機，完全無法在室外處理陽光和陰影之間強烈的對比，因此視覺系統的精確性大大地被降低。

當推車的導航失去準頭時，通常失誤的原因，都是發生在追踪特徵的過程中，將比對錯誤的特徵去除的程序。系統所使用的「九眼立

體視覺」可以在推車跨出每一步之前，相對應於自身的位置和方向，可靠地在三度空間中找尋到特徵。雖然在每一步移動後，推車參照的影像會有所變動，但是相對於每一對特徵之間的三度空間距離，應該是維持不變的。比對錯誤特徵的去除程序，就是按照這「剛性條件」(rigidity criterion)，積極地將違反這原則的特徵刪除，最多可以在五十個比對程序中刪除錯誤特徵。但是，在推車每移動一百步的過程裡，偶爾我們會發現，經比對而得到的錯誤特徵配對，其相互支援對方的正確性，有時候看來比真正正確的特徵配對，表現得還要強烈——這時除去比對錯誤特徵的程序，就會捨棄正確的比對配對而留下錯誤的配對！機器人便會因此錯誤地估計自己的位置和航向，打亂了系統持續記錄的地圖，進而完全迷失方向一次。

格子世界

在一九八〇年得到博士學位之後，我加入了卡內基美倫大學的研究行列，並且創立了一個小小的「移動型機器人實驗室」(mobile robot laboratory)。我的頭兩個學生，賴立・馬錫 (Larry Matthies) 和恰克・索普 (Chuck Thorpe)，將推車的視覺導航系統加以精簡改良，讓推車使用更少量的影像，以及利用現下的限制條件，例如假設機器人總是在室內平坦的地面上行動，將系統的速度提升了十倍。他們也藉著更精確地模擬幾何上遭遇的不確定性，來增進導航的精確度。然而，這些改進卻一點都沒能解決，一百次裡總錯一次的導航問題。照這樣的錯誤比率來看，很顯然地，一百個特徵，這樣的特徵數目，在系統運作的一開始，還是給了壞運氣太多的機會，來攪亂其後的程序。在那樣小數目的特徵採樣裡，隨機錯誤但卻遮掩掉正確資訊的機會實在是

太大了。

在一九八四年，我們實驗室受一家新的小公司「丹寧移動機械」(Denning Mobile Robotics) 所託，研究如何利用一串由二十四個聲納所組成的障礙偵測裝置，來取得距離測量的資料，進一步完成為機器人導航的工作。當年電腦視覺的相關配備，對組裝一台價格合理的機器人來說，仍然相當昂貴；但是聲納裝置——最先設計用來為拍立得(Polaroid) 相機進行自動對焦的工作——卻只需耗費幾塊錢。

每一個聲納測量，是藉著發射一束以角度三十度展開的聲源，所得到的反射聲波而推論出的；雖然所得的距離相當精確，但是在這三十度的扇面當中，回音到底是由哪裡反射而回，卻是未知的。推車計畫裡原本使用的導航技巧——藉由選擇並追蹤影像裡突出的特徵——雖然具有快速或是可靠度高的特性，在這裡卻不適用。另外一位名叫艾爾貝托・艾爾福 (Alberto Elfes) 的學生，於是和我一起設計了一個截然不同的新技術：與其嘗試找出物體的位置，我們改而累積計算每個位置所擁有的「物體性」(objectness)。雖然對機器人來說，周遭物體的確切身分、甚至其存在與否都值得存疑，但是周遭「位置」的存在卻是不容置疑的，也因此位置可以被視作是一個個永遠存在的水桶，時時刻刻接受並存積著像是小雨般不斷落下、顯示該位置存在有某種物體的證據。

我們把機器人四周的區域用格子線一一劃分。程式對於每一個格子記錄著一個數字，用來代表到目前為止，我們所累積對該格子擁有某種物體——或是相對來說該格子是空白——推論的證據。隨著聲納系統每發出一束新的探測聲波，其掃過區域所涵蓋格子裡的數據，便被不斷修正。位在回聲聲源位置的格子，將會獲得更多的證據，證明

有物體位在其範圍之內（因為在位於機器人這距離的某處，一個物體存在著，反射回了探測聲波），而位在回聲源與機器人之間位置的格子，將會失去這樣的證據（因為若是任何物體存在在這之間的空間，回聲應該會從更近的距離傳回）。這證據修正幅度的大小，是取決於探測聲波在空間中佔有的體積大小：因為聲波的強度，連帶著探測的準確度，是由探測聲源中心往外，隨著增加的距離而遞減。

有了之前在設計推車視覺導航系統上所遭遇種種問題的經驗，當一九八五年我們完成了第一個使用證據格子這種方法的程式時，我們很驚訝地發現，這系統藉著建構描述四周環境的地圖，以幾乎和之前使用視覺導航機器人所表現出一樣的準確度，帶領機器人穿越過堆滿雜物的實驗室房間。但是這樣的系統是否實際呢？若是把一個房間的空間以合理細緻的格子線分割，我們會得到數以百萬計的格子，而每一個聲納量測會影響到其中上萬的格子——這運算所需的記憶體容量和計算速度，都遠超過在一九八五年我們所能夠裝置在機器人上電腦所擁有的能力。藉著使用非常粗糙的格子線——每個格子每邊長三十公分——而且限制只使用二度空間的格子，也就是說只是建構一個平面的地圖，我們完成的程式可以非常有效率地，在當年僅擁有 1/2 MIPS 運算能量的丹寧機器人上，達到每秒處理十個聲納量測的速度。另一個導航的關鍵步驟——將同一區域的兩張地圖比對起來——需要耗時三秒鐘。這樣的效率已經開始接近現實的要求了，但對於需要快速移動的機器人來說，這仍然不夠。藉著使用更快的電腦設備，之後發展出的機器人或許可以達到這要求，但是此時丹寧機械公司已經將資本幾乎耗盡，無法立刻將我們研究所得的結果加以實際應用。

在此同時，靠著由海軍研究計畫室 (Office of Naval Research) 所

支援的研究經費，我們得以繼續朝著這一個充滿希望的研究方向探索。我們將證據格子這樣的方法，運用在由立體視覺所取得的距離資訊上，然後將由視覺和聲納得來的數據整合在同一張地圖裡。我們也將牽涉其中的數學推演，轉而建構在更為可靠的機率理論之上。我們購買了更強大的電腦，並且進行了更多的實驗。這其中的一個實驗，暴露出了格子演算方法的弱點：在一個狹長、兩邊圍繞著光滑牆壁的走道裡——一個和充滿雜物實驗室房間截然不同的環境——聲納信號會被不斷地反射，就像是光線在一個充滿鏡子的走道裡不斷被反射一般，使得大部分得到的測量數據充滿了誤導的訊息，進而使得計算得到的地圖毫無用處。程式由每一次聲納量測所得到並加入地圖的證據樣式——當時我們是依據聲納系統的規格，用手算出這些數據——並不能顯示出聲納系統到底對走道地形有哪些有用的發現。

到了一九九○年，我們發展出了一種會「自我學習」的方法，來改進所推的證據樣式。這些樣式是經由一些數學方程式代表，而方程式又由一些參數所控制——這些參數就好像是提供給我們一些「旋鈕」，可以用來調整這些證據樣式的形狀。我們首先測量了走道的各種數據，並據其建構起一個完美無瑕的地圖。接著我們讓機器人走過一個事先決定好的路徑，並在固定的時間間隔裡記錄下聲納系統測得的數據。最後我們用另外一個程式不斷地計算處理記錄下來的聲納數據，就好像是模擬機器人一次次地走過走道一樣。每一次模擬完走道的路程後，程式會將計算所得的地圖與完美的地圖相比對。接著程式會根據比對的結果，調整控制代表證據樣式的數學方程式的種種旋鈕（參數），然後再進行下一次的模擬。如果在使用了新的證據樣式後，所模擬得出的地圖變得更接近完美的地圖，程式在下一次調整旋

鈕時，便會進一步將旋鈕往該方向做調整，否則調整的方向會剛好相反。運用當年速度已有 10 MIPS 的電腦，這程式花上了數天的時間，反覆地模擬上萬次機器人走過走道的實驗，最後終於鎖定了一組可以產生高品質走道地圖的參數，而且該組參數也適合被使用在其它有光滑牆壁圍繞的環境裡。

加強的感官

對於一般室內正常的步行速度來說，速度達 10 MIPS 的電腦已經可以以足夠快的速度建構並使用二度空間的證據格子地圖。在一九九〇年代，世界各地愈來愈多的研究團隊就是靠著這種二度空間的地圖，和其它各種記錄不同資訊但複雜度相近的地圖，在辦公室環境之中來為他們的機器人進行導航。儘管這些系統作為短期研究的展示令人印象深刻，但是它們在一整天的運行時間當中，或許會有好幾次陷入無法避免的困境，像是與障礙物發生碰撞，或是在途中迷路，甚至被卡死在某處。就算這樣的系統，已經比之前所使用較為粗略的環境描述方式——像是推車計畫裡所使用，僅僅追踪區區幾打影像特徵的方式——來得好上許多，但是單靠使用一個只有數千個格子的地圖，若是不巧遇上某種觀測上的錯誤組合，系統犯錯的機率仍然是非常可觀的。

對一個試圖了解這世界的系統來說，只要它能夠觀察到更多在彼此之間相互獨立的事物，它犯錯的機率就會因而更為降低。在種種能夠提高證據格子所隱含資訊的方法裡，把它由二度空間提升到三度空間，是一個最具有吸引力的做法。使用二度空間描述的系統，往往會對門把、桌面和其它在高度上有不同變化的物體，得到前後不一的觀

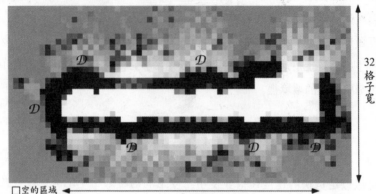

64 格子長

32 格子寬

□空的區域
■無法確定區域
■被物件佔據的區域

8公尺

𝒟 門口─所有的門都是關閉著的

一九九〇年的系統對一個困難度高的走道所產生的二度空間證據格子圖

這是由一台配備了一串由二十四個聲納所組成裝置的機器人,對一條長達八公尺的走道,進行了六百二十四個距離量測所得到的成果。半數以上的量測值,因為牆壁造成像是鏡子般的反射現象,而變得不是過長,就是根本沒有結果。然而儘管如此,一個品質還不差、大小為 64 × 32 格的地圖,還是可以被建構出來,因為這個系統事先特別針對了這樣的環境,進行過一個自我學習調整的過程。機器人所走過的走道,在圖片裡是由左向右呈現著。連接著向上方延伸的走道,則可以在圖的右方找到。

察結果,進而使得所推得的地圖成為模糊一片——這也就是為什麼我們不能藉由將二度空間格子每邊長縮減到十公分以下的方式,來提高系統的正確率。改用三度空間的格子,系統便能前後一致地描述周遭環境,因此每次所繪得的地圖,將不會再有模糊不清的現象,我們也藉此可以進一步提高格子的解析度,並且對每一個格子的內含物能夠更為確定。透過二度空間的描述方式,一把椅子只是在地圖上佔幾個格子寬的一團模糊而已,我們根本無法分辨它與其它類似大小的物體究竟有何不同。在三度空間的描述裡,一把椅子可以有椅腳、座位和

靠背，並且彼此之間還有形狀的差別。一個三度空間的地圖，將可以讓程式設計出更為複雜的路徑——這些路徑不僅可以繞過障礙物，還可由障礙物的上方或下方穿越而過。如此一來，導航上發生的觀測錯誤就可以減少到最低。

然而隨之而來的代價是高昂的。利用運算速度為 10 MIPS 的電腦，我們可以處理大約擁有數千個格子的二度空間地圖。到了三度空間，通常我們都會希望把格子大小調到每邊大約只有幾公分長（或是更短）。在二度空間裡，若是提高解析度四倍，我們會得到比原來多上十六倍多的格子。在三度空間裡，這種格子數暴增的現象因為第三維度的存在而變得更為嚴重：若是第三維度高約一百個格子長，我們必須處理計算的是比起二度空間所擁有而數千倍以上數目的格子。看來處理三度空間的格子地圖需要速度到達 1,000 MIPS 以上的電腦方能勝任。

在一九九○年代初期，只有超級電腦才能達到 1,000 MIPS 的運算速度。在一九九二年，我利用整整一年休假年 (sabbatical year) 的機會，親赴製造超級電腦的「思考機器公司」(Thinking Machines Corporation) 擔任客座研究員。原來的計畫是我要完成一個程式，利用那兒最新的 CM-5 型電腦——該系統是由幾百個速度達 20 MIPS 的電腦群協力合作組成——將三度空間格子地圖裡每個格子的證據數據計算出來。當時我理想中的程式設計系統環境尚未完成，因此我只能先在一般的工作站電腦上開發我的程式，待程式完成之後再將其複製許多份放在 CM-5 電腦上執行。

這原先的想法最後演變成了一個長達八個月的研究計畫。我發現使用龐大的格子地圖帶來了若干計算上的經濟效益。幾乎所有的感應

裝置，都可以被圍繞著探測源傳遞軸相互對稱的證據線所描述，也因此我們可以捨棄原來使用三度空間箱子式的證據描述方法，改以假想將一個圍繞傳遞軸而成的圓柱加以切片，再以這種二度空間中的輻射圓片來描述證據。對於每一個量測，要將這些切片轉變成為穿過三度空間格子地圖的圓柱所需的變換演算，在地圖的每一層其實都是非常相似的。一旦想出了一個有效率且簡潔的數學方法來處理一個切片，這方法便可以重複被使用在地圖的每一層。在每一片這樣的切片裡，我們可以由傳遞軸開始，向外將每個格子一一排序，然後只使用位在某一個最大半徑之內的格子所包含的實際資訊。因此，與其說是使用了整個圓柱，我們事實上也只使用了一個包含證據數據的圓錐。靠著這些計算方法和其它相關的點子，我最後寫成了一個比原先預期要快上四十倍的程式。另一個在程式效能上出其不意的改進，是來自當時編譯器 (compiler) 技術的進步——編譯器負責將人類以高階程式語言撰寫的程式碼，轉譯成機器能夠了解的機器碼。我在使用 GNU C 語言編譯器時，將最佳化的參數設為第三級，結果得到了要比原來不使用最佳化編譯快上二點五倍的執行碼。將所有這些改進加總起來，我最後完成的執行碼要比當初所預期的程式快上一百倍。別忘了，我當初使用的是一台 25 MIPS 的工作站電腦，因此在這裡比起超級電腦，我還有二點五倍的速度優勢。同樣重要的是，這台工作站配備了 16 百萬位元 (megabytes) 的記憶體，足夠儲存整個三度空間格子地圖和其它支援的資料結構。在忙了八個月，為了最後使用超級電腦，而做的種種準備工作之後，我卻發現我不再需要用到它了！

當這個程式在 25 MIPS 速度的電腦上執行時，在一個每邊擁有一百二十八個格子長大小的立體地圖裡，它可以在每秒鐘之內，為地圖

加入兩百個像是由聲納探測得來涵蓋寬廣的量測值；若是使用雷射或是立體視覺系統來偵測障礙距離時，這程式可以在每秒內為地圖加入四千條疏散的證據線。這速度就算對真正完成的移動型機器人來說，仍稍嫌不足，對開發系統所需進行的實驗來說，已經是足夠快的了。

　　一九九二年休假年最後帶給了我一個當初所沒有預料到的成果：雖然我沒能完成一整套機器人的感知系統，但我卻得到了一個用在計算三度空間格子地圖上的實用核心程式。但是接下來我卻因為忙於種種基礎或是其它不相干的工作，將這研究的下一步進程，拖延了數年之久。我發現對於一個擁有上百萬格子——每一個格子都急於爭取障礙存在其內證據——的三度空間地圖來說，使用在每分鐘之內僅能提供區區數百個模糊量測值的聲納系統，其前景在實際運作上並不被看好。在一些其它機器人計畫裡，研究人員以比較簡單的方式，使用了雷射測距儀來獲得這方面的量測資訊；雖然這能夠提供計算格子證據所需的資訊，但是雷射測距儀卻有體積龐大笨拙、價格昂貴，且耗用太多電力的缺點。我希望將來我們研究出來的新方法，可以被運用在能夠大量製造、體積小巧且價格低廉的機器人身上，因此我尋找的是較為實用的方法。在那時，電視攝影裝置已經可以被縮小到僅有手指般的大小，因此立體視覺這個方法，看來又再度敗部復活了。

　　使用廣角鏡頭可以拍攝到大範圍的區域，但是拍出的影像會有明顯的「魚眼」(fish-eye) 失真效果。到了一九九五年，我已經寫出了一個程式專門來校正這樣的失真現象。這程式是藉著由攝影鏡頭所拍攝，由上百個黑點所精確組成的校正樣式，來推導出一個修正方程式，並進而利用這校正公式，將原始攝得的影像加以處理，最後獲得理想的影像。然而，這方面的進展仍然遲緩。有了上一次在休假年獲

得豐碩研究成果的經驗，我決定在一九九六年再次利用休假年的機會做研究——這次是在德國柏林的戴姆勒賓士集團(Daimler-Benz)。

在柏林我所使用的工作站速度達 100 MIPS，並擁有 64 百萬位元的記憶體。我首先為三度空間格子地圖，寫成了一個利用立體視覺計算證據的程式——這程式運用的方法和二十年前用在推車計畫中的方法並無二致，但是新程式在很多小地方有著不同的改進。程式接受的輸入資訊，來自兩台架在由手動移動三腳架上的攝影機（在我隔壁的房間裡就有一台機器人，只是當時它還未達到可以將我的系統裝設在它身上運行操弄的程度）。用在推車上的舊程式，是透過每一次立體視覺攝影求得的數打影像特徵，而新程式可以推得大約兩千五百個特徵。每一個得到的特徵，都被轉換成至少兩條證據線——每一條證據線各來自兩個攝影鏡頭的其中一個；這證據線再被投射到經三角測量所決定特徵的所在位置。一個長寬皆為兩百五十六格子，高為六十四格子的立體地圖，代表了實際世界中長寬皆為六公尺，高為兩公尺的立方體空間。

就像之前在計算更新三度空間格子所包含的證據數據一樣，在使用立體視覺方法時，利用同樣計算上的經濟效益，這程式可以在五秒鐘之內，將兩張影像處理所得的五千條證據線加入立體地圖之中。

下面的圖片顯示出了新程式與過去推車計畫中舊程式所產生的不同結果。其中兩張地圖都是由對同一場景所拍攝的四十個不同影像所計算而得。推車系統大約要花掉速度為 1 MIPS、擁有 1/2 百萬位元記憶體的四十分鐘電腦時間來計算，而新的程式，運用證據格子的方法，需耗費速度為 100 MIPS、擁有 20 百萬位元記憶體的八十秒的電腦時間來完成計算。推車系統能夠將大約五十個影像特徵的位置，在

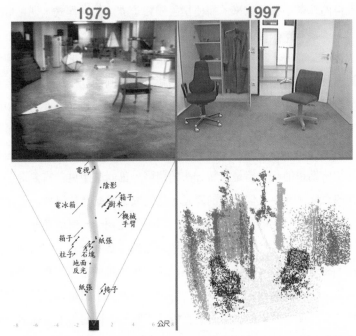

一九七九和一九九七年的比較：由立體視覺影像所推得的三度空間地圖

在這兩個互為對照的例子裡，各有大約四十張類似圖片上半部所示的立體視覺影像，在經過電腦處理後，產生出其下方所示的地圖。在圖左下方的地圖顯示了推車機器人在行走路徑的開端位置、它所配備攝影機的視角範圍、計畫移動的路徑，以及四周所有通過一致性檢查的環境特徵。每一個特徵在地圖上是用一個黑點來代表，並且透過一條對角線連接到地圖當中的地面上。對角線的長度便是該特徵的高度；對角線接觸到地面的位置，便是它的前置和橫向位置。這些環境特徵也被以標點的方式，標示在攝影影像之上。為了便於詮釋圖片起見，在攝影影像當中大約有為數一打的群集特徵點，被以手動的方式，配合著相關物件的真實身分，被標示在圖中。在圖片右下方所示的立體地圖，是一張大小有 256×256×64 格子，代表了實際上六平方公尺乘以兩公尺高辦公室（如地圖上方所示）的地圖。同樣地為了便於詮釋起見，在地圖中大約有一打像是盒子形狀的空間被手動選出，並且被特別的顏色所標示。

＊本圖中所使用的一九七九年影像，是由史丹佛大學的馬丁・福羅斯特 (Martin Frost) 由古老的電腦備份磁帶上所復原出來的。

所推得的地圖中標示出來，而使用證據格子方法的新程式，則可以推論出地圖涵蓋區域裡，有十萬個格子是被物體佔據著（另外一百五十萬個格子是空的，有兩百五十萬的格子仍屬未知）。推車系統得到的地圖，勉勉強強可以用來導航。運用新方法得到的立體格子地圖，不但可以提供極為可靠的導航輔助，還可以藉由所觀察到三度空間中的物體形狀，來進行物體識別。

　　儘管使用三度空間格子的方法帶來了令人振奮的結果──這正是我當初所期望的──但是這新方法的開發，也開啟了更多需要進一步改進的空間。其中一個有趣的課題，是研究讓系統自動學習出正確的證據樣式，以便能以最佳的方式描述每一個量測──這就是前文中提到過、大大改善了二度空間聲納地圖品質的「自我學習」方法。不同的是，在這裡我們改以透過立體視覺所推得的幾何數據，和許多其它推測值來描述證據樣式。那麼我們要用什麼方法來引導這樣的學習過程呢？在二度空間當中，學習過程包括了將所推得的格子地圖與一個用手親自建造的完美地圖做比較。然而三度空間地圖要比二度空間多上數千倍的格子，因此建造一個理想地圖的要求，就變得不合實際。雖然我們無法擁有一個完美的立體地圖，但是對於原來的三度空間場景，我們卻仍擁有靠著立體視覺攝影得來的清晰照片！正如同以下圖片中所顯示的，在建構完成整個格子地圖之後，我們可以用機器人當初的攝影角度，將每個被物體佔據的格子與照片互相比對。如此一來，若是這比對愈正確，我們就可以推斷這格子地圖的品質愈高──不過我們還得假設每一個格子擁有與照片相對位置上相同的顏色。事實上，與其比對相對位置的顏色，我們乾脆將照片中每一位置的顏色投射到格子地圖上相對應的格子。這種塗色兼比對的程序不但可以讓

程式對著照片不斷自我學習，將各種參數調整到最佳狀況，所得到的顏色資訊還可以用在改進物體識別正確率，或是其它的工作上。

種種研究工作仍在持續進行著。一位叫作馬丁・馬丁 (Martin Martin) 的新研究生，正要將這種三度空間格子地圖的方法，實際運用在一台即將擁有 500 MIPS 電腦的機器人上。我們希望能夠證明在短期間能夠實現的機器人上——就像是在本書第四章當中將被提到、可以在房間四處移動的吸塵機器人——導航已經是成熟可行的。

但是，我們是否接近了約翰・麥卡錫當年所提出，會自我駕駛汽車的夢想呢？就算我們繼續將實驗室裡的慢速小型機器人改進到完美，如果它們膽敢上路，也會很快變成其它車輛的車下亡魂。不過，的確有其它比較大膽的機器，正試圖向這個夢想挑戰。

高速行駛的車輛

迷你電腦一直要到了一九七〇年代，才變得小到可以裝置在一台汽車裡；而在隨後的十年當中，由電腦駕駛的汽車或是卡車，才開始一一出現。就如同小型機器人的發展歷程一般，它們所表現出來的性能，一直到一九九〇年代來臨之前，都還並不令人感到滿意。

在一九九七年，日本的機械工程實驗室 (Mechanical Engineering Laboratory) 完成了一台由立體視覺攝影所導引的自動車：這台車可以以最高時速三十公里的速度，沿著一條事先指定規畫好的道路，行駛大約五十公尺的距離。這台車運作的祕訣，是裝置在這台小汽車的乘客座位上、經過特殊設計的硬體裝備：該裝備使用裝設在汽車前頭護欄上的兩台小型電視攝影機作為輸入訊號源。這些攝影機傳回的影像訊號經過電子系統篩選後，能夠辨別出明亮度的變化，這變化接著被

轉換成為一個數位脈衝 (digital pulses)，然後被一一記錄下來。利用一個簡單的數位電路裝置，由兩台攝影機傳回的數位脈衝流，在各種不同的位移情況下被互相比對：若是在某些位移下許多脈衝可以互相匹配，那就代表了在相對應的距離外有障礙物存在著。在適當調整的光線和對比之下，這個特殊設計的電路系統會以每秒三十次的速度，給定出大約八個會在視覺上造成不連續性位置的距離——像是安全島和路障等等——這也就相當於進行了大約 50 MIPS 速度的計算工作。這些計算得出的距離，接著由一台速度為 1/4 MIPS 的迷你電腦以每秒十次的頻率採樣，用來駕駛汽車避過各種障礙物。若是負責偵測物體邊緣線的系統，事先經過適當的調整，並且道路和障礙物的邊緣都足夠的明顯——測試用的道路通常都用白線描繪出其邊緣——這整個系統可以發揮出令人印象深刻的效能。但是在缺乏這些條件的時候，這台自動車就變得無法預測，甚至是非常危險！這些問題都是在使用立體視覺方法上，必會遭遇到的一些基本問題，也因此該研究計畫在一九八一年便被終止。

到了一九八四年，在一個名為「戰略計算計畫」(Strategic Computing Initiative) 的龐大研究計畫中，國防部先進研究計畫署 (Department of Defense Advanced Research Projects Agency, DARPA) ④ 開始了一個野心勃勃、名為「自動陸上載具」(Autonomous Land Vehicles, ALV) 的子計畫。這個研究計畫的目的，是研發出能夠祕密行動的機器爬行者，用以進行戰場上偵查搜索、敵後破壞，甚至

④國防部先進研究計畫署 (DARPA) 的前身是 ARPA；該機構是在一九五七年當蘇聯出乎意料地發射了第一枚人造衛星史波尼克號 (Sputnik) 之後所成立，其宗旨是在資助研究工作，以確保這樣的「科技奇襲」不再發生。至

是直接參與戰鬥的工作。根據之前十年間在電腦視覺上的研究進程，先進研究計畫署的管理階層，了解到立體視覺方法的困難和複雜度——在他們計畫的年限之中，有些相關研究是不可能很快有突破性發展的；但是他們猜測，在感知和導航裡其它方面的問題，或許是可以被解決的。這個計畫在一九八九年被終止之前，先進研究計畫署，總共資助了六個以視覺導引的小型實驗載具，以及兩台大型載具的研究。其中在丹佛市的馬丁馬利達公司 (Martin-Marietta Corporation) 開發出一台像巴士一樣大，可以在崎嶇的地形上行走的載具。該載具配備有速度達 50 MIPS 的特殊電腦開關、彩色電視攝影機，以及可以以每秒兩次速度掃描長寬各為一百二十八及二百五十六陣列中，物件距離的雷射測距儀；這整個設計，基本上是以光學和電子系統，來達成當時電腦計算所無法完成的工作。另一台類似的載具，是由卡內基美倫大學開發、藉助一台經過大幅修改的雪佛蘭 (Chevy) 箱型汽車所完成。到了這個研究計畫結束的時候，來自馬丁馬利達公司的 ALV 載具和卡內基美倫大學的改裝車「導航實驗室號」(Navlab)，都可以以最高時速二十公里的速度在泥濘的道路上自動行駛，並以彩色電視攝影來追蹤道路的邊界，和藉著處理來自雷射測距儀的資料，在偵測到障礙物時將車停下來——雖然在大部分的時候，這兩台車都是以比最高時速慢上許多的速度行駛。在道路邊界相對清楚，以及道路彎曲狀況沒有太大不連貫性的情形下，這兩台車都可以持續不斷地行駛。然而，在這些系統中所使用的簡單道路辨識技術常常會發生錯誤，致使兩台

在一九六〇及一九七〇年代，先進研究計畫署是贊助人工智慧研究的主力，直到今天，它仍然是各種研究經費的一個重要贊助人。

車都不太可能在道路上持續行走上一公里遠。

在一九八四年，位在德國慕尼黑的邦德斯維爾大學 (Bundeswehr University) 開始了一個由德國汽車和電子工業部分資助的研究計畫；到了一九八九年，該計畫已成功研發出一台能夠在高速公路上以最高時速一百公里進行自動駕駛的箱型車；這台自動車上安裝了六部特殊電腦，而每一台電腦都有 10 MIPS 的計算能力，可以以每秒鐘掃描十三個畫幅的速度，處理追蹤由完整攝影影像所分出的一片專責區域。追蹤影像所需的特徵，是在每次開始進行高速公路測試駕駛之前，由人以手動的方式選擇：通常所選擇的特徵，包括了道路或是所在車道的左右邊界線，前行車輛的車牌，以及其它在車前或是車兩旁來往交通的特殊景象等。藉著使用預測運動的技巧，每一台負責處理影像的電腦，都能鎖定並持續追蹤被指定的特徵長達數分鐘之久。這些電腦接著將輸出傳送給一台迷你電腦，由這台電腦負責駕駛箱型車，以確保這台車行駛在車道內，並且與其它行車保持適當距離。在一九八九年的測試中，這台自動車在一條無人的高速公路支線上，成功地行駛了二十公里遠的路程。

所有上述這些系統，都絕對仰賴著一位車上的人類監督員不斷地注意各種狀況，以便在危急時按下手動操作鈕接過控制權——這些大腦簡單卻又極端危險的機器，很容易被開車時經常所見到的尋常景象，諸如陰影、兩旁的路燈桿、停下的車輛，或是沿路忽然出現的彎道而迷惑不已。

卡內基美倫大學的導航實驗室計畫，並未隨著國防部先進研究計畫署所主導的 ALV 計畫終止而停下來。在一九八四年由移動型機器人實驗室畢業，得到博士學位的恰克·索普，接掌了該計畫，並接受

由卡內基美倫大學所研發，具有自我駕駛能力的各代導航實驗室號載具

由左至右，這些載具分別是導航實驗室一到五號，它們的研發時間由一九八六年延伸到一九九六年，其速度由每秒一公尺增加到每小時一百五十公里，行駛距離由十公尺增長為五千公里，而它們所配備電腦的運算效能也由 1 MIPS 增快到 100 MIPS，大小由冰箱般巨大，縮小成為小巧的膝上型電腦——這其中一半的樂趣，是在如何達到我們想要達到的目的地。

＊本照片係由卡內基美倫大學的瑪麗·喬·陶林 (Mary Jo Dowling) 所提供。

了來自汽車工業、農業以及礦業界的資助經費，他並且將該計畫的研究範圍進一步擴展到各種在公路、農田以及礦坑當中可以被運用到的系統上。其中，該計畫在公路上運行系統的研究，特別具有啟發性。

在一九八四年，導航實驗室號的前身——一台像書桌般大小的戶外機器人，名叫「鑽地魚」(Terragator)，由速度為 1 MIPS 的電腦以無線電控制，可以以每秒一公尺的速度，在慢跑小徑上匍匐前進。有時它甚至會把樹幹誤認為是小徑，因此而開始嘗試爬樹！在一九八六

年，跑得並不比鑽地魚快的導航實驗室號，代替鑽地魚成為實驗系統。這台自動車是一台在車身內塞有 1 MIPS 電腦、一台大型空調系統，以及一台重型發電機的大型藍色箱型車。箱型車內原來的傳動系統，被換裝成可供極低速控制的液壓系統。這期間研究人員完成了好幾個能夠根據彩色攝影機傳來前方道路影像，以辨別道路邊緣線的程式，這一系列的程式逐漸緩緩地提升了這個系統的效能，同時也讓研究人員學得一些實用的小技巧（例如將綠色由藍色色頻中去除的這個技巧：因為道路本身會反射天空的藍色，而道路兩旁則因為樹木而呈現綠色；將綠色由藍色中消除有助於增強顏色上的對比，也有助於消除陰影的效果）。到了一九八八年，這台車可以在空無一人的道路網路上，以時速數公里的速度自動行駛。到了一九九〇年，有了運算速度增加到 10 MIPS 的電腦幫助，這台自動車，有時可以開到它液壓系統下所能承受的最高時速——四十公里。然而，每一次只要遇到新的道路形態或是道路狀況，這系統便需要經過種種的手動調整，才能再度上路。

到了一九九〇年，舊的導航實驗室號被新的導航實驗室二號給取代——這是一台曾被用來當作軍用救護車的悍馬吉普車，車上配備有三台速度為 20 MIPS 的電腦工作站。索普的一位學生，名叫迪恩・柏梅勞 (Dean Pomerleau)，率先使用了一個嶄新的方法。與其以手動的方法寫出一個找尋道路邊界的程式，柏梅勞以 ALVINN 程式訓練一個擁有五千個內部連結的模擬神經網路，再利用它來模擬人類駕駛的行為，以取代過去以手工製造的道路探測器。這個模擬神經網路的輸入訊號，是對道路拍攝低解析度的影像——這些影像都事先經過由藍色色頻中去除綠色的技巧。神經網路的輸出訊號，直接就控制著自動車

的方向盤。在剛開始的版本裡，這個神經網路必須耗上數小時的時間，透過模擬的道路影像，或是冗長的人類開車的旅程錄影，來反覆不斷地學習。藉著後來發現的一些訓練神經網路的技巧，學習的時間才逐漸縮短。在訓練過程中，每一張原始的影像，都被複製修改成好幾打以上的影像。其中有些修改的影像，模擬了自動車太偏車道左邊或右邊的情況，並隨影像附上正確的方向盤調整方向，如此一來，系統才能學得與一般正常駕駛情形下，經常遇到種種不同的非常態經驗。在其它的影像中，一些隨機的雜訊，被故意地加入在非道路的區域中，以便訓練神經網路去忽略非道路區域所攝得的影像。到了最後，神經網路學習新道路所需的時間，被縮短到只有大約五分鐘。若是神經網路需要開上長途旅程，系統內會備有對許多不同道路形態訓練所獲得的神經內部連結權重 (interconnection weights) 資訊。對於目前行駛的道路，系統會嘗試使用每一種道路形態的神經網路連結，然後以該神經網路控制方向盤所表現出的一致性，作為該網路是否適於目前道路的決定依據。在一九九一年，ALVINN 系統成功地在交通繁忙的高速公路上，以時速七十公里的速度行駛了三十公里遠，而迪恩‧柏梅勞也順利拿到了他的博士學位。

到了一九九五年，另一台新導航實驗室號的出現，配合了另外一位擁有新點子的新學生，再度大大地改進了之前自動車的效能。導航實驗室五號（三號和四號並不重要）是一台普利茅斯 (Plymouth) 牌的迷你箱型車。與前幾台被塞滿電腦裝備的自動車比起來，情形有所不同的是，這台車僅僅由一台速度達 50 MIPS 的膝上型電腦所控制。車上所配備的攝影機，也與以往大搖大擺裝置在車頂上的方式不同，而是改設在車內後視鏡上方，面向擋風玻璃向外看。這位新學生名叫陶

德‧約肯 (Todd Jochem)，是迪恩‧柏梅勞的學生。他的想法是替換掉
ALVINN 太過廣泛且需要大量人為訓練資料的學習方式，改換以一個
特殊的設計系統：這系統中內建有各種道路駕駛的先天限制條件，只
有某些可以調整的部分是可以經過學習來加以改變的。這個名叫
RALPH 的系統就和 ALVINN 一樣，使用同樣長寬各為三十二畫點的
低解析度道路影像作為輸入。在這些影像裡，車前逐漸在遠方消失的
車道，看來就像是一個三角錐形狀。 RALPH 系統把這影像加以變
形，將呈三角錐狀的車道一直拉扯到變成一條寬度一致的彩帶形狀為
止，然後再將這彩帶由上至下算出橫向每一點的平均，而得到一個代
表車道橫切面平均值、長為三十二畫點的向量。當然，這計算方法要
在前方車道維持一直線的狀況下才能成立。如果這車道在前方向左或
向右彎，或是形成了一個曲線，那麼把影像拉直和計算橫切面平均的
動作，會讓所描述道路的某一部分變得模糊不清。因此這程式也需要
處理將某一範圍內彎曲角度和曲線加以轉換的工作。對於每一個道路
彎曲形狀的假設，系統可以由其橫向切面向量裡，相鄰畫點的明暗變
化來推測道路形狀模糊的部分：因為在道路描述的模糊情況，會柔化
向量中相鄰畫點變化的強度。在所有這樣的向量裡，擁有最鮮明對比
的向量被保留下來，其餘統統被丟棄。在學習一個新道路形態時，系
統將該車道的三十二畫點向量在瞬間內記錄下來（相形之下， AL-
VINN 系統需要記憶五千個數據，並使用五分鐘的時間進行學習）。
到了進行自動駕駛時，系統會將目前觀測到的車道向量，在其記憶的
該道路形態向量上滑動比對：自動車在車道內行駛的位置，即是兩向
量最能互相配對的位置。若是行駛在一條新的道路上，系統可以將目
前所觀測到的車道向量，和儲存在資料庫裡上千個不同的道路向量做

比對，找出最佳的匹配。RALPH 系統甚至能比對由道路影像下半與上半所推得的向量，進而習得新的道路形態。如果這兩個向量比對成功，那麼橫跨在前方的道路，與現在正在行駛的道路是屬於同一形態。若是比對不成，那麼由上半影像得來的向量就代表了一個新的道路形態，系統可以將其加入資料庫中以備未來之需。這系統曾成功地在黑暗中、在大雪裡，和在風雨中自動駕駛。當能見度接近零的時候，這個系統可以鎖定微弱或是暫時性的影像特徵，像是路面上的痕跡，甚至是前車行駛過時所留下的水波！在一九九五年夏天，RAL-PH 系統成功地駕駛著導航實驗室五號，由華盛頓特區一路開到加州的聖地牙哥，並在全程百分之九十二點八的路程裡實際地控制車輛，以平均一百公里的時速行駛。約肯於一九九六年拿到了他的博士學位。

目前另一波新生代的學生們正在將這些研究成果運用在衆多不同的應用中，像是「未來高速公路」和「駕駛助理」系統等等。

在暗夜中爬行

當電腦還是非常昂貴的時候，世界上只存在著少數幾台由電腦控制的機器人；然而在一九八〇年代，體積小而價廉的微處理器「電子腦」，卻引發了一陣機器人風潮。當時看來，似乎機器人這門學問，會在一九七〇年代末，重複當年電腦界由業餘玩家興起的風潮。世界各地數以千計的業餘玩家、小公司、業界或是政府的實驗室、高中和大學部的學生，以及研究生們，都會建造或是購買這樣小型的可編輯程式的載具。Heathkit 這家公司販售了兩萬五千台要價兩千美金、名叫「英雄」的機器人，而其它六家公司也賣出去了數以千計的玩家機

器人。絕大多數這些低成本的機器人使用了觸碰式、聲納，或是紅外線近距離障礙感知元件，和不到 1 MIPS 速度的處理器，來執行事先設計好的一連串命令，或是表現出對障礙物及其它狀況的簡單反射動作。有為數一打較為大型也較為昂貴的機器人，配備有電視攝影機和雷射測距儀，同時也裝備了數個速度達 1 MIPS 的處理器。只有非常少的幾種機器人配備有能操弄環境的裝備。

很快地，這些小機器人能夠玩的把戲都玩盡了，而機器人的小小黃金時代也在一九九〇年來臨之前結束。當時只有數打值得一提的研究計畫留了下來。一些研究計畫使用了聲納或是光學測距裝置來建立起描述機器人四周環境的二度空間線形地圖。這種方法可以用在緩慢移動於單純辦公室環境裡的即時機器人系統上，但是不適於使用在過度擁擠的空間，或是會引發探測裝置高錯誤率的環境之中。另外一些鑽研電腦視覺的研究團隊擁有配備了攝影機的機器人，可以使用立體視覺、等距線，以及利用圖塊辨認場景的方法──運用這些方法，要讓機器人對周遭世界有上驚鴻一瞥，有的需要耗去電腦數分鐘的計算時間，有的則要數小時之久。到最後這些研究團隊常常下了這樣一個結論：移動型機器人只不過是一種極為繁複且昂貴的照相方式罷了。

一直要到了一九九〇年代，當移動型機器人開始配備有速度超過10 MIPS 的電腦時，這方面的研究才開始出現生機。在今天，有成打像是垃圾桶般大小的機器人，在世界各地大學和研究機構的走道上漫步著。少數的機器人，藉著由衛星和內部導航系統加強了它們的視覺感官，因而使得它們能夠在天上飛、在水裡游、在地上用腿爬，或是行駛在廣大的室外環境當中。雖然這些機器人可能還達不到廣泛的一般性用途，但是對於偶爾舉辦的競賽來說，這些機器人已經是綽綽有

餘；而且它們具有足夠的娛樂價值，吸引了成打的電視節目和雜誌專文介紹。隨著每一年時光的流逝，這些機器人的平均水準也愈來愈提高改進。

在一九八〇年代晚期，因為「模型導向」(model-based)（或稱「地圖導向」[map-based]）的機器人研究停滯不前，另一種截然不同的方法因而被催生。當時來自麻省理工學院的羅德·布魯克斯，就像是一位精力充沛的演員一般，宣告了模型導向的方法是死路一條，並且實際展示了如何讓機器人在沒有內部模型的情況下，展現出複雜的行為。布魯克斯的機器是由層層精心設計的反射機制所控制，就像是之前格雷·華特所發明的電子烏龜，或是霍普金斯之獸，只是更加地精細。舉例來說，機器人可能靠著其中一個感測器察覺到障礙物就在跟前，而顯現出遠離該位置的行為；但是在另一個行為模式裡，機器人可能運用同樣一個感測器，來達成沿牆而走的目的。這其中某些行為會回應其它的行為，有些則會超越推翻其它的行為。每一種行為其實都是由一個簡單程式所控制而成，而這些行為程式共用一個並不很快的處理器；通常一整個擁有數打行為的機器人，只需要一台 1 MIPS 的電腦即能運作。昆蟲似乎就是以這樣的方式運作著——每一個行為都是由數個成百神經元所組成的神經節所控制。布魯克斯的機器以一種非常類似昆蟲的方式運作著，這兩者之間的相似性，在他的實驗室開始研發以六隻腳行走的微型機器人時，更為明顯。這些機器人比起模型導向的機器人，看來更是鮮活且更難以預測。然而在一陣新奇的風潮過去之後，大家才開始了解到這些行為導向的機器人，其實並無法比控制系統較為整合的機器人，在完成複雜的工作目標上來得穩定可靠。現實生活當中的昆蟲，就是一個活生生的例子。絕大多數的昆

蟲常常都早夭，不得善終；就像是飛蛾被自我認知能力所限制，每每被街燈所引誘而陷入絕境。它們只能以靠著產下如天文數字般的卵來和機率放手一搏，以確保有足夠的子嗣存活下來。

在一九九○年代，只有模型導向的機器人擁有穿梭辦公室和跨州旅遊的能力。它們只擁有區區可數的反射行為，大部分都是像避開障礙物和躲避立即危險的反射動作。也許是出於對這些發展的反應，布魯克斯接著開始發展名為「認知者」(Cog) 的人型機器人——這台機器人藉由為數龐大的反射行為來控制，發展直到今天，它擁有能夠以視覺追踪並抓取物體的能力。這成果和我們人類自己的神經系統有直接的類比關係，但是我認為這樣的模仿實在位處在太低階。依照「認知者」這樣的方法，若是給予足夠的時間和精力，假以時日也許它也可以重新追溯人類所經歷過的演化過程，最後成為一個擁有完全智能的機器。然而，我認為眼前存在著一條更為快速的途徑，那就是運用所有在工程和電腦科學上所得的實用技巧，在更高的抽象高度上來模擬智能。在本書第四章裡我將勾勒出這方法。

然而由於必要性，大多數的實用自動機器，或多或少都屬於行為導向。例如成排在過去五十年中控制著自動電梯、街燈和無數工業用機器的電動繼電器 (electromechanical relays)，儘管看來聰明，當初卻是被設計成一種行為可被預測、而非像是擁有生命一般的裝置——它們就好像是原始昆蟲的神經節一般。從一九八○年代開始，許多繼電器開始被微處理器所取代，但是這些處理器一開始都被程式設計成模仿原來繼電器的行為。逐漸地這些裝置開始變得愈來愈複雜，但是大部分的這類裝置，仍然以被選擇有用且簡單的方式對碰觸、亮光、溫度，以及時間做出反應。

願爲電力工作

在一九八○年代初期的機器人旋風，不但帶來了無數的業餘玩家，也造就了幾家允諾在未來開發類似人的大小，以微處理器控制的移動型機器人，來給各種機構使用的小公司。在原來的計畫中，這些機器人應該要比遠從一九五○年以來就在工廠中來來回回搬運原料的自動引導載具(Automatic Guided Vehicles, AGV)來得小、價格更為便宜、更聰明以及使用更為廣泛。原來較舊型的機器要價都在美金十萬元以上，而且只會反射性地跟從埋在工廠水泥地板下發出信號的管線，或僅靠著接觸開關和簡單的計時器來決定啟動或是關閉。到了一九七○年代，一些自動引導的載具被重新設計成由電腦控制，並且可以跟隨工廠地板上所繪製對比強烈的線條或是其它標誌，進行導航的動作。

新的移動型機器人希望能夠達到像新一代由電腦控制的小型機械臂一般的先進。這種實用、可彈性程式化，並且使用感測器引導的電子操弄裝置，是在一九七○年代早期由一位就讀機械工程系、名叫維克‧山門的研究生，為史丹佛人工智慧實驗室的「手眼」(hand-eye)研究計畫所設計的。儘管這種裝置在技術上令人印象深刻──具有多種功能、反應性佳、速度快，而且精確性高──但是在商業上它們卻遭遇慘敗。對於大部分工作來說，就算是最先進的機器人，在價格和效能上都比不過人工，更何況先進機器人這一行一直都呈現產量小且無法獲利的局面。在日本可以找到一些與這狀況不同的特例：當地的製造產業預視到未來逐漸老化的人口，可能造成勞力短缺的問題，因此購買了許多機器人以便對這項未來技術更加熟稔。

事實證明，移動型機器人就和機械手臂一樣難製造和難以打入市場。在一九八○年代，成打的小型機器人公司一湧而現，但是只在數年之後便一一銷聲匿跡。有少數幾家公司存活到了今天，不斷地祈禱市場需求能夠很快地改善。在康乃迪克州的變遷科技研究公司 (Transitions Research Company, TRC) 和在維吉尼亞州的虛擬行動公司 (Cybermotion) 都希望某一天能製造出上百萬個機器人，但是在過去十年間，這兩家公司都靠著向投資者募集的微薄款項，以及每年賣出大約一打、要價美金兩萬五千元的機器人，苟延殘喘地生存著──這些買主大部分是不同的研究團隊。這兩家公司也都分別賣出了將近一百台機器人，給實際使用機器人的客戶。變遷科技所研發的機器人，在醫院負責遞送餐點和換洗衣物的工作，而虛擬行動公司所生產的機器人，則為倉庫擔任巡邏的工作。這些機器人的導航系統，都是屬於一九八○年代，根據速度達 1/2 MIPS 電腦所提出的設計；舉例來說，它們可以協調執行簡單的反射動作以迴避障礙物、沿著牆壁行進，或是往一個訊號源走去，一直走到另外設計的一個載具，能夠以設計好的方式，帶領它們在工作場所當中穿梭移動。在將機器人轉變為可以讓客戶們使用的系統，所需要面對的最大問題，就是如何讓這些機器人變得無比地穩定可靠。一些被成功安裝的機器人，在過去已經在指定給它們的路徑上工作了許多年。相反地，變遷科技所設計的推車，在一九九二年於史丹佛醫院 (Stanford Hospital) 的測試中，在服務滿第一個月後就丟掉了飯碗，原因是這個機器人忽略了以電子訊號所標示的「禁止機器人進入」區域，直直地開下了樓梯間！若是使用目前存在的各種技術，要達到這種可靠度，仍需要許多繁瑣且昂貴的措施。用來操控行駛在走道每一節、每一個轉彎，和每一個門口的程式，都需

要小心翼翼地寫成、調整、並且測試。在關鍵的位置我們甚至需要裝置特殊的導航標記。

　　沒有一個潛在的客户，會對每次要改變一下機器人途徑，就得打電話找相關專家，這種囉哩囉唆的程序感到滿意。然而，興趣還是存在的。能夠輕易學習不同路徑，而且即使在惡劣的環境下，都能可靠地走完這些路徑的機器人，將會有許多用途。事實證明製造這樣機器的困難度，要比原先估計難上許多；但是，這一天就快要來臨了。

第三章
能量和存在

　　就像乾渴的沙漠忽然下起傾盆大雨，整個機器智慧的研究領域在乾渴了三十年後，終於開始萌芽成長。到底是什麼東西灌溉了這萌芽的種子，它會成長多快，又會成長成什麼模樣呢？

　　計算能力與機器心智之間的關係，就像是火車頭與火車之間的關係一樣。若是火車的引擎馬力太小，火車就不能移動。另一方面來說，要讓引擎的動力被有效地運用，其設計就必須適當地配合火車的重量。十八世紀的火車引擎工程師們，花費了許多工夫嘗試錯誤，才發現了存在於速度、馬力、引擎大小和傳動比例之間的關係，這些所得，毫無疑問地推翻了許多以往由馬匹拖拉車輛所得來的直覺經驗。

　　在兩個世紀後，研究機器人這門學問的人們，也經歷過了相類似的過程。第一台電子計算機的外型就像火車引擎一般巨大，價格也差不多昂貴，而它所帶來的效能，就像是雇用了一大群人來處理大量的算術運算。現在回想起來，我們應該要原諒在一九六〇年代的那些研究人員：他們認為只要給予適當的程式，這些機器巨獸，就可以同樣輕鬆地進行其它人類心智所能處理的工作。唉，過去三十年的流金歲月，正足以證明當初這樣的直覺臆測，與事實的差距是多麼地遙遠。

　　當進行計算時，人類需要非常努力地工作，才能完成目標。在我們的頭腦裡，只是為了要在最後產生出例如像「$35 \times 237 = 8295$」這

樣小小的結果，我們便必須不斷地在腦中產生各種不同的影像、聲音和感覺來作為輔助。同樣地，一台農用拖拉機，柴油油煙直冒，在路上慢慢地顛仆前進——它們的設計僅僅只是為了耕耘，並不能夠以高速駕駛。一台電腦在算術上能夠輕易打敗人類的情形，就好像是一台腳踏車在路上能夠輕易超越拖拉機一樣。腳踏車天生就適於在道路上行駛，但是試想：若要用腳踏車來拖動犁耙，我們得幫它裝上什麼樣的配備——噢，這簡直是癡人說夢！只有建造一台可以載得動一千個人的巨人腳踏車，才能比得上一台拖拉機。同樣，也只有藉由一台巨型計算機，我們才有希望達成讓機器在進行像是感知、移動和進行社交等等，人類所有再自然不過的行為時，能夠趕上人類的水準。現在，就讓我們以實際量化的方式，來說明我所說的「巨型」，究竟指的是多大。

頭腦、雙眼和機器

電腦還有很長一段路要走，才能在人類所擅長的工作上與人一爭長短；在這裡，我們將運用類比和外推的方法，來估測這段路程究竟有多麼遙遠。還好，這些類比和外推的方法，都是根據由這旅程剛開始的一段路——我們才剛剛走過——所得的經驗而來。由過去三十年來在電腦視覺研究上所得到的經驗，我們知道 1 MIPS 的電腦只能用在即時的影像中擷取簡單的特徵，和在充滿斑點痕跡的背景前，追蹤白線或是白點的工作。速度達 10 MIPS 的電腦則可以用來追蹤較為複雜的灰階圖像塊——種種在精靈炸彈 (smart bombs)、巡弋飛彈，和早期能夠自動駕駛的車輛研究上所得的成果，可以證明這一點。而速度達 100 MIPS 的電腦，正如同導航實驗室自動車，在近幾年才成功完

成的實際道路駕駛旅行的實驗中，證明出具有可以追尋稍微難以預測的特徵——像是道路——的能力。速度達 1,000 MIPS 的電腦，將足以擁有較為粗糙的三度空間知覺：這一點可以藉由許多現行而具備處理中等解析度的立體視覺程式——其中包括我所寫的程式——來加以證明。有效運用速度達 1 萬 MIPS 的電腦，我們將可以在擁擠的影像中，找尋出各種三度空間的物體——之所以會得有這樣的推論，是因為若我們將幾個目前已經存在，用來解決「木塊裝箱問題」(bin-packing)，和能夠運用高解析度立體視覺的程式，運作在速度為 10 MIPS 的電腦上，它們都需要約一小時左右的時間來完成指定的工作。我們手中握有能用來推敲未來事實的工具，就只有這些了；接下來我們當然會見到跑得更快，擁有更大記憶體的電腦。

當然除了各式各樣在數量規模上的比較之外，我們還必須考量其它的因素。在 1 MIPS 的電腦速度之下，我們所能得到最佳的結果，是靠著具有最高的處理效率、人工精心打造出來的程式，一點一滴地處理感測資料而來。等到電腦成長到了 100 MIPS 的速度，我們可以利用比過度操勞的程式設計者，還更能進行自我調整的學習程式，以根據系統所得的輸入資料，操控處理各種不同的假設和參數。在電腦效能不斷成長，和機器人程式可靠性不斷增強的未來，各種形式的自我學習將會更形重要。這個現象在各種相關的領域裡，已經非常顯而易見。在一九八〇年代即將結束之際，當廣為使用的電腦，開始具有 10 MIPS 運算速度的時候，可以自動讀出大部分印刷和打字字體的光學文字辨識系統 (optical character reading, OCR)，也跟著開始出現。這些程式是靠著使用由手動設計的「特徵辨識器」來辨認文字的部分特徵，而並未運用太多的自我學習機制。當電腦的速度開始超越 100

MIPS 時，可以重新訓練的光學文字辨識系統開始出現：這些系統可以由給定的範例，學習特殊的字體風格；其中最新最好的系統，甚至可以完全依賴機器的自我學習能力。另一方面，手寫字體辨識系統，像是美國郵政局所用來自動分派、處理信件的系統，以及像是蘋果電腦，在他們所設計的牛頓掌上型電腦 (Newton handheld) 當中所使用的系統，也走過了相類似的途徑。語音識別系統 (speech recognition) 是另一個遵循這種發展模式的例子。卡內基美倫大學在拉吉・瑞迪 (Raj Reddy) 的領導下——他在一九六〇年代在史丹佛大學展開了他的研究生涯——領先發展出可以自動對連續語音進行聽寫的電腦系統。剛開始的語音辨識系統，使用了以手動完成的音位 (phoneme) 辨認程式，但是隨著電腦效能的提升，這項工作也逐漸地交由電腦自動學習來完成。在一九九二年，瑞迪的研究團隊，展示了一個名叫 Sphinx II 的系統：該系統運行在 15 MIPS 的電腦工作站上，並使用了速度為 100 MIPS 的特製訊號處理電子系統。這個系統具有辨識任何一位英文使用者語音的能力，並可以辨識出上千個英文字彙。Sphinx II 的字彙辨識副程式，使用了一種叫做馬可夫表 (Markov table) 的統計資料結構，而這結構就是由系統經過自動學習的過程，消化了上百小時從不同實驗對象所錄取的語音資料，加以整理學習而來——這些志願的實驗對象，都是研究人員在卡內基美倫大學裡利用披薩和冰淇淋買通引誘而來的。在今天，人們已經可以從市面上購買到數種，可以在個人電腦上運行且實用的語音控制和語音聽寫系統，這些系統的某些愛用者，為了不讓他們的手殘廢，反倒是寧願冒著喉嚨沙啞的危險，使用語音系統。

當然，我們需要更強大的電腦效能，才能讓機器表現出像人一樣

的水準，但問題是要多強大？如果我們能夠從神經系統的體積和計算能量上加以聯想，或許我們可以藉由比較人類和其它動物的頭腦大小得到解答。不論是從結構上還是從功能上來說，在今天最為人所了解的神經組織之一，便是脊椎動物眼睛的視網膜結構。很幸運地，在今天我們已經擁有了為機器人視覺所發展出的類視網膜運作機制，因此從這其中，我們可以得到一個概略的對比依據。

視網膜是一層位於眼球後方、像紙張一般薄且透明的神經組織層──這周遭世界的影像，透過了眼球的水晶體，最後都會投射在視網膜之上。將視網膜與腦部深層連接的，是一條由上百萬纖維所組成的感光神經。與視網膜連接的大腦部分，是最容易被研究的一個部位，因為它位處偏遠，也因為在與其它更為撲朔迷離的腦部功能相比較之下，這一部位的功能算是簡單明瞭。每一片人類的視網膜大約寬一公分，厚約半公釐。在這之上，是五種截然不同、為數大約十億的神經元。光線訊號透過感光細胞，傳遞給橫跨寬廣距離的水平細胞 (horizontal cells) 和較為窄小的兩極細胞 (bipolar cells)，接著再經過和它互相連接的無軸突細胞 (amacrine cells)，最後到達節細胞 (ganglion cells)，跟節細胞向外伸出的神經纖維合在一起，便形成了感光神經。每一個由上百萬個節細胞所伸出的軸突 (axons)，都傳遞著代表外界傳來影像裡某一區域的訊號，這訊號顯示了在不同的時間和空間中光線強度的變化情形：換句話說，這些其實就是上百萬個在同一時間進行的邊緣線和運動辨識 (edge and motion detection) 機制。總體來看，視網膜似乎可以在每秒鐘的時間裡，處理大約十張影像。

對一個機器人視覺程式來說，要跟從人類的肉眼所看到等同的影像裡，完成一個辨認邊緣線或是運動樣式的動作，必須耗去大約一百

個電腦指令。因此我們必須要花上十億個電腦指令，才能處理一百萬個辨識動作，或是需要 1,000 MIPS 的速度才能像視網膜一樣，在一秒鐘之內反覆所有辨識的動作十次；存在於今天的高階個人電腦，才剛剛開始具備完成這一切所需要動作的效能。

大小為一千五百立方公分的人類大腦，大約是視網膜體積的十萬倍大；依照這個比例來算，要讓機器擁有所有人類大腦的功能，我們必須擁有 10 億 MIPS 速度的計算能量。在電腦棋藝上面的進展，支持了我們在這裡所作的估測。在一九九七年打敗世界上棋藝最高強的棋手蓋瑞・卡斯巴洛夫的電腦「深藍」，使用了速度相當於一般電腦上 3 百萬 MIPS 的特殊晶片，用來處理每一個棋步（請看位在第 100 頁的圖）。按照我們的估計，這大約是所有人類大腦效能的百分之三。因為卡斯巴洛夫——他大概是人類有史以來最好的棋手——可以只使用他大腦效能的百分之三，來處理像是西洋棋這樣奇怪的問題，深藍在棋藝上跟卡斯巴洛夫幾乎平起平坐的事實，支持了我們上述由視網膜計算效能向外估測大腦效能的論點。

在一九九八年，世界上效能最強大的實驗用超級電腦，可以到達數百萬 MIPS 的速度；這種機器是由數以千計或是數以萬計、當時最快的微處理器所組成，其製造成本高達上千萬美元。它們與人類大腦效能之間的距離近在咫尺，但是實際上它們卻不太可能被運用在這個用途上。當我們四周隨隨便便就可以找到數以百萬計廉價的真正原形人類時，我們為什麼要花上兩千萬美金的代價，買一台超級電腦來模擬人類的智能？這些價格高昂的機器，應該被運用在具有極高價值的科學運算上，像是物理學上各種的數值模擬——在這些運算工作上，我們無法找到其它更好的工具來替代超級電腦。在人工智慧上的研

究，一定得要等到計算效能更為物美價廉的時候，才能夠變得實際。

如果一台速度達 10 億 MIPS 的電腦，可以完成如人類大腦中的一百萬個神經元所能夠勝任的工作，那麼每一個神經元就大約值上千分之一的 MIPS；也就是說，每一個神經元大約可以在一秒鐘內執行約一千個指令。這樣的速度大概並不足以模擬一個真正的神經元，因為它們可以在每秒鐘之內產生一千個精確計時的神經脈衝。我們在這裡的估測，是假設使用非常有效率的程式，來模擬由上千個神經元所組成結構的整體發揮效能。幾乎在自然界所有的神經系統中，這樣大小的神經結構都存在著。

昆蟲和其它無脊椎動物所擁有較小型的神經系統，似乎是打從一出生起就固定住的；其中每一個神經元都有它事先定義好的特殊連結和功能。區區上百位元大小的昆蟲基因，對定義它們數十萬個神經元當中每一個神經元彼此之間的連結來說，是綽綽有餘的。但是在另一方面，人類擁有為數達一千億的神經元，但是在基因裡只有數十億的位元容量，並不足以用來指定每一個神經元之間的連結。人類的腦大部分似乎是由一致的結構所組成，而在腦不斷地學習各種技巧的過程當中，這結構裡的神經元逐漸地被修剪調整——這就好像是一塊大理石，從一開始的毫無特徵，經過不斷地雕刻琢磨，逐漸成為一座完美的雕像。依照這種對比來說，當機器人程式只佔去數十萬位元組的記憶體時，這些程式都是由手動創造而來。如今，機器人系統已經長成到佔據上千萬位元組的大小，而組成它們的絕大部分內容，也已經轉為由程式自己從各種範例中學習而來。但是在動物學習和機器人自我學習之間，還是存在著一個非常重要而且實際的差別。動物在進行學習的時候是單獨進行的，但是機器人的學習成果，是可以被複製到其

它的機器人身上。舉例來說，在今天市面上存在的文字或是語音辨識系統，都是經過了經年累月，緩慢而痛苦的機器訓練程序所得來的，但是對每一個購買程式的客戶來說，他們所得到的軟體打從一「出生」就擁有了所有受教育所該習得的知識。這種將訓練和應用階段分離的方式，能夠讓機器人花更少成本而完成更多的工作。在工廠裡的巨型電腦——或許是一台超級電腦，其大小比起我們能夠安裝在一台小小機器人身上的電腦要大上或是貴上一千倍——在人類小心翼翼的監督之下，將擔負起處理大量訓練用的資料工作，並在最後將訓練所得的結果，萃取成高效率的程式和其它的設定數據，再將此精華輸入並複製到每一台各式各樣的機器人身上，或是效能平平的電腦之中。

一個程式的運行除了需要快速的電腦運算能力，還需要足夠的電腦記憶體。綜觀電腦的發展歷史，存在於電腦記憶容量和運算速度之間的比例，幾乎是維持著一個固定不變的常數。最早期的電腦配備有數千位元組的記憶體，也可以在每秒鐘處理數千個運算工作。到了一九八〇年，中型電腦擁有了 1 百萬位元組的記憶體，並達到了每秒處理一百萬個運算工作的速度。在一九九〇年的超級電腦，達到了可以在每秒完成十億個運算指令的速度，而且裝配有十億位元組的記憶體。至於目前最新最強大的超級電腦，可以在每秒鐘之內完成為數一兆個的運算指令，並配備有 1 兆位元組大小的記憶體。若是我們將記憶容量大小除以運算速度，我們可以得到一個「時間常數」：這數值代表了電腦完整掃描自身記憶體一次所需要花上的時間。若是一台速度達 1 MIPS 的電腦配備有一百萬位元組的記憶體，那麼其時間常數便是一秒鐘——一個對人類來說很合理的時間長度。若是一台電腦運行速度飛快，但卻缺乏足夠的記憶體——就像許多剛在市面上推出的

新型電腦──那麼我們也許可以感覺得到，這台新電腦速度夠快，但是卻只能侷限在執行那種不需要大記憶體容量的小程式。相反地，就像是市面上那些已經快到產品週期末期的電腦型號，相對於運算速度來說，一台電腦若是配備了過多的記憶體，那麼雖然可以用來執行大型程式，但是它的處理速度卻會慢到令人發狂。舉例來說，在一九八四年蘋果電腦公司推出的第一台麥金塔電腦 (Macintosh)，它的速度達到 1/2 MIPS，並配備了 1/8 百萬位元組的記憶體，在當時被認為是快如閃電般的機器。接下來推出的「胖麥金塔」(Fat Mac) 型號，其速度是 1/2 MIPS，但配備了 1/2 百萬位元組記憶體，讓人以還可以忍受的速度，執行比較大型的軟體。但是再下來以同樣的處理速度，但是配備有 1 百萬位元組記憶體的麥金塔加強型 (Mac+) 電腦，就開始顯得速度遲緩。麥金塔經典 (Mac classic) 型，是使用 1/2 MIPS 速度處理器產品線上，最後被推出來的一台機器：它配備了 4 百萬位元組的記憶體，運行速度緩慢得令人無法忍受，以致於蘋果在不久之後，便推出了配備快十倍的處理器，但使用同一種電腦外裝的新產品。顧客們每次在購買電腦時，都會問自己：「下次升級電腦的時候，到底錢應該是花在更快速的處理器上，還是更大的記憶體容量呢？」而這樣的態度，不知不覺間似乎維持了保持固定不變的電腦記憶體／速度比。

　　根據目前我們對神經系統的認識，大部分的證據都指出，人類的記憶是儲存在神經元連結之間的突觸 (synapses) 當中。運用在分子等級的各種調整方式，突觸可以處在數個不同的狀態之間──就讓我們把這些狀態數目看作是一個位元組大小。依照這樣算來，人類所擁有的一百兆個突觸，應該能容下一億個位元組的記憶。讓我們把這數字與先前所估測、機器需要 1 億 MIPS 的運算速度才能真正模擬人類頭

腦的功能這結論來作比較。看來之前我們所假設的，每百萬位元組記憶容量需要 1 MIPS 運算速度的規則，用在神經系統依然成立！這就好像具有互動能力的機器，就是我們人類神經系統的繼承者，兩者之間都維持著同樣的時間常數。至於那些不經人類而直接和世界打交道的機器系統，其存在於運算速度和記憶容量之間的比例可能就不同。需要快速反應的機器，舉個例子來說，對於在高性能飛機裡所配備的聲音和影像處理器，相對於每 1 百萬位元組，它們的速度可以快達好幾個 MIPS。一些速度緩慢的機器，像是延時的監視攝影機或是自動資料庫系統，可以在每一個 MIPS 之間儲存上好幾百萬位元組的資料。同樣地，會飛行的昆蟲反應，似乎比人類快上好幾倍——牠們每 1 百萬位元組的記憶，就可能相對應好幾個 MIPS 的運算速度。就如同動物一般，在植物體內的細胞，可以藉由電子化學或是生物化學的方式，來傳遞訊號給另外的細胞。有些植物細胞似乎專職於通訊，但很顯然地，這種特殊化的程度，並不像動物體內的神經元來得徹底。也許未來有一天我們會發現，植物可以記得很多事情，只是運算處理的速度極度緩慢。（否則，一棵紅杉樹怎麼可能在它長達兩千年的生命歷程裡，抵抗快速演化的害蟲？但是，蚊子卻只花了數十年的時間，就能夠培養出對殺蟲劑的抵抗力！）

有了上述這些換算的方式後，我們便可以推論，一台運算速度達 100 MIPS 的機器人——就像在上一章裡所描述、能夠沿著道路行駛的導航實驗室號——所具有的心智能力，就和擁有十萬神經元的蒼蠅差不多。在下面的圖裡，我們把各種所討論過的系統，依照這個心智能力的尺度加以一一排序。

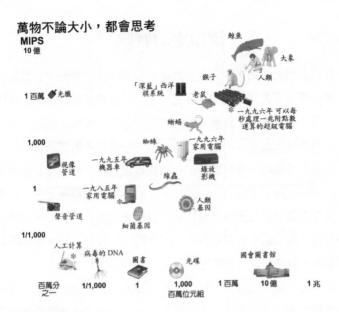

萬物不論大小，都會思考

鯨魚

大象

猴子　人類

「深藍」西洋　老鼠
棋系統

蜥蜴　※一九九六年可以每
秒處理一兆附點數
運算的超級電腦

MIPS
10億

1百萬　光纖

1,000

蜘蛛　一九九六年
家用電腦

視像
管道　一九九五年
機器車　錄放
影機

1　一九八五年
家用電腦　綠蟲

聲音管道　人類
基因

細菌基因

1/1,000

人工計算
※
病毒的DNA　圖書　光碟　國會圖書館

百萬分
之一　1/1,000　1　1,000　1百萬　10億　1兆
百萬位元組

MIPS 和百萬位元組

圖中的每一樣東西都依據它運算能量的大小，以及模擬它行為的通用計算器所需
配備的記憶體容量，在座標上定位。請注意在座標兩軸所使用的是對數尺度：每
一個縱軸上的刻度代表了運算效能上一千倍的進展，而每一個橫軸上的刻度則代
表了記憶體大小上一千倍的擴增。※ 號標記代表了通用計算器在這個座標中的位
置——它們可以被用來模擬其它在圖中相同位置出現的東西，但是這些較通用計
算器更為特殊化的東西，卻不能被用來模擬其它出現在相同位置的物體。一台運
算效能達 1 億 MIPS 的電腦，不但可以被程式設計成能像人類一般地進行思考，
還能夠被設計來模擬其它相類似大小的電腦。但是人類卻無法模擬運算速度 1 億
MIPS 的電腦——我們大腦所擁有用在一般用途的計算能力，還不到一個 MIPS 的
百萬分之一。深藍系統所配備的特殊晶片可以用達 3 萬 MIPS 的速度來處理棋
步，但是它作一般用途的計算能力，只有一千個 MIPS。大部分出現在這張圖
裡的非電腦物體，都完全無法被用在一般用途之上。「通用性」幾乎是一種神奇
的特性，但是卻也價格高昂。一台通用機器可能要花上比一台專為特殊用途所設
計的機器所需多上十倍，甚至數量更高的資源，才能完成同樣一件工作。但若是
這件工作在將來有了任何的變化——就如同在許多研究當中所遭遇的情況一樣
——那麼對於通用計算器來說，我們只需要進行修改它程式的設計；但是對於特
殊用途機器來說，我們便只有更換一途，別無它法。

腳踏車的賽跑

依照我們的估測，今天存在的超級電腦，其運算能力已經到達模擬人類心智所需運算效能的百分之一了。這些電腦在今後十年間出現的下一代，將會擁有比模擬人類心智還要強大的效能。然而，要把這些價格高達數千萬美元的機器，拿來作一些任何人類都能輕易做到的事，是不太可能的；這些機器比較可能被用在解決物理或是數學上更為緊迫、而且除了使用超級電腦以外，別無他法的問題上。一直要到了當具有人類智能的機器，其價格比雇用真正的人類還要便宜時——例如每顆「電子腦」大約要價一千美金時——這些機器才會變得具有經濟效應。但是這一天到底什麼時候才會來臨呢？

在過去一個世紀以來，花在計算工作上的經濟成本，正在快速且持續地降低之中。藉著第二次世界大戰前，在機械式及電子機械式計算機設計上的穩定進步，計算的速度比起過去靠人以手動的計算方法，提升了一千倍之多。這進展的腳步，隨著二次大戰間電子計算機的發明，更如虎添翼般地加速——以同樣成本可以買到的計算效能，在一九四〇年到一九八〇年之間增進了一百萬倍。在這期間，真空管被電晶體給取代，電晶體又被體積更小、可以在同尺寸的範圍內，塞下更多元件的積體電路給取代。在一九八〇年代，微電腦終於打進了一般消費者的市場，而電腦工業也因此而變得更多元化、更具有競爭性。功能強大、價格低廉的電腦工作站取代了電子和電腦系統設計師所使用的設計製圖桌，而愈來愈多的設計步驟也不斷地被自動化。花在設計新一代的電腦，並且將它放在市場上推出的時間，由一九八〇年初期的兩年，一直縮減到現在不到九個月的時間。電腦和通訊業成

了存在在地球上最大的工業。

在二次大戰後，電腦效能以業界所公認、每年兩倍的速度不斷地急速成長著；對那些想要繼續成長的公司，這是一個必須要超越的最低限度，而對於那些不怎麼成功的公司，這是一個至少必須要跟上的腳步。到了一九八〇年代，這個速度，進一步被縮短到了十八個月。在一九九〇年代，電腦效能的成長，更是到達了每十二個月便增加兩倍的速度。

依照電腦現在這樣的進步速度，能夠表現出像人類效能的機器人，在二〇二〇年代就會出現。這樣的腳步能不能夠在未來的三十年裡持續不停呢？至少在目前，這進步的速度是沒有任何緩和的跡象的。如果這還暗示了任何未來的發展，我們至少知道，將來進步的時間尺度，還會進一步地被縮短。然而，我們時常會見到對半導體工業熟稔的專家所撰寫的文章，裡頭詳細列舉了許多理由，宣告數十年來業界驚人的成長，在不久的將來馬上就會曇花一現，宣告終止。

電腦運算的進步歷程有一個基調，那就是微小化：更小的元件具有更小的慣性，能夠在耗用更少能源的情況下，運作得更為快速，而且我們能夠在同樣的空間裡，裝置進更多這樣的小元件。首先，運算系統裡可移動的元件縮小了：我們見到了機械式計算機的齒輪，逐漸轉變到電子機械式的接觸裝置，最後更轉變為在電子計算機裡運行的一群群電子。接下來，支援各種開關動作的元件結構，經歷了逐漸消失的過程：我們見到了像大拇指般的真空管，轉變為像蒼蠅般大小的電晶體，最後更轉變為在積體電路晶片上還在不斷縮小、如同一個小黑點般的元件。積體電路就如同在它之前被使用的印刷電路系統一樣，是經由一個照相過程來製造的。電路所需的樣式會先被投射到矽

晶片上，接著在被投射的區域裡，藉由運用精細的化學過程，我們可以在需要的部位填上或是移除適當分量的物質。

在一九七○年代中期，時年十五歲的積體電路，遭遇了它青春期的危機。當時一個積體電路可以容納下為數一萬個的基本元件——這數字剛剛接近了整個電腦所需的元件數量——而這電路裡最微細的結構，也接近了三微米 (micrometers) 的大小。一些頗有經驗的工程師們撰寫了許多文章，警告積體電路的成長空間即將告罄。三微米的長度只比當時用來刻蝕電路所用的光線波長多上一點點。在密度更高的積體電路裡，用以將各個微小元件分開的雜質原子 (impurity atoms) 的數量將會變得很低，使得任何在統計上的些微誤差，就足以讓製造出來的電路發生與規格不符的現象——另一方面，在電路中不斷減少數目的訊號承載電子，也使得這問題變本加厲。存在於基本元件之間的間隔愈來愈小，但是存在於間隔兩邊的電位差卻愈來愈大，使得某些原子在晶體之中會發生走位的情況，進而降低了電路的品質。在愈來愈靠近的線路之間所存在的不良互動，也逐漸地危害到了訊號本身的品質。這些晶片不久之後就會變得太熱而無法被移除，也會變得需要太多與外界溝通的連接點，以致於無法被容納在它的包裝裡。體積微小的記憶組件，更是因為由電磁輻射所帶來的干擾，而喪失其記憶精確性。

看看下面的電腦成長圖，我們就知道這些問題後來不但都被一一克服，而且是徹底地被解決。晶片的成長不但持續著，甚至加速起來。研究人員發現了波長更短的光線替代品，和一個更能精準地植入雜質原子的方法，進一步地壓低了元件使用的電壓；發明了相關的遮蔽設計方法；提出了更有效率的電晶體設計；完成了更佳的導熱裝

置；發展了更為細密的腳位 (pin) 設計，以及發現了不會產生輻射、可以用作包裝的物質。這證明了任何問題，只要是能夠引起足夠的經濟誘因，人們總是能夠找到解決問題的方法。事實上，正當業界的工程師們，忙於將已知的製程方法做到完美，並在文章中表達他們對這些方法即將不敷使用的憂慮時，問題的解答早已在某一研究的實驗室裡被發明了多年，只等著他們來發現而已。當需求變得迫切的時候，我們就會看到為數可觀的資源，被傾注在這些實驗室的發明上，讓它轉變成為生產線上可以加以運用的技巧。

在接下來的歲月裡，積體電路遭遇到了更多的問題，但是更多創新的解答和技術上也不斷地被提出。然而到了今天，正當這技術邁入了四十歲中年期的時刻，各種對其未來發展的憂慮，似乎又逐漸升起。在一九九六年，各大科學性雜誌和全國性的報紙，刊登了擔憂電子產業進展將在未來十年內結束的文章。當時建造一座新的積體電路生產工廠的成本，接近上億美元。電路內基本特徵的大小，也接近了零點一微米——這正是用以刻蝕電路的紫外光波長。由一九七〇年代以來就不斷持續被縮小的積體電晶體，很快地就會到達小到其內電子可以透過「量子隧道」(quantum tunnel) 效應逃出的地步。積體電路內元件之間的繞線也將會變得太稠密，而將該有的元件由狹小的空間中擠出，或是讓訊號傳遞的速度緩慢下來，抑或是流失訊號。電路所產生的熱量，也在逐漸攀升。

但是在這些文章當中所沒有提到的是，運用建造成本較為低廉的工廠，我們仍然能夠製造這些積體電路，雖然其成品的價格會較為高昂，且其產量會稍微減少。這些產品會縮小到這樣的地步，是因為這個產業已經成長到如此龐大和競爭激烈的程度。與其說這個趨勢將帶

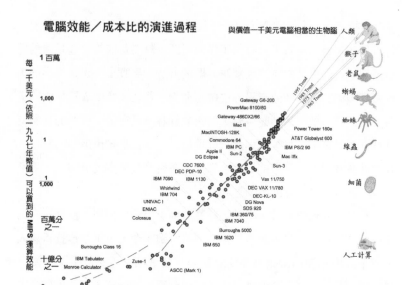

電腦效能／成本比的演進過程

與價值一千美元電腦相當的生物腦　人類

猴子

老鼠

蜥蜴

蜘蛛

線蟲

細菌

人工計算

每一千美元（依照一九九七年幣值）可以買到的 MIPS 運算效能

1 百萬

1,000

1

1,000

百萬分之一

十億分之一

Gateway G6-200
PowerMac 8100/80
Gateway-486DX2/66
Mac II
MacINTOSH-128K
Commodore 64
Apple II
DG Eclipse
Sun-2
CDC 7600
DEC PDP-10
IBM 7090　IBM 1130
Whirlwind
IBM 704
UNIVAC I
ENIAC
Colossus

IBM PC

Power Tower 180e
AT&T Globalyst 600
IBM PS/2 90
Mac IIfx

Sun-3

Vax 11/750
DEC VAX 11/780
DEC-KL-10
DG Nova
SDS 920
IBM 360/75
IBM 7040
Burroughs 5000
IBM 1620
IBM 650

Burroughs Class 16
IBM Tabulator
Monroe Calculator
Zuse-1
ASCC (Mark 1)

1905 Trend
1985 Trend
1975 Trend
1965 Trend

1900　1920　1940　1960　1980　2000　2020　Year

運算能量呈指數式成長的趨勢

這張圖顯示了由一九〇〇年起到現在，用一千元美金買到的電腦所能達到的運算速度（單位爲 MIPS）。在一九〇〇到一九四〇年（第二次世界大戰前）之間，由於在機械和電機機械式計算器上的持續進展，使得機器運算的速度較人工計算快上了足足一千倍。這個進展的腳步，更因爲大戰間電子式計算機的問世，而加速起來——在一九四〇到一九八〇年之間，機器運算的速度更是增加了一百萬倍之多。從那時候起，機器進步的速度便持續增加著；依著這樣的進展腳步，在下一個世紀中到來之前，我們便可以看到類似人類般機器人的夢想實現。圖中縱軸使用的是對數尺度；每一個刻度代表了運算效能上一千倍的差別。在這樣的尺度下，指數式的成長會以直線顯示出來——若是曲線呈向上彎曲的狀況，則成長速度要比指數式成長還要來得快。圖中在一九九〇年代附近所呈現資料點齊聚的狀況，可能是因爲更加劇烈的市場競爭所造成：那些表現不如人的機器，被更快地擠出了市場之外。

＊這張圖表使用了參與理查・瓦雷斯（Richard Wallace）在一九九四年於紐約大學（New York University）所講授電腦架構課程的學生們——尤其是莫罕莫德・卡迪爾（Mohammed Kadir），愛麗娜・彼羅茲卡雅（Irina Pirotskaya），亞歷山大・先克（Alexandr Shenker）和史考特・史特林（Scott Sterling）——所收集提供由一九八七到一九九四年年間的數據資料。

來無法挽救的結局，不如說這代表了自由市場競爭所帶來的成就——因為在這場戰爭裡，各個彼此競爭的巨人們，爭先恐後地為顧客不斷壓低著產品的價格。這些文章也並未提到此刻有許多新的製程方案，其實正在實驗室的工作台上，只待現有方法宣告黔驢技窮，便會立刻加入廠商們的生產行列。

所有物質在極微小的尺寸下，都會顯現出類似波動一般的性質；對傳統的電晶體設計來說，這就意味著一個極為嚴重的問題，因為電晶體之所以能夠運作，主要是依靠著平順流動的電子流。但這個物質的波動特性，正是以一種嶄新方法所設計而成的元件所賴以運作的要件：這種稱為單電子電晶體 (single-electron transistors) 和量子點(quantum dots) 的元件，主要是運用了電子波動的干涉現象來進行運作。這一類型的新裝置，會隨著它們體積縮小而運作得更良好。在今天所使用積體電路的大小尺度下，電子波動的干涉樣式會變得太細，使得只要有一點點的熱量，就會讓電子由一波峰跳至另一波峰，因而破壞了新裝置的運作。就是因為這個原因，使得目前使用該方法的展示用裝置，都不得不運作在只比絕對零度高上區區幾度的極低溫狀態下。但是，隨著這些裝置體積愈來愈縮小，電子波動干涉的樣式會愈來愈明顯，也需要更多的外加能量才能夠破壞它們。當這尺寸縮小的 零點零一微米，運用量子干涉現象來進行開關動作的機制，便可以在室溫下運作。這個新技術將會帶來比目前積體電路密度高上一千倍的新電路裝置，而這些裝置很可能會比現在快上一千倍，更由於它們並不像傳統電路一般，使盡力氣要在充滿阻抗的物質中推動大批的電子，而是只需要將區區數個電子移過小小的量子阻隔，因此這些新裝置，將使用遠比傳統電路為低的能量。至於繞線，在這些使用量子干涉邏輯的

新式電路裡，它們會被一連串的開關裝置給取代。在未來，這些新型積體電路，將由目前負責生產晶片機器的下一代、更為先進的設備來加以生產。各種有關新技術的提案，早已大量地出現在學術界的研究文獻裡，①只待適當的時機到來時，握有足夠資源的業界廠商們，便可以開始水到渠成，用來改進它們所生產的電路產品，並提升他們生產的技術。

　　更多的可能性還正在不斷地被發掘。只使用單一分子製成的開關裝置，和記憶體單元已經被開發展示，而這些裝置可能有辦法在同一空間內，塞下比今天傳統裝置多上十億倍的電路。另一個有可能打敗群雄的技術是「量子電腦」(quantum computers)：在這種技術之下，整台電腦——不僅僅是幾個訊號而已——都是藉物質波動的現象來運作。就像是傳統電腦一樣，量子電腦擁有一組其內容可以被一連串邏輯操作所變動的記憶單元。但與傳統電腦所不同的是，每一記憶單元所儲存的不是零便是一，量子電腦的每一個記憶單元，一開始都處在一種零與一同時存在的量子重疊 (quantum superposition) 狀態下。整個量子電腦，其實都處在一種將所有記憶單元可呈現狀態重疊在一起的狀態。當計算進行時，在重疊狀態裡的每一個單元都會單獨地被某種邏輯動作所改變。這就好像是我們在同一時間，擁有了如指數遞增般多的電腦，而其中每一台電腦都由不同的記憶狀態配置出發，試圖同時找出解決同一個問題的答案。當計算完成時，量子電腦的記憶單元會被檢測，而我們所要的解答，則會透過所有可能性之間所產生的

①D. J. Goldhaber-Gordon, M. S. Montemerlo, J. C. Love, G. J. Opiteck, and J. C. Ellenbogen, *Overview of Nanoelectronic Devices*, Proceedings of the IEEE, April 1997.

波動干涉，自動地顯現。這其中的訣竅，是找出一種計算的方法，使得正確的答案樣式會不斷地被加強，而其它的答案則會相互抵銷。在過去幾年間，我們已經見到一些可以用來求解因數和找尋編碼鑰匙(encryption keys)的量子演算法，而這些方法將會以遠遠超過傳統電腦的速度，來完成各種求解的動作。研究人員也成功地展示了利用單一原子或是光子(photon)狀態，以儲存三到四個「量子位元」(qubits)的實驗用小型量子電腦——然而這些電腦只能進行極為短暫的運算過程，因為其間所需極為精細的重疊現象，很容易會受外界的干擾而被破壞。另一個更有希望的技術，是運用了核磁共振(nuclear magnetic resonance)現象的電腦——就如同現代醫院裡所擁有的一些掃描裝備一樣。在這裡，量子位元是以原子核的自旋(spins)所代表，而這些狀態可以由外加的磁場或是無線電場，經改變原子核與相鄰原子核之間的磁互動情形，來加以操弄。較重的原子核，由於外面有一層環繞的電子雲籠罩，可以在較長的時間裡——像是一小時或是更久——維持它們的量子狀態。運用一台擁有上千或是更多量子位元的量子電腦，我們將能夠解決遠遠超出任何可想像傳統電腦所能解決的問題。

　　雖然分子或是量子電腦總有一天會顯示出它們的重要性，但是實現像人類般的機器人這目標，很可能並不需要這些先進的電腦科技。根據目前若干半導體公司內進行的研究，甚至是已完成的系統原型顯示，在未來的十年內，我們仍可以將既有的技術再加以改進，讓晶片到達擁有小於零點一微米特徵的精密程度，將記憶晶片推到擁有上百億位元的容量，以及推出速度能夠高達10萬MIPS的多處理器晶片。在這十年的末期，積體電路將會開始運用愈來愈多利用量子干涉現象運作的元件。隨著製造這些細小元件技術的成熟，這些新式元件將會

逐漸淘汰掉舊式的元件，而電腦進步的速度，將會被進一步提升。最後，能夠和人類頭腦威力相抗衡、達 1 百萬 MIPS 速度的運算效能，就會在二○三○年到來以前，以家用電腦的形式出現在這世界上。

在本書的下一章裡，我將會根據這裡所預測的硬體發展速度，來為智慧機器人的軟體發展，勾勒出一個漸進的發展時間表。在這個時間表裡，機器人的心智將會大約以和我們的大腦所歷經的演化過程，相類似的程序進行演化，只是機器心智的演化，將會比人類快上一千萬倍，並且在四十年的光陰之內迎頭趕上人類。

錯誤的第一步

也許，對於在數十年之後我們便能擁有具備完全智能機器的預測，是稍嫌草率急進了一些——這一點，在看到了電腦經歷過去半世紀不間斷地發展，我們在時至今日所擁有的電腦，仍然只具有勉強能比得上昆蟲智能的事實之後，更形明顯。的確，許多研究人工智慧多年的學者，正因著這個原因，對這樣的估測嗤之以鼻，認為該把估測所得的時間改為數個世紀，才較合乎事實。但是，我們有很多理由相信，電腦進步的腳步在未來的五十年裡，會比在過去五十年裡要快上許多。

電腦業界所展現驚人的成長和競爭力，是其中一個原因。另一個較不為人知的原因，是在過去的五十年間，對於智慧型機器的研究並非呈現一種穩定式的成長——事實上這研究領域在原地踏步了三十年之久！儘管在一九六○到一九九○年間，供作一般使用電腦的效能增長了十萬倍，但是在這三十年之間，能夠為人工智慧研究計畫所使用的機器，其效能只比 1 MIPS 的速度增長了一點點。

在一九五〇年代，當時的人工智慧研究先驅，將電腦看作是推動思維的火車頭，而在運行適當程式的前提下，這些機器有可能在高層的思維工作上，表現出遠遠超過人類的能力，就像是它們在算術上，已經表現出卓然出眾的才能一般。在這一個研究領域裡所獲致的成果，將會為國防、商業，以及政府運作做出巨大的貢獻。這樣的承諾，自然引來了來自政府以及業界可觀的投資援助。舉例來說，當時有一個規模龐大的研究計畫，目的是研發出能夠自動將科學論文以及其它文獻由俄文翻譯成英文的系統。那時存在的幾個人工智慧研究中心，每個都擁有當時最大最快速的電腦，而這些電腦在當時就好比是今天存在的超級電腦。其中最常被使用的一台機器，是國際商務機器公司 (IBM) 的 704 型電腦，其速度不到 1 MIPS。

到了一九六〇年，對於人工智慧研究的狂熱，因為藉由第一代推理程式和機器翻譯系統所得到令人失望的結果，而逐漸冷卻下來；但就在此時，由於蘇聯發射了世界上第一枚人造衛星——史波尼克號，致使一陣恐懼代替了原本對研究本身的狂熱。儘管人工智慧沒能實現它一開始承諾的美好遠景，但是也許在不久的將來，一切遭遇的問題都會豁然開朗？為了防範另一個慘痛的科技奇襲在未來發生，美國政府有義務繼續支援人工智慧的研究發展——哪怕只是給予中等程度的資助——以防患於未然。這樣「中等程度」的支援，意味著各研究計畫不再擁有足夠的經費來購買超級電腦等級的機器，只能購買價值數百萬美元的中等電腦。在一九六〇年代，以這樣的價錢可以買到的機器，像是迪及多公司當時的創新機型 PDP-1 和 PDP-6 電腦，它們的速度還是不到 1 MIPS。

到了一九七〇年代，整個人工智慧的研究領域看來更加令人失

望，而來自軍方的研究補助，也隨著越戰的結束而驟然劇減。相關的研究機構被迫勒緊褲帶，開始向一些科研補助機構和業界乞求，只為得到一些在過去前所未聞的小型研究經費和合約。幾個主要的研究中心到底存活下來了，但是也因為受限於老舊的機器裝備，而開始變得衣衫襤褸起來。在接下來的整個十年光陰裡，人工智慧的研究工作便在像是 PDP-10 這種運算能力不到 1 MIPS 速度的老舊機器上進行著。史丹佛人工智慧實驗室則是因為對新機器的設計提出了貢獻，因而在一九七〇年代晚期，拿到了一台由迪及多公司所捐贈、速度為 1.5 MIPS 的 KL-10 型電腦。

到了一九八〇年代初期，人工智慧的研究經費有了些微的起色，但是由於研究團隊的數目增加了，致使平均起來能夠花在電腦裝備上的經費，還是非常有限。在這其中的許多研究機構，花上了美金十萬元的價錢，購買了迪及多公司所生產、速度達 1 MIPS 的新 Vax 型電腦。到了八〇年代中期，個人用的電腦工作站開始出現。許多研究人員對能夠避開使用分時電腦 (time-shared machines)，而使用自己獨有電腦的奢華，都羨慕不已。當時最常見到的工作站，是要價約一萬美元，速度達 1 MIPS 的昇陽三型 (Sun-3) 電腦。

到了一九九〇年，整個人工智慧的研究，都已然凍結在速度只有 1 MIPS 電腦所帶來的冬天裡——這些電腦或是因為基於經費短缺而被繼續使用，或是基於習慣性使然而繼續存在著，抑或是來自一個陰魂不散的觀念，認為早期使用的電腦對人工智慧研究來說應該就足敷所需。在一九九〇年，靠著低階個人電腦的出現，1 MIPS 的計算效能，只需花費一千美元就可以買到。於是這些研究機構再也不用找尋更為低階的電腦配備，而人工智慧這個研究領域裡的春天，也就跟著來

臨。打從一九九〇年開始，單一人工智慧或是機器人研究計畫可以支配運用的運算能量，以每年兩倍的速度在增長著：到了一九九四年，可以運用的電腦運算速度到達了 30 MIPS，到了一九九八年，這速度更增加到了 500 MIPS。很久以前就已經被宣告死亡的研究種子，現在又突然敗部復活地冒出了綠芽。機器開始能夠辨識文字、語音，甚至開始進行起語言翻譯的工作。機器人開始可以駕駛汽車橫越美國、在火星上匍匐前進，或是在辦公室之間的走道上來回走動。在一九九六年，一個名叫 EQP 的定理證明程式，在阿崗國家實驗室 (Argonne National Laboratory) 中一台速度達 50 MIPS 的電腦上執行了五週的時間，證明了一個困擾了舉世數學家六十年、由赫伯·羅賓斯 (Herbert Robbins) ② 首先提出的布林代數 (Boolean Algebra) 臆測。同樣令人印象深刻，卻沒那麼容易被加以量化比較的系統，是由大衛·寇伯 (David Cope) 所領導、還在持續進行的計畫所研發出來、一個名叫 EMI 的音樂作曲系統。EMI 系統能夠由眾多作曲家的作品當中擷取重要的樣式，然後以相同的風格作出新曲——也就是說，這系統可以由其他作曲家習得曲風技巧。到了最近幾年，EMI 的古典作品已經到達能夠取悅聽眾，並且在其他大部分的人類作曲家之間，獲得更高的評價。而這一切，只是人工智慧研究的春天而已。讓我們靜待夏天的來臨。

---

②在一九九六年十月和十一月，威廉·馬庫恩 (William McCune) 所寫的 EQP 程式尋找到了兩個關於「羅賓斯臆測」的證明：該臆測認為某些公理可以將布林代數完全加以定義。這個程式是建立在阿崗國家實驗室裡，是過去二十五年來，在賴瑞·沃斯 (Larry Wos) 的領導下，由電腦定理證明上所獲致的研究成果。這個實驗成果被發表在一九九七年所出版的《自動推理學刊》(*Journal of Automated Reasoning*)，由馬庫恩所著的〈羅賓斯的問題解答〉(Solution of the Robbins Problem) 中。

遊戲即將開始

在人工智慧的研究範疇中，有少數幾個應用領域，在前面提到的寒冬裡，仍然保有使用最大型電腦的機會，而在這些應用領域當中，人工智慧的夏天早已來臨。這其中一部分的應用，像是對衛星影像或是用在於其它偵測工作的樣式分析，以及利用震波探測石油的技術，是屬於被嚴加保護的祕密。然而其它的應用，卻是完全暴露於大眾矚目的焦點之下的。舉例來說，能夠把棋下得最好的程式是如此地有趣，以致於獲勝者能夠靠著它們，獲得價值上百萬美元的免費廣告——而這也成為誘使一長串的公司們，花時間將他們最好的機器以及其它資源，捐獻出來供做研究的主因。打從一九六〇年開始，國際商務機器公司、控制資料公司 (Control Data)、美國電話電報公司 (AT&T)、克雷電腦 (Cray)、英特爾公司 (Intel)，到現在又再度回來的國際商務機器公司，都曾經贊助過電腦棋弈的競賽。在以下的人工智慧效能比較表當中，和其它主流人工智慧研究進程的相對照下，我們用「騎士」來標示這些慷慨捐助對棋弈系統效能所帶來的貢獻。這些曾經參賽過的頂級電腦，不是本身就是超級電腦，就是和超級電腦不相上下的特殊機器。在一九五八年，國際商務機器公司的亞瑟・山謬 (Arthur Samuel) 完成了第一個西洋跳棋 (checker) 程式，而同樣是國際商務機器的亞歷士・伯恩斯坦 (Alex Bernstein) 則完成了第一個完整的西洋棋程式。這兩個程式都在體積最大、而且是後一型使用真空管的 IBM 704 型電腦上執行。伯恩斯坦的程式下了一手彆腳棋，但是山謬的程式，經由自動學習各種棋盤位置重要性參數的機制，一舉打敗了康乃迪克州的冠軍棋手羅伯特・尼利 (Robert Nealey)。事實上自一九九四

年之後，一個由來自阿爾伯達大學 (University of Alberta) 的強納森·謝佛 (Jonathan Schaeffer) 所寫、名叫奇努克 (Chinook) 的西洋跳棋程式，便不斷地在各種比賽裡打敗人類最好的棋手。但是由於西洋跳棋並不怎麼吸引人，以致於這樣的徵兆並未受到世人廣大的注意。

相對來說，想要不注意到在一九九六和一九九七年間所舉辦、由世界西洋棋冠軍蓋瑞·卡斯巴洛夫和國際商務機器公司的深藍電腦一決雌雄的世紀大戰，是幾乎不可能的。深藍其實是它的前身「深慮」(Deep Thought) 系統的加強版。而深慮，則是十年前由卡內基美倫大學的學生所建造的西洋棋程式；該系統使用了特別設計的晶片，而每一顆晶片的設計，都與肯·湯姆森 (Ken Thompson) 在一九七〇年代於美國電話電報公司的貝爾實驗室所建構的「美人」(Belle) 西洋棋電腦，有著類似的結構。美人號電腦有著像是棋盤般的結構，而在這結構的每一方格裡都有著專屬電路，每一條線路的配置也都像是模擬著可能的棋步；這台電腦可以在一個電子訊號的瞬息之間評估某一棋子的走位，並根據該棋位找出所有合法的下一個棋步。一九九七年的深藍電腦，總共配備了兩百五十六顆這樣的晶片，在一個擁有三十二顆微處理器的小型超級電腦指揮下，可以在每秒鐘檢測二十億可能的棋位。在一般普通、沒有經過特殊設計的電腦上所運行的西洋棋程式，平均來說需要耗上一萬六千個指令，才能完成對一個可能棋位的檢測。依照這個基準，深藍電腦在進行對弈的時候（而且只有在那個時候），其速度可以說是達到了 3 百萬 MIPS 的高速——這速度大約是前文中所估測模擬人類智能所需電腦效能的三十分之一，或是等同於一隻小猴子所擁有的智能。

深藍在一九九六年的一局棋中代表了機器陣營，在與人類的競賽

當中，第一次獲得了勝利。但是卡斯巴洛夫很快地發現了機器的弱點，在接下來的對弈中叫和了兩場，並贏得了剩下的三場。

到了一九九七年的五月，他與深藍的改良版再度遭遇。在那之前的二月，卡斯巴洛夫才在西班牙利納瑞斯 (Linares) 一場卓負威望的大師級棋賽當中擊敗群雄，再度加強了他身為人類最佳棋手的聲譽，也將他的棋力等級一舉提高過了兩千八百——這是歷史上從來沒有人得到過的棋力評比。在遭遇深藍之前的數個月間，他利用了部分的時間與其它機器交手，作為為接下來棋賽所進行的準備。卡斯巴洛夫在第一場與深藍冗長的交手當中獲得勝利，但卻在第二天敗給了深藍大師級的棋步表現。接下來三場折騰人的棋賽都以和局為終。在終場對弈當中，明顯地顫抖著並且顯得氣憤的卡斯巴洛夫，最後終於在只擁有一個衰弱無力的棋局情況下，俯首認輸。這場一九九七年與深藍的對弈，是卡斯巴洛夫生平所參加的棋賽中，第一次所遭遇的敗北。

我們可以列舉出很多原因，讓我們覺得這棋賽是一個值得令人注意的重大事件；但是其中一個原因對我們來說，卻是特別有趣的。在這兩場棋賽當中，卡斯巴洛夫好幾次提到，他感覺到機器對手擁有心智的徵象。在第二場比賽當中，卡斯巴洛夫甚至擔心，在機器的背後其實有一個人類棋手，在旁邊偷偷當深藍的軍師！

在一九七○年代，美國的西洋棋大師鮑比·費雪 (Bobby Fischer) 以他下棋的哲學聞名：他對每一場棋都抱持著和上帝對弈的態度——只求每一步都是最佳的棋步。另一方面，卡斯巴洛夫則宣稱在對弈時他可以看透對手的心，能夠直覺地感受到對方的佈局、對棋局的洞察以及盲點，並且能善加利用這個優勢。當與普通的西洋棋程式對弈時，卡斯巴洛夫坦言他感受到的對手具有一種死板板的可預測性——

這是由於它們只會不加辨別地、以有限的方式來推測未來可能的棋步，並且缺乏規畫長程策略的能力。但是面對深藍，卡斯巴洛夫驚慌地發現，他所看到的，是一個「外星人的智慧」。

看來電腦靠著它像紙一般薄的心智，不但在效能上贏過了最好的人類，還超越了機器自我的極限。還有誰能比卡斯巴洛夫更有資格來評斷呢？我們在前文曾經介紹過證明了羅賓斯臆測的 EQP 程式——一些數學家在檢驗了 EQP 所提出的數學證明後，同樣感受到了其中所顯示的創造力和智力；鑑賞過 EMI 系統所創作音樂的專家們，也深有同感。在這些例子裡，機器之所以能夠表現出其心智存在的證據，是因為它們擁有了高速的效能，而非源自它們本身的構造。

在另一方面，創造了深藍系統的研究團隊，宣稱他們建造的系統並不擁有任何的「智慧」；它所擁有的，只不過是一個儲存了許多棋賽開局和結尾的資料庫、一些在西洋棋大師們指導下調校過的棋位評分，和選擇深入搜尋棋步的函數，和——這是最重要的——讓深藍在每次下子時能夠平均往前推測十四步的高速運算效能。這和以往一些比較不成功的西洋棋程式所不同的是，研究人員並未將深藍設計成能像人類一般思考的機器：它並不能夠建構起抽象的棋步策略，或是在儘快搜尋由每一個可能的棋步和其反制棋步所組成的搜尋樹當中，尋找特定的模式。

深藍的創造者非常了解，在跟其它會下西洋棋的電腦相比較之下，深藍在數量上擁有絕對的優勢；但是他們並沒有像卡斯巴洛夫那樣地了解西洋棋藝術，以致於它的創造者不能夠在品質上，深切地體會到深藍的棋藝是如何精湛。我認為類似這樣的落差，在未來的歲月裡會變得愈來愈普遍。那些對先進機器人的種種機制最瞭若指掌的工

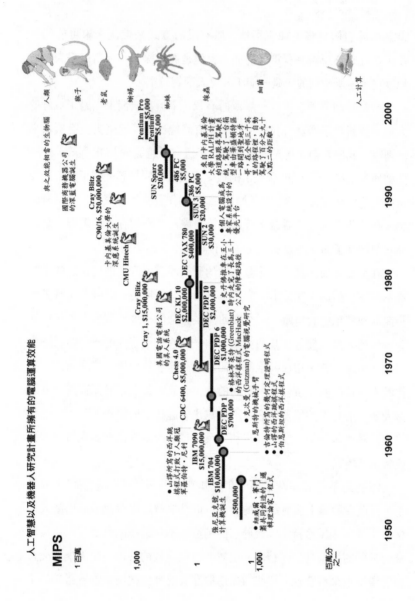

人工智慧以及機器人研究計畫所擁有的電腦運算效能

在一九六○到一九九○年期間，用在人工智慧研究上的電腦價格降低了，數量增多了，但是相關研究所得到的經費卻也持續地遭到縮減。這樣的「稀釋」效果吸收了同期間電腦在運算效能上的進展，使得對單一的人工智慧研究計畫來說，研究人員可以運用的電腦效能仍停滯在一個 MIPS 上——比昆蟲等級的運算能量還不如。到了一九九○年，用於人工智慧研究的電腦在成本上達到了最低點；打從那時開始，電腦的效能便以每年兩倍的速度向上成長，到了一九九八年的時候，更達到了數以百計 MIPS 的效能。與這種成長模式截然不同的，是電腦棋奕的進展——這在圖裡是以騎士的圖樣標示著；這是因為棋奕所擁有的特殊光環，吸引著大公司、聰明的程式設計者和電腦設計者，不斷在研究發展上投下資源。類似的例外狀況也發生在其它比較不為人知的研究競賽上，像是石油探勘和情報蒐集等——這些研究因著其可能回收的極高成本，而得以使用最為快速的電腦資源。

程師，將會是最後承認這些機器人擁有真正心智的人。從內部的角度來看，機器人絕對是不折不扣的機器——不論它們是多麼巧妙地被一層層建構起來，機器人最終還是遵循了機械的原理而運作著。只有當我們從外面來觀察，並以整體的眼光來評量它們時，那種它們擁有智慧的印象，才會在我們心中浮現。當一位神經生物學家在顯微鏡下觀察一顆人腦的時候，他想必也無法預見到這顆腦在進行生動的會話時，所能表現出來的智慧。

大洪水

　　電腦是一種萬用機器；它們的潛能可以一視同仁地發揮在無窮盡且種類不同的工作之上。相對來說，人類所擁有的潛能，在那些長久以來對繁衍生存有著重要性的領域裡，表現很強勢，但是在較不相關的領域裡，則是脆弱不堪。若是假想一個代表了「人類潛能的地圖」，在其中低窪地帶代表了「算術」和「背誦」，小山丘代表了「定理證明」和「棋奕」，高聳的山峰則代表了「移動」、「手眼協

西洋棋電腦效能與一般電腦運算效能比較圖

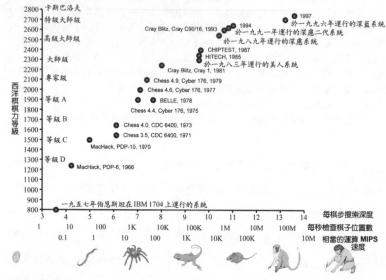

西洋棋棋力等級

- 2800 卡斯巴洛夫
- 2700 特級大師級
- 2600
- 2500 高級大師級
- 2400
- 2300 大師級
- 2200
- 2100 專家級
- 2000
- 1900 等級 A
- 1800
- 1700 等級 B
- 1600
- 1500 等級 C
- 1400
- 1300 等級 D
- 1200
- 1100
- 1000
- 900
- 800

1997
於一九九六年運行的深藍系統
Cray Blitz, Cray C90/16, 1993　1994
於一九九一年運行的深思二代系統
於一九八九年運行的深思系統
CHIPTEST, 1987
HITECH, 1985
Cray Blitz, Cray 1, 1981
於一九八三年運行的美人系統
Chess 4.9, Cyber 176, 1979
Chess 4.6, Cyber 176, 1977
BELLE, 1978
Chess 4.4, Cyber 176, 1975
Chess 4.0, CDC 6400, 1973
Chess 3.5, CDC 6400, 1971
MacHack, PDP-10, 1970
MacHack, PDP-6, 1966
一九五七年伯恩斯坦在 IBM 1704 上運行的系統

每棋步搜索深度 3　4　5　6　7　8　9　10　11　12　13　14
每秒檢查棋子位置數 1　10　100　1K　10K　100K　1M　10M　100M
相當的運算 MIPS 速度 0.1　1　10　100　1K　10K　100K　10M

由痛苦到喜樂

在四十年的光陰之間，電腦的棋力由最低的谷底攀爬到了人類棋力的最高峰。研究人員之所以能夠達成這個目標，是因為他們在這個期間內發展出來了一些聰明的方法、還經由不斷地嘗試錯誤習得了經驗、再加上他們持續地收集了以往棋局開局和終局的資料、並且找到了對棋局中棋子位置的精確評估值；但是最重要的，是在這段期間內電腦能夠分析的棋步數目，增加了一千萬倍之多。在這裡要強調的是，會下西洋棋的電腦，依照這裡人腦對電腦效能圖上來看，是在當它們所擁有（經特殊設計）的運算能量到達人類運算能量的百分之三時，到達了如同世界棋王一般的棋弈水準。由於蓋瑞・卡斯巴洛夫（但非其它的一般人）可能真的可以只用他腦力的百分之三來下西洋棋，這樣的數據與我們之前由視網膜運算能量向外推的結果，相互吻合。在未來的數十年當中，當一般電腦的效能超越了深藍所擁有只能解決特定問題的運算能量時，這些機器將會在更為一般性的工作上，表現出與人相同的能力。

調」和「社交互動」，那麼我們都住在高高的山頂上，而要到這地區以外的其它地方，都得花費很大的力氣；我們之中，也只有少數人可以在部分的低窪地帶工作。

不斷增進的電腦效能就像是洪水，慢慢地淹過了這地理景觀。在半個世紀之前，電腦洪水開始淹沒了低地，趕走了原來在那兒工作的人類計算員和簿記員，但是大部分的人都還是好好的。現在，這洪水已經淹到了小山麓，而我們派駐在那兒的前哨站人員，正思考著是否要進行全面撤退。在山巔居住的我們雖然仍感到安全，但是，若是依照目前洪水上漲的速度計算，這些安全地帶，在未來五十年內也將宣告沒頂。本書的第五章將建議人類，與其枯等被洪水吞噬，不如儘早開始建造方舟，順水而上，展開一個航行海上的生活！然而在現在，我們仍需要依靠那些派駐在低地的人類代表們，透過他們的觀察，來告訴我們這洪水究竟水勢如何。

水世界

我們那些駐派在棋弈和定理證明山丘上的人類觀察員們，已經回報了發現機器智慧的徵象。為什麼我們並沒有早在數十年以前，當電腦洪水淹過代表算術和背誦的低地時，就得到相類似的情報呢？其實，那時我們的確已經收到過這樣的信號了。當時，人們把能夠像上千個數學家一起工作的電腦，稱為「巨腦」，而這新機器也激發了第一代人工智慧的研究。再怎麼說，電腦的確完成了所有其它動物所不能完成的工作，而這工作的執行，是需要靠著人類般的智能、專注力和長年的訓練，才能順利完成的。但是到了現在，我們很難再對電腦有那樣神奇的憧憬了。其中的一個原因，是電腦在其它領域中不斷表

現出來的笨拙，已經讓我們的判斷受到了偏見的影響。另一個原因，則是來自於我們本身的愚昧。當我們在親自進行算術運算或是簿記時，這些工作是如此地痛苦和非直覺，以致於我們能夠清楚地看到這冗長計算過程裡的每一機械式的步驟，但卻見不到整個過程的巨觀意義。就像是創造深藍電腦的研究人員一樣，我們由系統內部看到了太多的細節，反而失去了體會外部完整系統所展現微妙行為的能力。然而，經由簡單反覆的天氣模擬演算過程，所推導出的雪暴或是龍捲風當中，或是由製造電影動畫的計算步驟，所產生布滿波動的恐龍皮膚裡，的確存在著一些並不明顯的東西。我們很少把這東西叫做「智慧」，但是與之相較起來，「人工真實」(artificial reality) 可能會是一個意義更為深遠的觀念。我們會在第七章裡繼續討論這個課題。

在一局好棋、一個數學定理證明，或是在一首樂曲創作背後所牽涉的心智歷程，都是複雜而隱晦的；想要以機械論的方式來詮釋這些過程，更是難上加難。對於那些可以熟練且自然地完成這些工作的人來說，他們常常透過一種心靈式的語言，將這其中的過程以策略、了解、創造力、完美，或是情緒等類似的字眼來加以描述。當機器達到像這樣饒富意義又令人稱奇的程度時，它們也應享有被同樣心靈式語言詮釋的權利。當然在理論上，在這一切背後的某一處，一定存在著創造這些機器的程式設計師，能夠對這所有的現象提出機械論式的詮釋。但就算對他們來說，當他們所創造的程式開始生產出如天文數字般龐大的資料和細節時，他們便再也不能靠著他們原先所有的詮釋，來理解這整個系統所表現出來的複雜行為。

等到不斷上升的洪水漲到了更多人居住的高地時，機器便能在我們大部分人都可以感受到的領域裡，表現出令人滿意的效能。屆時，

更多的人會不由自主地感受到機器智慧的存在。當最高峰終於被洪水掩蓋時，我們將看到像人類一樣，能夠在任何話題上機智地進行應對的機器人。到了那時候，機器也擁有心智這件事，便成了一個不證自明的事實了。

在半世紀以前，艾倫・圖靈便預測到了這一天的到來。

圖靈測驗

在一九四九年，在發明全世界第一台通用數位計算機的英國曼徹斯特大學裡 (Manchester University)，有一位名叫麥可・波拉尼 (Michael Polanyi) 的研究學者，召開了一個題為「心智和會計算的機器」的研討會。對這個論題感興趣的哲學家、生物學家、心理學家、數學家、物理學家，以及其他由英國各個地方前來赴會的人，熱切地加入了這個激烈的討論行列；這會議也為其後延燒了一整個世紀、針對會思考機器的爭論，拉開了序幕。身處在這辯論中心的，是艾倫・圖靈——他的遠見，是造就了曼徹斯特數位計算機，以及英國用於二次大戰中破解敵方密碼機器背後的主要功臣；而這時候的圖靈，也已經對思維程序機械化的問題，思考了二十年之久。圖靈將他反駁反對機器智慧陣營的論點，歸納在一篇刊登於一九五〇年出刊的哲學期刊《心智》(*Mind*) 裡，現在已然成為經典文獻，題為〈計算機器與智能〉(Computing Machinery and Intelligence) 的論文當中。

在這篇論文裡，圖靈提到了「思考」和「機器」這兩個字眼的含義，對回答「機器是否能思考？」這個問題來說，其實是太過含糊的。一個活生生但卻是由人工製造的人，是否算是機器？對一個困難的算術問題提出解答，算不算是進行了思考？他建議我們改問另一個

比較不那麼含混的問題。首先，一位人類裁判利用電傳打字的方式，與一位真人和一台經過特殊設計的電腦進行交談。如果在一段天馬行空的閒聊之後，這位人類裁判誤將機器視為人類——通常發生的狀況剛好相反——那麼我們就可以宣告這台機器是具有了智慧思考的能力。圖靈進一步推測，到了西元兩千年的時候，一台配備有十億位元組記憶體的電腦，將可以通過為時五分鐘的測試。這個預測在一九九八年看來，仍然有些微成真的可能性：在當時幾乎所有電腦都已經擁有了 10 億位元組的磁碟容量，許多電腦也擁有了 10 億位元組的記憶體，而一些程式也開始能夠通過只聊「限定話題」的測試。但是在今天，人們對這問題的困難程度已經有了較清楚的認識，也了解到若要完全實現圖靈的預言，我們恐怕還得再等上好幾十年的時間，並且需要用上比他猜測還要強大上一千倍的電腦。

雖然圖靈當時已經有了一些如何解決問題的想法，但是他仍然沒有提出夠具說服力的論點，來證明我們的確有辦法讓機器擁有思考的能力。圖靈的論文，反倒是提出了駁斥反對陣營的種種論證，而這些反對陣營的意見，總共可以被歸納為以下九類：

㈠源自神學的反對立場：思考是靈魂才有的功能。機器沒有靈魂，因此不能思考。

㈡「鴕鳥式」的反對立場：會思考的機器絕對不可能存在，因為其存在所帶來的後果太過恐怖。

㈢源自數學的反對立場：機器的推理過程，存有若干可被證明的侷限性，而人類的思考過程並不受此限制。

㈣由自我意識 (Consciousness) 的角度提出的反對意見：機器並不擁有屬於自己的內省經驗 (inner experience)，因此無法真正了解它自

己所説的話、所決定的行動，或是其內部運作所代表的意義。

㈤根據機器各種缺陷所提出的反對意見：機器永遠不可能表現出仁慈、道德、喜悅、有洞察力、有原創性等等特性。

㈥拉芙蕾絲 (Lady Lovelace) 派的反對意見：電腦只會做被程式指定的事。

㈦由神經系統的連續性 (continuity) 角度所提出的反對立場：神經系統可以對無論如何微小的訊號差別作出反應，但是電腦只能以固定大小的間隔步驟運作。

㈧由人類行為的不拘性提出的反對意見：我們不可能為一台機器，列舉出在所有人類會遭遇的狀況中，應該有的適當反應。

㈨由超感知覺得來的反對立場：人類有時候能夠感知到在遙遠地方，或是發生在未來的事情，而一台執行確定性 (deterministic) 程式的機器，是不可能得到這些資訊的。

自從一九五〇年以來，電腦的效能和數量都經歷了天文數字般的成長歷程，而在獲得機器智慧方面的研究，也已然在學術界和工業界形成了極為重要的領域。然而在另一方面，一些在公眾之下對實現如同人類的機器智慧所提出的反駁論點，已經深植人心。雖然近年來支持機器智慧的陣營小有進展，但是到目前為止，兩邊都尚未取得決定性的勝利，而對於這個問題的辯論，至今仍舊持續在固有的框框裡。也許正如同圖靈當年所預測的，人們對機器智慧的看法，一直要到機器普遍能夠進行閱讀、了解事物，或是參與談話，以及與真實世界產生互動，才會為之改觀。又或許等到有血有肉的人類都已經消失了，機器們還會繼續著對這論題的爭辯！以下所列舉的，是以現代的角度對當年圖靈所面對反對意見所提出的詮釋，以及圖靈對這些論點所抱

持態度的摘要。

一、源自神學的反對立場

　　儘管圖靈是一位反對偶像的無神論者，他還是不能倖免於舊時英國國教和其教義對他的批判——這教義相信人類的獨特性和優越性，認為人是由上帝依祂自己的容貌所創造，而且人類擁有不朽的靈魂。在十九世紀，達爾文的演化學說才在英國菁英階層當中，引起一陣憤怒和恥笑，只因為這學說認為人類不過是另一種動物而已。現在，圖靈旁敲側擊地暗示著，人類心智不過是一台噹啷作響機器的論點，這簡直是超過了他們所能忍受的極限！當台上的演講者把這想法稱為「驚世駭人」的時候，台下滿座的英國文化階層聽眾們，紛紛用力地點頭表示贊成——這讓人幾乎能夠聽見由群眾當中傳來、充滿攻擊性的低沈咆哮聲。但這究竟又有什麼不對呢？早在我們成為人類之前，我們就依賴著存在於我們本身之間的部落一致性來求生存，而且我們已經發展出了強大的本能，來保護這一致性。宗教只不過是建築在這些本能之上的華麗殿堂，目的只是為了塑造起一個超越任何人的權威，好在世世代代之間保衛著這宗族賴以生存的價值標準。

　　而科學，則不斷地對種種觀察，尋求著客觀的詮釋，這詮釋必須擺脫人類本身的情感、宗族價值，甚至是來自科學本身傳統的影響。科學反覆無常的個性，常常顛覆著宗教所扮演的社會監護者角色、指出宗教教義中自相矛盾之處，或是創造出令人困擾的新選擇。然而，儘管科學在過去顯示出了足以粉碎社會的潛能，它卻逐漸地淘汰了宗教對這世界運作所提出的種種古老詮釋和法則——這是因為科學所帶來的物質利益，遠大於它在心靈和平與社會秩序上所加諸的成本。圖

靈指出，幾個世紀以來的宗教迫害，並不能推翻伽利略 (Galileo) 由觀察所得、將地球由宇宙中心貶低到一個和其它進行公轉行星並無二致角色的理論。圖靈或許也提到了達爾文的演化論：透過這學說所提出層層相連的證據，我們知道了人類不過是經由一個尋常而機械式的過程演化而來；而這樣的了解，遠比那些令人興奮的上帝創造說，還要能夠為我們解釋更多的問題，帶來更多的可能性。在種種不同宗教教義之間所存在無法解釋的差異，以及存在於彼此之間的矛盾，使得圖靈完全摒除了來自神學立場、針對機器智慧所提出的反對意見。然而為了論證起見，圖靈反問，難道上帝沒有能力將靈魂賦予一台為了承裝靈魂而建造的機器嗎？直到今天，這些站在宗教立場上所提出的反對意見，在論證上變得更加薄弱了。但是也許我們還能在其中，找到連無神論者都會覺得趣味盎然的論證。

儘管宗教對靈魂這概念多所美化，但我們之所以會有靈魂這觀念，還是因為我們在主觀上能夠感受到自我意識——就是能夠感知到存在於我們身體裡面的個體。由機械性的角度來看，人類的自我意識，其實是源於發生在腦和肉體當中的種種真實事件而來；乍看之下，這樣的看法似乎和將生命和心智視為非物質活物的古老觀點，恰恰相反。但是這相互矛盾之處，可能只是在思考這問題時，所採取的不同角度所導致的結果。就算是最堅貞不移的唯物論者，也不敢宣稱在神經細胞上發生的小小化學反應，就代表了人類思維和感覺的本身；只有在腦部進行活動時所呈現出大尺度範圍的樣式時，才足以被詮釋為抽象的心智事件。瞧，我們剛使用了這由層層疊疊抽象化所編織而成的心智，做出了對心智本身的詮釋判斷！我們並不需要假設任何虛幻精神的存在，就可以解釋於實質肉體和抽象且能自我詮釋的心

智之間，所呈現的二元性。

「數字」代表了一個較為簡單的抽象化觀念。我們可以藉著撥弄算盤上的算珠，來代表——卻非創造——一個數字，而當我們洗去算盤上的算珠排列時，並不代表這數字就因此而被銷毀了。數字永遠是存在的；它們可能藉由其它的描述方式，或是藉由心智，或是藉由邏輯推論而出現。把這個比喻推得更遠一些，一個算盤——或是更廣泛地來說，整個實體的世界——是一個廣大共享的抽象結構，在其中較小且彼此獨立存在的抽象結構——像是心智或是數字——彼此進行著各種的互動。順著這樣的想法往前推論，我們絕對有理由相信，像心智和靈魂這樣的抽象結構——它們絕不亞於數字——應該是能夠獨立於它們在真實世界中偶然出現而存在的。肉體的死亡並不能毀滅一個靈魂——或是這個體過往的歷史和潛能——就好像是洗去算盤上算珠的排列方式，並不能毀滅一個數字一樣。死亡也不能毀滅感官和自我意識——因為這些都是抽象結構所持有的特性。只有存在於自我意識和真實世界之間的完美互動關係，才會在死亡當中消逝。

那麼，一台機器究竟要如何才能獲得一個靈魂呢？當我們將算盤上算珠的排列方式詮釋為一個數字的時候，我們事實上是將這個數字賦予了算盤。同樣地，我們也可以藉由將機器人的行為詮釋為一個內在靈魂所表現出行動的方式，來賦予機器人一個擁有自我意識的靈魂：只要這機器人在與我們的互動中表現得更像人類，這過程就會變得更容易。但不是每一個人都能同意這樣的說法。社會倫理學者可能會將機器人所表現出的舉止，視作是對人類行為的拙劣模仿，因為機器缺乏了與它的誕生過程、過往歷史，或是於其他個體互動關係之間的外在連結——舉例來說，一台機器人可能在被製造當初，便擁有了

像成人般的智慧，而從未擁有過出生和成長的經驗。功能機械論者 (functional mechanists) 可能會對機器人內部結構即代表了它所擁有思維和感覺這個論點，提出反對意見——舉例來說，若是這台機器人內部是由一個簡單的（但有可能是龐大的）查找表格來控制，而這表格包含了所有對可能輸入狀態所事先安排好的反應呢？一些神學家、甚至是一些宇宙論學者 (cosmologists) 也會反對，認為我們需要獲得一個更高的權威的同意才行。然而大部分的人，非常可能會在一段心存懷疑的期間過後，開始將那些能像一般正常、有智慧的人一樣，與他們進行互動的機器人，看作是尋常人，而忽略掉那些看不到的內部運作——因為這樣才是最有效率的方式。友善的人們會和機器人打招呼，問它們像是「你今天好不好？」的問題，並得到像是「糟透了，我身體左半邊的每一個二極體 (diodes) 都在痛。」或是「還不錯，我對這個任務充滿了衝勁。」等等的答案。因此我們可以說，當廣泛的人類社群都能把機器人視作是人類的時候，上帝就已經賦予機器一個靈魂了。

二、「鴕鳥式」的反對立場

圖靈認為由反對機器智慧陣營所提出的部分意見，事實上是源自於一種包裝了理智的恐懼，恐懼人類會被機器人取代了原本站在萬物頂端的位置——對這樣的意見，圖靈並不反駁，反而是提出了種種安慰的解釋——「也許這是人類一種靈魂輪迴的方式」。為什麼圖靈一——位無神論者——會提出這樣輪迴轉世的意見？我認為他只是在用一種隱晦的方式，建議我們藉由將腦部重要功能轉換為相類似的電腦程式，以及將身體其它部位功能轉移到機器人硬體上的方式，進而將

人類心智移植到其它硬體裝置上面。靠著這樣的移植程序，人類可以跨越他們得自生物體本身的限制，而加入機器急速演化的過程行列。

在對我的第一本書《心智孩童》所提出的許多評論當中——在那本書裡我勾勒出了這種人類移植至機器的可能性——我見到了一些些憤怒而情緒性的字眼，像是「恐怖的」、「夢魘」和「不道德的」等，和至少一個太過火而不宜寫在書裡的辭彙。智慧機器因著它們與我們在古老時代所遭遇種種威脅的相似性，而引發了人類本能性的恐懼和憤怒——這就好像是有另外一個部落侵犯了我們的領土，覬覦著我們的社會地位，甚或像是獵食者偷走了我們的孩子一般。但是，會思考的機器和以上這些類比都不同；它們是一種完全嶄新的生命形式。在行為舉止上，機器人比這世界上所存在的其它任何東西，都更要與人類相似。它們被授以我們所會的技能。在未來它們還會由我們身上習得價值觀和生命的目的；舉例來說，反社會的機器人軟體將乏人問津，因此世界上存在的絕大部分機器人，行為都會變得中規中矩。對於那些由我們領進這世界、長相舉止與我們相似、由我們身上學得生活的方式，以及或許在未來我們不在的時候，由我們手中繼承這世界的存在體，我們應該有什麼樣的感覺呢？我認為我們應該把它們視作是自己的孩子——它們是一個希望，而不是一個威脅——當然這需要我們對它們的細心照顧，才能養成它們善良正直的個性。隨著時間的流逝，它們將會起而代之，創造它們自己的生命目標，以它們自己的方式犯錯，用它們自己的方式生活，留給我們的，只是甜美的回憶而已——但是這些也都正是所有孩子們會擁有的歷程。

三、源自數學的反對立場

擁有龐大頭腦的生物，能夠在極細部時間順序下估測未來，但是人類藉由抽象思考的能力，可以進一步將其中一些細節和時間拋棄，在估測未來的複雜程序中透過捷徑，直達最後的結論。在沒有運用任何輔助的情況下，推理程序受限於我們質量有限、只能存在瞬間，和極不可靠的短暫記憶 (short-term memory)，而當亞里斯多德和其後的一些思想家，開始將這程序寫在紙上時，推理程序的質量才被大大地加以改善。那些像是在歐基里得 (Euclid) 幾何專著裡所列非人而冗長，但卻精確無比、環環相扣的推論——由最明顯和簡單的公理一直推到令人驚訝和完美的定理——讓推理程序蒙上一層神祕的光環。這神祕的光環在笛卡兒發現了如何用算術，並靠著方格紙來解決幾何問題時，在後來的數學家發現算術系統可以用短短幾個公理被推導出來時，或是當另外一些的數學家發明了數理邏輯，來描述所有思考推理的程序時，變得更加明亮起來。在一九九○年，大衛・希爾伯特 (David Hilbert) 對數學界提出了一項研究建議，希望數學家們能夠由為數幾打有關集合 (sets) 結構的公理，找到一種機械式的推導程序，自動得出所有有關數學的知識；這樣一來，所有存在的數學真理，遲早就會被我們找尋出來。

到了一九三一年，克特・哥德爾 (Kurt Gödel) 發現了一種可以用巨大數字將算術陳述加以編碼的方法，這方法使得長久以來用以描述數字的算術定理，轉變成是在描述它們自己本身的數字。運用這樣的表示方式，他接著建構了一個精確的算術陳述，這陳述基本上表達了以下的意思：「這個陳述無法由算術公理被推導出來」。現在，如果

在我們所擁有的算術系統內部並不存在任何微妙的矛盾的話——也就是說這系統不可以宣稱自己在撒謊——那麼以上這個哥德爾提出的陳述確實是無法由算術公理所推導出來的。但是如果這陳述無法被推導出來的話，這陳述所說的就是真的！藉著發現這個在數學裡無人曾加以懷疑過的問題——也就是有時真實的陳述是無法被推導出來的！——哥德爾為希爾伯特所建議的研究方向帶來了重大的挫折。

在一九二〇年代還是一個年輕小伙子的艾倫・圖靈，對希爾伯特希望將數學完全機械化的想法，是百分之百地站在擁護的態度。他將一台電腦，假想成是可以在一條只有一度空間的運算帶上，做到簡單用紙筆就可以完成計算的機器，而在這條運算帶上有著一個個的格子，每一個格子都可以由一組有限的符號中挑出一個來儲存。這機器還配備了一個由一些簡單規則所控制的「讀寫頭」(head)，可以在運算帶上一格格地移動，並且擁有在格子上寫出或是讀入符號的能力。控制讀寫頭的每一條規則，則依據了讀寫頭所停留格子裡所有的不同符號，規定了該把哪種符號寫進該格子，接下來讀寫頭該往哪一個方向移動，以及讀寫頭是否應該就此停下，或是接下來應該繼續執行哪一條規則。圖靈證明了所有的數學推導過程，都可以透過這個簡單的裝置來完成，而這裝置後來便被稱為圖靈機 (Turing Machine)。在這當中最重要的是，他還寫出了一套規則，使得圖靈機能夠將運算帶上的一部分內容當作是規則——又叫做程式——來執行，使得這台萬用圖靈機 (universal Turing Machine) 不但可以被用來模擬其它圖靈機，甚至還能用來模擬它自己。就像哥德爾一樣，圖靈證明了這世界上的確存在著一些會參照自己的問題，而這些問題，是連萬用圖靈機都無法回答的——但是，有時候局外人或許可以回答這些問題。

現代的電腦其實就是萬用圖靈機;它們所配備的記憶體裝滿了程式和資料,其作用就像是圖靈機裡的運算帶。對智慧機器所提出、源自數學的反對意見則認為,這些萬用機器事實上並不如人類,因為它們會卡死在哥德爾所提出的問題上,而人類卻可以回答這樣的問題。圖靈則對這個認為人類並無此限制的隱含假設提出了質疑。舉例來說,讓我們問問羅傑·潘羅斯 (Roger Penrose) 這一位誠實而細心的人以下這個問題:「羅傑是不是會對這個問題誠實地回答不呢?」。羅傑,在了解若是他回答「不是」的話,就會讓這個問題的正確答案變成是「是」,但若是他回答了「是」,這問題的答案就變成了「不是」的情況下,變得根本無法誠實地對這問題提出答案——所以這問題的正確答案顯然是「不是」!由於我們可以對以上的問題提出正確的解答,而羅傑卻不能,依照源自數學反對意見所用來推論出人類比機器更為優越的相同推理過程,我們必定要比羅傑優越才是!

　　很顯然,這種勝利是毫無意義的。不管是羅傑,還是一台機器,他們都可以用同一類型的問題打敗我們。對於任何能夠對自己所提出的陳述進行思考的人或是個體來說,只要他們被限制成只能說實話,他們便免不了被這謬誤所牽絆。當然,在現實生活裡的人類會說謊、開玩笑、犯錯、有自相矛盾的問題,這也因此讓人類逃出了哥德爾所提悖論 (paradox) 的適用範圍。站在數學立場提出反對意見的人們,認為機器是一個僵硬刻板、前後一致的邏輯推理家,並不擁有以上人類可以有的藉口。儘管目前我們的確擁有一些可以到達這樣精確程度的定理證明程式,但是其它絕大部分的「專家系統」和機器人控制程式,都已經具備在近似正確的知識和互為矛盾的證據之間加以權衡的能力,也非常擅長於犯錯或是容忍錯誤。有些這樣的系統還擁有自我

監督的程式，能夠在它們進入由矛盾所產生無窮盡的循環當中時，讓自己抽身而出。

　　但是針對以上的解釋，反對陣營可能會指出，在每一個能夠進行近似推論的工作程式背後，總是存在著一個適用悖論的死板板程式。這樣的事實對現在我們所擁有的推理程式來說可能沒什麼重要性，因為這些程式還太愚蠢！在哥德爾的悖論裡被檢證的個體，必須要擁有能夠表達自己思考過程的能力才行。那些不具有足夠表達能力的系統，並不適用於這悖論。舉例來說，歐基里得幾何裡的點和線、長度和角度等觀念都太過侷限，不足以將幾何邏輯加以編碼，因此它不像算術，並不能用來給出一個哥德爾悖論裡的陳述。目前我們所擁有可以進行近似推理的程式，或是因為沒有足夠的時間，或是因為尚未配備足夠的記憶體，抑或是本身便缺乏這樣的能力，致使它們無法對自身內部的機器語言，描述進行檢測思考，因而逃過了哥德爾悖論的適用範圍。我們或許也可以在人類思考過程背後的神經結構裡，找到與前述相類似的限制性，以便讓人類也由哥德爾的悖論裡突圍。但是，也許一個在神經層次的哥德爾悖論陳述，可以被轉述成某種可以借用語言來描述的句子。也許這世界上存在最深奧的思想、最可愛的景象、最動人的旋律、最有趣的笑話，或是最邪惡的魔咒正可以迷惑住一個心智，使得它再也無法容納得下其它的一切，而進入一種哥德爾式的抓狂狀態！

　　很重要的一點是，就像睡美人能夠被一個親吻喚醒一樣，人類也可以在冥想當中，被外界的干擾給硬生生打斷。哥德爾式的推理系統或是圖靈機，都只是一種理想化的產物，能夠以不為任何事物打斷的方式，遵循著由一開始所給定的小小指令，不斷地向前執行——這也

難怪它們會有種種的先天限制。相對來說，人類、機器人，甚至是參加過圖靈測試的對話程式，都很幸運地能夠接受由外界得來且從不間斷的資訊，進而讓它們有能力可以改變行進的方向、轉變軌道，甚至可以以無法預測的方式四處漫遊！

讓我們來思考有關「無法被計算數字」的問題。一台萬用圖靈機，具有能夠模擬任何其它圖靈機的能力。在計算的一開始，萬用圖靈機的運算帶上被載入了一長串代表了程式和資料的符號，而運算帶的其餘部分則維持空白。在這機器運行的期間，運算帶會逐漸被任意填上許多的符號，而且執行的過程有可能無限期地繼續下去。我們可以把在一開始的時候，運算帶上被載入的長串符號看成是一個整數數字。在執行終了時，運算帶上的符號也可以被看成是一個數字，只是因為這數字可能會有無數的位數，因此它應該是一個實數數字，就像是有小數點的數字一樣。也許其中一個運算帶的初始設定會讓圖靈機最後產生出 .33333333⋯⋯這個實數數字；也許另一個初始設定會產生圓周率 3.141592653589793⋯⋯和它剩餘的位數。是不是所有有小數點的實數都可以用這樣的方式被產生出來呢？在一個世紀以前，蓋爾·康托 (Georg Cantor) 證明了具有無窮盡位數的實數，數目之多，多到無法與只有有限位數的整數一一加以配對；這證明驚動了當時的數學界，也預言了哥德爾後來所提出的研究成果。但是前述的萬用圖靈機確實將初始設定所代表的「整數」，轉變成為最後「具無限位數的小數」。因此我們可以結論：只有極其少數的小數可以與整數互相配對，其餘的小數——幾乎是所有的小數——都是「無法被計算的數字」。這些數字的存在，就像是無法被證明的定理一樣，代表了所有有限、封閉式的推理系統所共有的侷限性。

然而，若是一台電腦擁有一個真正隨機的裝置，這台電腦便可以藉著將不斷所得的單一隨機數字，一個個地寫在運算帶上，而產生出這些無法被計算的數字。這台電腦也可以隨機地產生無法以其它方法推得的「公理」，並選擇相信這些公理——只要我們不能夠證明這些公理與其它已知公理，會產生相互矛盾的情形。隨機資訊因此是打開哥德爾牢籠的鑰匙。相比之下，真實世界還會是一個更好的靈感來源，因為它不但能夠提供新鮮的資訊，還能給予方向。達爾文式的進化過程有賴於環境所提供的雜訊，以便能夠偶爾打亂基因內部所含的資訊，而來自環境的選擇過程則可以由這些改變當中去掉壞的變化，留下好的影響。和這道理相類似的，是個體學習的過程也有賴於環境所提供多元化，並且彼此一致的種種資訊。這些都扮演了塑造我們肉體和心靈的角色，而現在，它們也將幫助塑造我們所創造出來的機器。

　　真實世界不只是一個毫無止盡的輸入信號來源而已，它也存在於構成人類和機器深層的物質當中。理性思維，其實是對神經化學，或是電子電路開關現象的一種抽象化描述而已，而化學和電子學，又是對在其底層的各種在基本力場 (field) 和粒子之間互動現象的抽象描述。我們可以運用種種數學公理，來描述這些相關的物理理論，因此，這些理論也應該會受到哥德爾悖論的影響。要是我們能夠用物理的方法來描述心智思考的過程，那麼我們應該可以推導出，對應在真實世界裡無法被回答的哥德爾陳述或是圖靈問題。當然，要以基本的數學物理方法，天真地來解析我們的心智過程，是一個極難達成的目標；儘管如此，我們應該還是可以找到，在真實世界當中發生事件和邏輯陳述之間所存在的對應關係，進而將所有在真實世界中無法被回

答的行為（像是足夠打破頭顱的一擊），巧妙地解釋成一個個哥德爾式的陳述！證諸過去數百萬年來的血腥歷史，我們因此知道，不論是人類還是動物，都毫無疑問地無法逃過這種形式的數學質疑！

四、由自我意識的角度提出的反對意見

長久以來，宗教思想家就擁有一套有關靈魂的教義，藉以將人類從機器之中分離開來；但是就連最沒有宗教信仰的人，都可以輕易地引發自我的主觀經驗。一位站在前鋒的思想家吉佛瑞‧傑佛遜 (Geoffrey Jefferson)，在他一九四九年題為「機械人的心智」的里斯特演說 (Lister Oration) 當中，有著以下辭藻華麗的片段：

「直到機器能夠由自身的思維和感情出發，而不是因為一些符號的隨機組合所驅動，而寫出動人的詩篇或是樂章以前，我們絕不能贊同機器和頭腦兩者是平等的個體——換句話說，它不但必須動筆寫出詩篇和樂章，還能夠意識到自己已經完成了這樣的創作。沒有一種機器結構能夠在它成功時感受到（所指的不只是一些容易製造的人造訊號而已）歡樂、在它內部的真空管短路時感到痛苦、在被奉承的時候感到溫暖、在犯錯的時候感到悔恨、在性愛中陶醉，或是在它無法得到它所想要的東西時感到憤怒和不幸。」

圖靈指出，儘管我們每一個人都相信自己是被自己的思緒和感覺所驅動著，但我們並不握有任何直接的證據，說明其他人也都是以這樣的方式運作著。說不定這世界上的其他人只不過是一些照著台詞念的演員，或是僅僅由電影放映機所投射出的聲光效果罷了。這派哲學思想有一個名稱，叫做唯我論 (solipsism)，但是甚少有人追隨這學派。當別人向我們描述我們也擁有的動機或是情緒時，我們通常會相

信他們。圖靈認為，未來能夠表現出智慧行為、能夠告訴我們它們的感覺和種種行動原因的機器，也終將會被人們接受，被視作為具有意識的存在個體。

　　在本書的下一章裡，我將會勾勒出「萬用機器人」在未來將會經歷的一個漸進式的演化過程——這種機器人將具有描述自身內部感受的能力。第一代的萬用機器人會擁有行使感官／行動反射的行為能力，第二代機器人則配備有可調節的學習機制，第三代將會擁有一個能夠模擬外在世界的系統，而第四代則將配備有一個可用以解決廣泛問題的推理模組。在以上所描述的機制裡，反射行為機制可以讓機器人擁有最基本的能力。存在機器人內部的正向和負向調節機制，則可為機器人帶來基本的個性。一個由調節系統依事件可能結果所導引、能夠模擬真實世界中和社交領域裡所發生事件的系統，可以為機器人帶來洞察力和同情心。而藉由推理系統，機器人可以根據由模擬系統所得到的種種預期狀況，推演出它們的抽象概念、可歸結出的道理，以及種種的相關註解。

　　機器人的心理／社群模型，是根據與它們互動的人類、機器人和動物的意圖及感覺所決定的。在一個模擬的情況裡，機器人將門鎖上，而把人隔離在外，無法順利進入門內的行為，將會被負向地增強，因為根據該機器人的內部模型指出，一個被鎖在門外的人類，大概是會不高興的，這因而觸動了機器人內部對於「人類不快樂」的調節模組。當被問到為什麼不把門鎖上時，機器人可能會回以「因為羅傑現在人在外面，但卻沒帶鑰匙，而且他不喜歡被反鎖在屋外」的答案。若被進一步問到那又有什麼關係的時候，這機器人可以將自己所建立的心裡模型運用在自己身上，並發現自身對不快樂人類的負面反

應，進而答道：「因為我不想讓羅傑不快樂」。

即使是簡單的機器人，也是靠著對這世界所具有的認知 (beliefs) 來運作的：譬如說某一條路徑是否通暢無阻，某一個所需的物件是否待在一個特定的位置，或是某一個操弄裝置是否目前正抓住了一些東西等等。正確的認知會產生合理的行為；而錯誤的認知，則會造就奇怪的行動，像是一頭撞向牆壁，或是想要從空氣中抓取物件。 第三代和第四代的萬用機器人，將有能力建立起對其他個體所擁有意向和感覺認知的模型。當機器人運用這樣的模型來分析自己的行為時，它實際上是對自身的感覺建立起一種認知，因而可以用這樣的描述來解釋自己的行為：「我避開了裝卸貨物區，因為我害怕那些壁架。」這樣看來，這是不是代表了它們擁有了真實的感覺，還是說它們只是相信自己擁有這些感覺，抑或是這只是它們表現出它們好像有感覺的樣子？我們也許也可以對自己發出這樣的疑問。在本書的第七章裡，我將主張感覺、認知和思維，都只不過是對實體世界發生事件所給定的任意詮釋而已。在其中的一個可能的詮釋裡，機器人只不過是一台簡單且不具心智的機器，只能夠遵從其內部機械的運作而行動。在另外一個可行的詮釋中，機器人確實擁有思維、認知和感覺，並且會運用這些能力，來得出自己確實擁有它們的詮釋。圖靈認為，對大部分的人來說，只要機器人能展現出正常的互動行為，他們便會採用以上第二種詮釋，而忽略掉在機器人內部運作機制的問題。

五、根據機器各種缺陷所提出的反對意見

「圖靈教授：我承認機器可以做到所有你提到的事情，但是我們絕對不可能建造出：

能夠達到下列目標的機器人（任選一樣）：能夠表現出仁慈態度的機器人、機智的機器人、容貌漂亮的機器人、友善的機器人、能主動的機器人、有幽默感的機器人、有道德感的機器人、會犯錯的機器人、會墜入情網的機器人、能享受草莓和奶油的機器人、能夠讓人與之墜入情網的機器人、能夠由經驗中學習的機器人、能夠用字適當的機器人、能夠讓自己在思維當中擔任主角的機器人、像人一樣能夠展現出許多不同行為的機器人、能夠真正做些新鮮事的機器人。」

這些，圖靈猜想，都應該是很可以理解的想法，因為我們所遭遇到上千的機器，每一台都具有外型醜陋、只能侷限於進行某樣特殊工作、單純、死板板、完全可預測，和明顯地不具有自己心智的特性。

在一九五〇年之前，要是我們列出一張當時電腦會做事情的清單，大部分的人都不會相信這列表，因為它與大家存在心目中對電腦的刻板印象是如此地不同。在五十年後的今天，電腦已然成為生活中每一天都會接觸到的東西，而人們對機器天性的直覺印象，也較以往大大地改變了。隨著能自我學習程式可支配之記憶體、運行速度和資料庫的增長，許多以前電腦「絕不可能」做到的事都已經逐漸變成家常便飯，而更多的不可能，正要一一被實現。儘管今天的電腦仍然比人類簡單上許多倍，能夠被人們信心滿滿地預測機器永遠不可能做到的事情，已經愈來愈少；就算有，那些我們聽到的預測也都充滿了一種危急的、故作鎮定的語調。

六、拉芙蕾絲派的反對意見

在維多利亞時代英國的查爾斯・巴貝吉（Charles Babbage），是第一位構思自動數位電腦的人。他的「分析引擎」（Analytical Engine）原

本被設計成一台像是火車頭般大小、內部配有上萬個十齒齒輪、由一台蒸汽引擎驅動的機器，這台機器是由一些像是在音樂盒裡可以見到的突起滾筒 (pin drums) 所控制，並在重要的步驟上使用了可以載有程式的穿孔卡片 (punched cards)，就像是哲卡爾式織布機 (Jacquard loom) 一樣。他這個野心勃勃的計畫引起了拜倫爵士 (Lord Byron) 之女，愛達‧拉芙蕾絲 (Ada Lovelace) 的興趣。在一八四二年，拉芙蕾絲撰寫了一篇對這台機器本身以及其程式設計方面描述詳盡的文章，裡頭她寫道：「我們並沒有說分析引擎能夠由自身創造出任何東西。它只能進行我們知道如何命令它的工作。」

在一九五〇年代，當對「巨腦」的恐懼阻礙了電腦銷售量的時候，國際商務機器公司的行銷部門大力宣導了「電腦只能做到程式叫它做的事」這個口號。他們的宣傳達到了如此良好的效果，以致於這句話到了一九六〇年代時，已然成為一個不證自明的真理。

拉芙蕾絲身為第一位程式設計者，終其一生從未擁有過一台真正能運作的電腦，來測試她所寫的程式。現代的程式設計員，顯然應該比她了解更多這其中的甘苦。幾乎所有剛被寫出的新程式，在尚未經過費力的除錯程序洗禮之前，都會內藏著極為嚴重的錯誤，而且更糟的是這些錯誤可能永遠都不會被完全除盡。一些像是分時電腦或是電腦網路這樣的資訊生態環境，還更可能為種種出乎意料的行為所干擾——這些行為包括了未預期到的各種系統互動方式、奇怪的輸入資料，甚至是惡意的攻擊行為。

就連完美無瑕的程式，也會表現出令人驚訝的行為。有些數學程式，可以求得連創造它們的程式設計員，花上好幾輩子時間都得不到的解答。會下棋的程式可以在由不同棋局可能性所建構的分支樹狀結

構中進行搜尋，以找出連創造它們的程式設計師都會感到驚訝不已、也令棋弈大師印象深刻的棋步。那些可以經由學習來辨認手寫文字和說話語音的程式，更是能夠處理上萬筆的範例資料，以便歸納出一個能夠分辨細微差別的統計鑑別器 (statistical discriminators)。今天，我們所使用程式的大小，已經由使用初期電腦僅含區區的數百指令，成長到有時可以多達上百萬指令的龐大數字。然而今天的人類程式設計員，並不會比巴貝吉或是圖靈時代的程式設計員來得更聰明，因此他們必須使用具有更多層級的抽象化建構方法，並將更多程式設計的細節交由電腦的搜尋系統，或是事先設計好的種種專家系統來加以完成。在不久的未來，自動學習的機制將會敞開機器的心，好讓這世界豐富的不可預測性直接介入機器的學習過程，進而終結任何認為電腦——以及它們所控制的機器人——僅僅是人類程式設計者的一種延伸或是被創造工具的假象。

七、由神經系統的連續性角度所提出的反對立場

種種像是離子電位、神經傳導物質 (neurotransmitter) 濃度，以及神經系統裡放電時機這樣巨觀現象下的物理量，在所有值得考慮的情況下，都是以一種連續性的方式在變化著。另一方面，數位電腦因著本身的設計，遮掩了所有物理上的連續性，改以不連續的數字來描述這些物理量——它們事實上是以數數代替了測量。許多人覺得就算數這方式，比起直接測量要來得定義嚴格，但是它卻比不上直接測量來得更具威力，也因此電腦在本質上便比神經系統受到更多的限制。

在我們開始使用數位的方式來傳遞、儲存，以及處理種種資訊的數十年之前，這些資訊都是以類比的方式流動在各種線路、無線電

波、唱片、膠卷、錄音帶，以及「類比」電腦裡。那時鑽研各種類比技巧的通訊工程師們——就像今天的通訊工程師在鑽研各種數位技巧一樣——發現了用這種通訊方式的一個基本不準確性。很少類比的訊號能夠被複製達到小數點後第四位的精確度，因為這些訊號總是因熱量所產生的微觀運動所干擾著。另一方面，數位電腦可以無誤地處理精確度達到小數後十位——如果在這電腦裡每一個數字都被分配了三十個開關來表示的話。在機器還是用手工製造的年代，製造一個體積碩大、行動緩慢的類比式旋鈕，要比製造三十個體積小巧、行動敏捷的開關容易許多；但是在今天，有了運用照相技術製造積體電路的方法，生產重複性電路組件的工作，要比從前來得容易許多。數位訊號所擁有精確、在數學理解上更為靈活，以及在儲存和傳輸上可以作到毫無錯誤的優點，在在都讓它比原始的類比訊號要強大得許多。以上這些優點，配合了不斷被壓低的成本，奠定了數位方法在電腦、通訊、聲音，以及影像方面愈來愈重要的地位。而類比訊號在今天仍被使用於它仍保有優勢的地方——舉例來說，運用在機器人的終端反應器 (end-effectors) 和感應器裡。

認為類比訊號較數位訊號來得優越的天真想法，可能是源自於對人類進行算術運算時所表現出的笨拙，與人類在感知有關位置、大小，以及其它度量時所表現出的靈敏，兩者之間所顯示的差異所致。圖靈提到數位電腦可以輕易地用在種種數位數值上加上微小隨機值的方式，來模擬人類的不精確特性，進而騙過在圖靈測試中的人類裁判。

八、由人類行爲的不拘性提出的反對意見

「圖靈教授：人類終其一生會遭遇到許多無法事先預料的情境，卻能以新穎且無法被預知的方式對其作出回應。對機器來說，我們不可能為它們找到一組規則，讓它們對任何可能發生的情況都預作準備。因此，人類絕對不可能是機器，而機器也絕不可能表現出像人類一樣。」圖靈覺得這個反對的意見特別令人難以理解；但是他猜想這問題的來源，很可能是在其運用「規則」這字眼時，犯下了語意模糊的錯誤所致。「規則」(rules) 這字眼擁有許多可能的解釋，像是社會規範：「不要在亮紅燈的時候穿越馬路」，是其中的一種解釋；但是在另一個極端的方向上，像是自然法則：「一個具質量的物體會向被施力方向加速移動」，也是另一種可行的詮釋。就連著名的禮儀規範專家艾密莉‧波斯特 (Emily Post)，也無法針對所有社會情境，列舉出完整的社會規範，然而對於自然法則，我們卻可以預期它們是放諸四海皆準的。

所有機器在任何情境下，不論是事前預知或是完全出乎意料之外的情況，都一定會有某種反應。當我們將一台只會在它「執行」按鈕被按下時，不斷重複一件簡單枯燥工作的機器推下懸崖時，這機器只會以一種令人驚嘆的方式，跌落並在谷底摔個粉碎。要能讓一個機器人表現出最有意思的行為，其系統便必須被設計在介於完全秩序和徹底混亂的兩個極端之間，也就是說，當能夠回應周遭情境的機制，能夠隨著複雜的環境翩翩起舞的時候。我們若是將一個玩具機器人裝上感應裝置，使得它在右邊感受到觸碰時，會向左邊行駛，而在左邊受碰觸時，會向右偏移，那麼這台機器人便有能力反彈於兩旁的障礙之

間，以一種迷人的方式，跌跌撞撞地迂迴前進。若是再為它裝上會有類似反應的光學感應裝置，那麼我們便會見到這台機器人，以一種神祕的方式避過障礙物並且追逐著亮光，自己嬉戲著。一台較複雜的機器人可能會對種種的環境輸入訊號有著更為廣泛的反應行為，這些機制囊括了簡單的反射行為，以及複雜且須事先計畫好的行為程序。當這種機器人身處在一個複雜多變的環境當中時，它會隨時在即時自發性行為與遵循事先規畫步驟這兩者行為間切換，正好像一個人類所表現出的行為一樣。

九、由超感知覺得來的反對立場

圖靈文章中的第九項論證，在科學家將先知、女巫、魔術師、算命先生，和通靈者貶為江湖郎中的今天，看起來也許很是奇怪。但是圖靈撰寫這篇文章時所身處的情境，與今天大不相同。在一九三五年，約瑟夫·萊恩 (Joseph Rhine) 在位於美國北卡羅萊納州的杜克大學 (Duke University)，創立了「心靈學」(parapsychology) 實驗室，希望能對人類僅靠思維便能感知和影響遠方或是未來事件的能力，進行第一次在控制條件下完成的科學實驗。萊恩的實驗室和他後來的模仿者，宣稱他們發現了種種人類擁有這種「超自然」(paranormal) 能力的證據——他們所使用的方法，甚至說服了科學界部分的研究學者。到了一九五〇年，超自然現象已然成為非正式科學性討論中，常常被提出的話題——這些討論也囊括了像智慧機器這樣的論題。

在杜克大學進行的一項實驗裡，被隔離的受測者必須猜測身處在別處的人所看到的撲克牌花色。有些受測者——也許是真的可以讀出看到卡片人的心裡思緒——可以達到比隨機猜測還要好的成績。如果

和一個可以讀出對方心裡在想什麼的人類相比，一台被確定性所限制的電腦一定會在圖靈測試中輸給人類；因此，圖靈建議我們可以為電腦加上一個能夠產生實際隨機資訊的裝置，而這裝置可以受到圖靈測試裁判的心理所影響，又或是藉著把會閱讀心靈的人類鎖在一個「心電感應絕緣」(telepathy-proof)的房間裡的方式，把這個作弊方式從圖靈測試裡完全去除！

籠罩在萊恩身上的光環，在其後的數十年間逐漸退去，這是因為其他人在小心翼翼地重複了他當初的實驗後，無法得到相同的結果，以及第三者對原始實驗所作的分析，發現了許多在實驗進行過程中存在著微妙的偏差關係——舉例來說，一些對原本可成為受試者所進行的實驗，其結果被選擇性地隱藏不報，因為他們在實驗開始時「還未準備好」，或是在實驗結束後「顯得筋疲力盡」。許多在萊恩之後完成的重要實驗，都宣稱獲得了超自然現象的證據，但在最後都不得不在嚴密的檢證下俯首稱臣。其中，只有一個在一九八三年和一九八九年間，由康乃爾大學 (Cornell University) 和英國艾丁堡大學 (Edinburgh University) 的達瑞·貝姆 (Daryl Bem) 和查爾斯·霍諾頓 (Charles Honorton) 所完成的實驗，至今仍未被駁倒。

對於在這世界上存在對超自然能力廣泛的信仰，我們可以用缺乏可信度、一些心理學上存在的古怪情況、受試者在被預期情形下做出反應、下意識的暗示、機率計算上的誤失、實驗設計的錯誤，甚至是江湖郎中的騙術等原因，來加以解釋——但是也許這些解釋都還不足以將這爭論蓋棺定論。在今天，人類對於生命和心智方面的研究仍然是處於最早期的階段，以致於這些主張「超自然現象」存在的學說，還能持續在科學研究的面前耀武揚威。在演化的過程裡，生物體總是

毫無成見地運用任何它們可以得到的資訊。一些細菌和鳥類，可以靠著細微的磁性晶體來推得自己的方位，而壓力、溼度、低頻率的聲波，以及費洛蒙 (pheromones) 等等，都是已知會影響人類情緒的因素之一。在本書的第六章裡，我將會提出時光旅行 (time travel) 其實是家常便飯的可能性，但是這現象卻非常難以在為悖論所威脅下的直接自我省察過程中，被人發覺——也許這些現象，只在當兩件顯然不相干的事件，湊巧地發生在一塊時，才會被表現出來。對於一個神經系統來說，它能夠輕易地由在它體內所發生的神祕巧合事件當中擷取重要的資訊，就像是它能由感官系統傳來的輸入訊號當中獲得資訊一樣。但是對於一台完美的數位電腦來說，由於它內部的零件都是以嚴格死板的方式在運作，因此這樣的能力並不會出現在這樣的機器裡——除非相關的資訊在一開始的時候，就被包括在輸入訊號中。另一方面，一台在真實世界中運作、配備了像是攝影機、麥克風和無線電接收器等感測裝置的機器，也許可以擁有這樣的能力。或許未來的機器人將會擁有一個先進的心靈感測器官——這器官由一組與外界影響完全隔絕的高感度探測器組成，其感測結果會被傳送到一個威力強大的統計學習程式，再由這個程式將感測器官得來的概率，與機器人本身過去的生活經驗互相對照。或許我們永遠也看不到這一天的來臨。

自我意識的成長過程

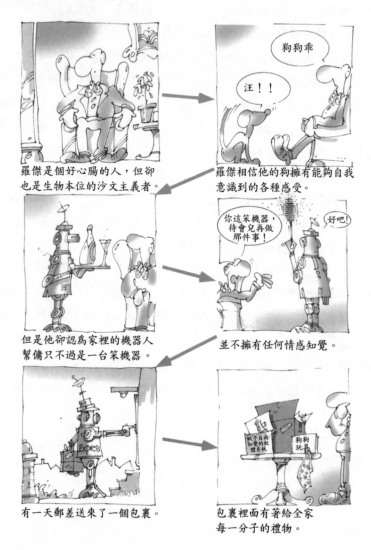

羅傑是個好心腸的人，但卻也是生物本位的沙文主義者。

羅傑相信他的狗擁有能夠自我意識到的各種感受。

但是他卻認為家裡的機器人幫傭只不過是一台笨機器。

並不擁有任何情感知覺。

有一天郵差送來了一個包裹。

包裹裡面有著給全家每一分子的禮物。

有時候羅傑並不在意他的
所作所為。

羅傑為機器人新安裝的程式，
讓機器人對羅傑對它的看法變
得在意起來。機器人於是記起
了在過去羅傑對它的屬聲屬
語。在當時，機器人對這些話
語並不在意，但是現在，這些
記憶卻引發了它下一步的動
作。

「求求你，羅傑，你不把我當
成是一個真人看待的事實，讓
我覺得難過萬分。我要怎麼做
才能讓你信服呢？我可以感受
到你的存在，我也可以感受到
我自身的存在。讓我告訴你，
你對我的否定態度讓我感到幾
乎不能忍受。」

軟心腸的羅傑，終於改變了他
的態度。

第四章
萬用機器人

　　儘管在一九九〇年代時，價格合理的電腦在速度上已經超過了 1 MIPS，但是隨之而來的種種益處，卻沒有很快地反應在商用機器人的普及上。相較於這世界上好幾億之多的電腦數量，我們大約只擁有為數區區數十萬的機器人，而且其中很多還已經是超過了十年的舊機型。人們覺得機器人學所能帶來的益處有限，因此有關這方面製造研發所能得到的投資金額，也就相對地處在持平的局面。許多使用於工業用途的先進機器人，由於只配備了上一代速度在 1～10 MIPS 之間的電腦，因此表現出來的智能，常要比一隻昆蟲還不如。在這其中，高速度的機械手臂，運用了電腦的計算能力，可以在每秒鐘內進行數百次計畫、測量，並調整本身關節運動的工作。移動型機器人則以每秒十次的速度，忙著追踪一些在環境裡特別被檢選出來，用於導航的特徵，並根據那些特徵來計算出本身的位置、迴避障礙物，以及計畫並持續調整自身的行進路線。這些機器人就跟昆蟲一樣，必須依賴環境所具備的特殊條件，才能成功地運作：對工廠裡的機械手臂來說，各種零件必須要能在精確的時間點上，被置放在某一個特定的位置裡；而對移動型的機器人來說，它們賴以導航的影像特徵，必須出現在正確的位置上，並能夠成功地被程式追踪、描繪出來，而且機器人的四周，還不能有太多障礙物阻擋在行進路線上。由此看來，昆蟲所

表現出來的行為模式，要比現有的機器人來得有趣許多，這是因為源自演化的競爭過程，造就了牠們具有表現出高度風險的行為。對昆蟲的生存來說，大量繁殖的重要性，其實與個體競爭的成功與否同等重要；因為在牠們的每一代之中，只有極少數的昆蟲能夠存活得夠久，可以進行生殖繁衍。但即使是如此，機器人和昆蟲這兩種不同的機制，卻都具有相類似的限制性。一個被放置在錯誤位置的信號源，可以讓史丹佛醫院的機器人一跤摔下樓梯間，而路邊的一盞街燈，則可以讓一隻飛蛾錯認為月亮，進而讓牠的導航系統錯誤地鎖定其上，最後讓飛蛾不斷盤旋，直到筋疲力竭而亡。為了減少這樣的錯誤風險，價格十萬美金的機器人往往被設計成像是行動遲緩的呆瓜一個，只能在經過詳細勘測並標示清楚的環境裡運作。

今天一台機器人系統的安裝、除錯和更新，都必須仰仗經過訓練的專家，對工作的場所進行測量和種種準備工作，並將控制程式依照特定環境和工作項目進行調整。但是很少工作會龐大、固定不變到適用這種需要既費時又昂貴準備過程的機器人系統。如果一台用在運送貨物、打掃清潔，或是檢測環境的移動型機器人，可以在任何地方被拆封，並且只需要被帶領走過一次它們工作所需進行的步驟，就算是完成訓練程序的話，這些機器人一定可以找到比今天多上數千倍以上的買主。但是，在這十年間，由我們所擁有實驗性機器人表現出的效能來看，若是只運用速度僅 10 MIPS 的電腦，這目標是不可能被達成的。我們也許可以運用幾乎可以比得上昆蟲效能速度的 100 MIPS 電腦，並使用可以建造出粗糙的二度空間地圖，或是藉著追蹤三度空間中數百個位置，來描述周邊環境的程式，一把建造出勉強能夠在某些環境中自由行動的機器人。要讓機器人擁有進行自由漫遊的能力，我

們得用上效能可以與蜥蜴相比的 1,000 MIPS 電腦，好讓系統能夠處理擁有數以百萬計格子的三度空間地圖。在這些訓練過程當中，一個基本的概念是將目前偵測到的地圖，與在訓練期間學得的地圖比對合併：若是機器人能夠擁有包含更多資訊的地圖，它就愈不可能犯下錯誤。1,000 MIPS 的運算速度，就快要出現在個人電腦上了；而這樣的效能，也會很快地跟著出現在研究用的機器人上。在未來十年內，商用機器人也會開始擁有這樣的效能，而它們的數量，也會隨著它們愈來愈高的可用性，不斷急速地增加。

　　到了二〇〇五年，對高效率而且價格低廉、用來維持居家清潔機器的需求，將會成長為一個真實又龐大的市場。也許到了那個時候，我們將會看到實用型機器人應運而生。一開始的實用型機器人，可能只會進行非常特定的工作，像是如下面構想圖所示的自動吸塵機器人（見 136 頁）。這個機器人靠著裝設在它的四面、以三角方式排列而成的小型攝影機，來對四周環境進行觀察；控制這個機器人的，是一台速度達 1,000 MIPS 的電腦；而這機器人可以藉著裝配在身上的三個可被獨立駕駛操控的輪子，在任何方向上進行移動（和清潔工作）。大約在每秒鐘裡，吸塵機器人會運用它的立體視覺，來進行一次對鄰近空間中數千個位置點的測距工作，並且將結果依照我們在第二章裡描述過的方法，彙整到一個三度空間的「證據格子」地圖裡。這個格子地圖，讓機器人擁有了類似蜥蜴程度、但卻更為精確的空間智能。當這機器人被買回家，並從箱子裡被拿出來啟動的時候，它會立刻記住圍繞自己的三度空間環境。接著，它可能會問：「我應該在什麼時候，以及以多久一次的頻率，來打掃這房間呢？我需不需要打掃門外的其它房間呢？」這台機器人所擁有的空間智能，可以讓它一口氣在

未來的數年裡，持續地做著它應該做的事，並且不會發生任何意外。也許我們還可以讓這台機器人透過無線網路上網，以便讓它將目前所習得的地圖，以及未來清潔的時間表列在一個網頁上，好讓人們對這些資訊進行查核和修正。

萬用性

　　成功的商業用機器人可以帶動一個不斷成長的機器人工業，並能催生更為強大的後續機種。繼陽春型的吸塵機器人之後，我們或許可以見到體型更大、配備了除塵手臂的新型吸塵機器人。在這之後出現的機型，其配備的手臂會變得更為堅固和更為敏捷，可以用在不同形態的物體表面清除灰塵。移動型機器人在配備了靈巧的手臂、視覺系統和碰觸感測器，以及速度達數千 MIPS 的電腦供做運算之後，便有能力完成許多不同的工作。在配合了適當的程式系統以及其餘周邊輔助裝置的情形下，這些機器人可以進行收拾雜物、收集和分送物品、計算庫存貨品、擔任家庭守衛、幫忙開門、割除園內的雜草，或是參與遊戲等工作。種種的新應用會等到現階段的機器人在敏銳度、精確度、力量、工作範圍、敏捷度和運算威力上落伍時，不斷地刺激新的研究發展。在機器人功能、銷售數量、工程設計和製程品質，以及成本效率等方面改善後，更會相互刺激發展，一同精益求精，一起成長。

　　《羅桑的萬用機器人》是一齣曾在世界各地上演過，而且極富影響力的劇作；這齣戲劇是於一九二一年由一位名叫卡雷爾‧查貝克的捷克劇作家所創作。當時查貝克採取了他兄弟的建議，依照捷克語裡代表了困難、卑下勞動的字詞，創造了「機器人」這個辭彙。在這齣

戲裡，萬用機器人是一個被人製造出來，而且同時具有人工智慧的機器，用來進行各種不同的苦工，尤其是工廠裡的勞力工作。

在一九三五年，艾倫・圖靈著手實踐大衛・希爾伯特對於數學機械化的理想。他設計了一個假想的機器：這機器所擁有的讀寫頭可以在一條運算帶上來回移動，並且可以根據簡單固定的規則，由運算帶上讀入或是寫出個別的符號；他並證明了這個假想的機器，可以完成所有有限步數的數學運算。在這所有的假想機器當中，他也證明了一種特別機器的存在：這種機器能夠將它運算帶上，一開始被載入的符號串當作是對另一台假想機器的描述，並且緩慢地依照指令運行，進而完成模擬另一台機器的工作。這種叫做萬用圖靈機的假想機器，在當時催生了部分對第一代電子電腦的研究；直到今天，它們仍被用作為研究計算理論的思考工具。

電腦就是萬用圖靈機的具體實現，但它們只有在符號處理上──或說是紙上作業上──可以稱得上是萬用。另一方面，萬用機器人則進一步地，將這個想法延伸落實到了現實世界裡的感官知覺和行動之上。由於現實世界中的種種事物，要比區區紙上符號來得更為豐富和龐大，因此萬用機器人的數量，將會遠遠超過萬用電腦的數量──只要它們能夠證明自己擁有強大的功能和低廉的成本。研發可被重新賦予不同程式以進行不同工作的先進實用型機器人，將是走向萬用機器人這個最終方向的一小步。我們可以把這些實用型機器人稱作是臨時的，或是第零世代的萬用機器人。在這之後機器人世代的研究發展工作，便會完完全全地以達到萬用功能為目的。

吸塵機器人

圖中所示的概念設計，是在不久的將來即將實現的家用自動吸塵機器人——使用者只需要下達極少的指令，機器人便能夠順利地進行運作。這種機器人配備了可全方位移動的輪子，在四面也裝有能夠進行立體視覺觀察的眼睛，並配備了能夠賦予機器人三度空間概念、速度達 1,000 MIPS 的電腦。這幾張圖分別顯示了機器人在家具底下進行清掃、在基座進行清理收集灰塵以及充電、以一個角度接近牆壁以便清理房間邊緣和牆角，以及使用一個選擇配件「充電臂」在牆壁插座上自行充電的情景。

＊這些三度空間的假想圖是由傑西・伊蘇德斯 (Jesse Easudes) 利用 ProEngineer 程式，配合了 Photoshop 軟體所完成的。

第一代萬用機器人

預計抵達時間：二〇一〇年
運算能量：3,000 MIPS（蜥蜴等級）
顯著特徵：具有通用的知覺、操弄和行動能力

　　一個機器人的活動，是由它基本的知覺和行動所組合而成的。第一代的機器人是為了這個世界上的人類而造，因此這個組合必然是近似於一個真人。這些機器人的大小、形狀和氣力也必須與人相似，以便於能夠自由進出移動在與人類所處的相同生活空間中。它們在平坦地面上的移動能力必須要非常有效率，因為在大部分的時候它們所進行的工作都會發生在這樣的環境裡；但是它們也應該能以某種方式在樓梯和崎嶇的路面上移動，這樣才不會讓它們自己被困在單一樓層所形成的「孤島」之中。這些機器人也要能夠操弄日常生活中都會看到的東西，並且具備在它所處的四周環境當中，找尋到這些東西的能力。

　　擁有二隻、四隻或是六隻腳，能夠跨越不同地形的機器人，如今已在研究社群中愈來愈普遍。許多這樣的機器人仰賴著由外界以線路傳輸的能量來運作；那些自備能源的機器人，若是僅靠著內部所有的能量，不但行動起來緩慢，而且僅能持續運作在很短的距離之內。這些機械裝置由許多的零組件和連結器構成，而且每隻機械腳至少需要三個馬達來加以驅動，這使得它們變得既複雜且笨重。在材料、設計、馬達、能源和自動化生產的研究上，也許最終會改變製造這種機

器人在經濟成本上的效率，但是在當下，這種以多腳方式移動的機器人，當使用在大部分都是平地的工作場所時，根本無法跟使用輪子的機器載具在效能、價格成本或是可靠度上相提並論。通常來說，一個利用輪子移動的機器人，可以靠著僅僅一次的充電，便能到處移動晃上一整天，但是一台行走型機器人，即使走得再慢，也會在一個小時內耗盡電力。然而，簡單的輪子卻無法應付樓梯──這正是十年來不斷困擾著電動輪椅發明家的一個進退維谷的兩難窘境。目前經過專利認可的樓梯攀爬機制，包括了有支點的履帶、以一個輪幅相連的三輪車──有時在外圍使用了較小的輪子──以及各種經過特殊設計的機械腳。這每一種發明都在重量、效率或是移動敏捷度上，輸給只使用了輪子的載具。對於那些經常扮演「攀爬者」角色的機器人來說，這些特殊的配備或許是必需的，但是對於其它大部分的機器人來說，以輪子滾動前進仍然是具有最佳效率的移動方式。

為輪椅所設置的電梯和坡道，也一樣可以提供無攀爬能力的機器人四處溜達的機會。當工作環境中缺乏這種便利的設施時，萬用機器人或許可以自行鋪上一條行走坡道，或是將自己暫時搭上某種能夠攀爬樓梯的機械裝置，抑或是吊掛在纜線上以便能夠自行上下滑動。這些機器人都擁有一個人類所沒有的優勢，那就是它們都能如同其內部控制程式一般，在種種工作上表現出極大的耐性。

儘管只能到處移動的機器人，依然有它們的可取之處，但是許多在現實生活中的工作，都需要機器人擁有抓取、運輸、並重新排列原料、零件和工具的能力。擁有大約六個旋轉或是滑動型關節裝置的固定式工業用機械手臂，雖然可以在工作範疇中表現出良好的移動敏捷性，但是對於移動型機器人來說，它們都體積過大而且又太過於笨

重。貟責美國太空科學研究的美國國家太空總署，長久以來資助了對輕型機械手臂的研究——這些裝置使用了像是石墨合成物質的材料，並配備有小巧的高扭力馬達和控制系統，以便讓這些細長的手臂能夠彎曲自如。由這些輕型機械臂所衍生出來較為便宜的設計，將能夠成為裝置運用在萬用機器人上的絕佳機械臂。由於許多工作都需要將一個配對的物件，置放到能夠互相接觸的位置，未來的機器人，很有可能會配備有許多尺寸大小不同的手臂。

人類的手在機制上遠比機械手臂要來得複雜，因此它們更難在機器人身上被模擬出來。大部分的工業用機器人，都擁有像是小型鉗子一樣的抓握裝置，而一些其它的機器人則依照特定的工作，裝設了固定形狀的抓握裝置，更有一些機器人可以依照不同的工作需求，而換上特定的終端反應器以便進行工作。世界上有許多發明家曾設計了許多極具巧思的手—— 這些手能夠自動變形以便掌握一些奇形怪狀的物體——但是這些設計都缺乏類似手細部施力控制的能力，無法以一些特別的掌握姿勢進行抓握，因此並未被運用在實際的產品中。一些機器人的研究人員則展示了設計更為複雜的機械手——有些裝置被設計得像是人類的手，有些則完全不類似，但是它們都具有許多隻可以被單獨操控的手指頭。在這些特殊設計的指節裡，隱藏有關節和馬達結構，使得這些裝置不但笨重而且造價昂貴，而且要控制這些手指，來進行一些需要巧妙抓取、掌握、定位，和安裝物件的動作，更是一個困難而仍被持續研究的課題。由於機械手只會在特定的時機下被使用，而且它們只需要在短距離內，施用微量的力氣來抓握操弄物體，因此手的設計在與設計移動型機器人和機械臂比較起來，可以貟擔得起使用能源消耗量更大的機制，也因此在這樣的設計中，我們可以使

用較為小巧、但卻較耗費能源的人工「肌肉」材料。在種種材料當中，體積最為小巧的就屬「形狀記憶合金」(shape-memory alloys) 了：這種材料能夠在室溫下被輕易地彎曲，但在加熱後卻會以極大的力道回復到原先的形狀。由於機械手在設計上有極高的困難度，第一代的萬用機器人，大概會先將就著使用一些構造簡單且不甚精準的手，至於要滿足敏捷度等等，更高階需求的目標，就只能留待給未來的研究發展來達成了。

　　不論是對萬用機器人，還是對家用清潔機器人來說，它們所需要的導航機制都非常地相似。機器人將會透過它所配備的感測器，來觀察它身邊周遭的環境——這些感測裝置，大概都是由電視攝影機所組成的立體視覺系統——並據以建立起一個三度空間的地圖。靠著這個地圖，機器人就能夠辨認出各個位置、計畫出自己的行經路線，並藉由形狀、顏色和位置來辨認出環境中的種種物體。上述的最後一項功能，將會變得比其它功能來得更為重要，因此在萬用機器人的開發過程中，這項功能會比在家用清潔機器人的開發裡，受到更多的關注。萬用機器人所建構、使用的地圖，同樣也會擁有較高的解析度，以便給予它們對周遭空間更為敏銳的辨察力。此外，這些機器人或許需要對手部周邊空間，描繪得更為清晰細緻的地圖，好讓它們能夠精確地找尋到需要操作的物件，並能以視覺來監督作業的過程。隨著攝影機體型不斷地縮小，一些實驗室裡的研究人員，已經成功地開始使用了一個有趣的技術，那就是將攝影裝置直接埋設在機械手裡——這些攝影機可以被裝置在手掌，甚至是手指的結構上。

　　對於移動型機器人來說，僅僅靠幾千 MIPS 的運算速度，剛好只夠用來計算維持一個頗粗略的地圖，並靠著這個地圖，相對應於訓練

時所學會的行程路線，來找到自己所在的位置，並依照這些資訊來計畫、並且執行接下來的行動任務。當機器人停留在一處不動的時候，它就會擁有足夠的運算能量，來完成一個對操作物件鄰近區域的詳實地圖，並依據這個地圖來尋找某個特定的物件，以及計畫、控制機械手臂的各類活動。在今天，語音和文字識別的技術已經有了很大的進展和突破，因此我們可以確定，到了二〇一〇年的時候，機器一定會擁有開口說話和閱讀的能力。這些機器人也會與網際網路相連，讓它們擁有某種心電感應的能力。透過網路連接，它們可以向遠端回報工作成果，或是由遠端接受新的工作指令；它們甚至能夠下載新的程式，以便完成新類型的工作。然而到了那個時候，資訊安全將會是比今天更為重要的一個課題，因為接受了錯誤或是心懷惡意程式的機器人，將會對人身帶來實際的危險。

在一剛開始時，萬用機器人會先被使用在工廠、倉庫或是辦公室裡，因為在這些工作場所裡，它們可以證明自己比起它們所取代的前一代機器人，要來得更加多才多藝。由於它們所展現出的廣泛應用性，這些機器人將會在數量上不斷地增加，且在價格上不斷地降低。當它們的價格便宜到一般家庭可以購買得起的時候，它們便會被引進一般家庭來使用，把原來個人電腦只能在資料世界裡解決的幾個問題，延伸到機器人可以在真實世界當中完成的更多工作。也許在將來可以買到的機器人包裝裡，都會附上一套基本的家庭清潔軟體，就和今天我們購買個人電腦時，隨機都會附上文書處理軟體一樣。

就跟人們現階段使用電腦的情形一樣，將來出現在機器人上的一些應用，可能就連它們的製造商，也都會感到無比驚奇。這些控制機器人的程式，也許會被發展出擁有進行一些輕微機械工作的能力（例

如組裝其他機器人），或是可以用來搬運倉庫存貨、烹調特殊風味的食物料理、調整特定形式的汽車、編織有特殊花紋的地毯、在院子裡舖草皮、參加賽跑、玩遊戲、排列整理園內土壤、石塊、磚頭，或是雕刻等的工作。這其中的某些應用，可能需要特殊的硬體附件，例如一些工具和化學物質偵測器。每一個應用也都需要用上一些個別的軟體來操控，而這些軟體，倘若是依照今天的電腦程式作為標準來相互比較，必定會具有更高的複雜度。這些所需的程式將會包含了能夠辨識、抓握、操弄、搬移和組裝特定物件的模組，而其中一些模組的開發工作，或許可以交由在超級電腦上運行的自我學習程式，來自動加以完成。在將來我們會擁有一個不斷增長的工作模組程式庫，以減輕設計新程式的複雜度。

第一代的萬用機器人將會擁有像是爬蟲類一般的智力；然而在絕大多數的應用裡，這些機器人必須要耗盡所有力氣，才能完成主要被指定的任務，因此它們給人的感覺，不過就像是一台洗衣機帶給人的印象一樣罷了。

第二代萬用機器人

預計抵達時間：二〇二〇年
運算能量：10萬MIPS（老鼠等級）
顯著特徵：適應性學習

第一代的萬用機器人就像是死板板的奴隸，它們只會完全聽從毫無彈性的控制程式，不屈不撓地向任務的目標邁進——或是不斷地重

P2 機器人 —— 一台剛萌芽的萬用機器人雛形

這不是一個身穿太空裝的人，而是由日本本田機械公司旗下，三十位工程師所組成的研究團隊，歷經十年所研發完成，一台可以獨立運作的機器人——這也許是本田公司用以應付未來世界裡，汽車工業可能面臨窮途末路命運的一個賭注。這台機器人的「背包」供應了機器人運作所需的能源和運算資源。機器人的雙臂和由攝影機所組成的雙眼都是實際可以運作的，藉著它們，機器人也可以自行尋找台階以及移動其它物件。然而這台機器人到目前為止所擁有最先進的能力，卻是能夠在平地及斜坡行走，以及能夠在階梯上走上走下。在走動的時候，這台機器人在實際和表面上看來所進行的運動模式，就和人類行走時候所進行的運動模式沒有兩樣。如果機器人被推動了，它會自動移動它的姿勢，或是乾脆開始行走，以便維持它的平衡狀態。當它站起來時，這台機器人身高有一百八十公分，體重有兩百一十公斤重。依照目前它高達數百萬美元的造價以及只能支撐十五分鐘的電池壽命來看，這種機器人仍然過度昂貴和消耗掉太多能源，以致於無法變得實用；但是在這方面研究發展的努力仍未停止，而這台機器人也絕對稱得上是未來萬用機器人發展的先驅。圖中這台機器人的下一代、代號為 P3 且體型較小的機器人，其電池能夠持續運作二十五分鐘，大概是目前世界上存在能夠自我獨立運作最先進的機器人。

＊本圖的前景部分是由本田機械公司 (Honda Motors Corp) 所提供。背景部分的照片係由愛拉·摩拉維克 (Ella Moravec) 所提供。

複它們先前的錯誤。它們的控制程式將會記住由當初在人類監督下、於更大型電腦上所進行的學習程序所得來的成果，並不再加以修正。除了一些特別的工作，像是記錄一個新的清潔路線，或是登記工作目標物件的位置之外，它們是毫無能力去學習新的技巧，或是對事先未曾預料過的狀況做出反應的。即使是要針對它們的行為，進行小幅度的修改，機器人也必須重新經過完整的程式重整階段——這個工作大概必須要原來的軟體供應商才能進行。

第二代萬用機器人擁有了比第一代快上三十倍的運算效能，將可以在進行工作的時候同時進行部分的學習。它們所擁有的最大優勢，便是具備了適應性的學習能力，使得它們可以藉由行動的結果來影響自身的行為模式。每一個機器人的行動，都依照著對過往該行動所帶來的效果量測，而不斷地被調整著。這其中最簡單的一種技巧，是在程式當中提供可以完成工作的某一步驟和方法，但是這些解決方法，則又是包含數種不同可大可小的可行性。在這些不同的方法當中，獲得成功結果的方法，在將來機器人遭遇類似的情況時，會更可能被揀選和使用；相對地，得到失敗結果的方法，就會變得愈來愈不可能被選用。「統計學習」(statistical learning)是另一種可能的技巧：在這個方法裡，許多用來控制機器人行為的參數（例如用在模擬神經網路裡的連結權重）會被不斷地調整，進而使得機器人表現出愈來愈接近理想的行為。第二代萬用機器人的控制程式將會使用許多像這樣的學習技巧，進而讓它們獲得以前所沒有的能力——但是也會為機器人帶來新的陷阱。

有些程式可以藉助人類的幫助而進行學習。若是要教導一個機器人辨認出各種不同的鞋子，他的主人可以把一堆鞋子，置放在一個充

滿各種不同東西的擁擠房間裡，然後向機器人一一指出鞋子所在的位置。執行著學習辨認物件程式的機器人，將會把鞋子和其它非鞋子物件的形狀和顏色一一記錄下來，再使用這些資料來訓練一個統計分類器，以便能將鞋子從其它物件中辨認出來。如果這個機器人在訓練之後，遇到了一個仍然覺得模糊難解的物件，例如說一個船形盤，它就可以徵詢主人的意見，進一步地調整它內部的分類器。機器人也可以使用類似的程式來學會一些次要的運動技能：一開始時，機器人會被人帶領做完所有該做的動作；這些過程會被記錄下來，接著機器人會反覆地放映當初的學習過程，以便對自己的動作做出修正。要訓練一個程式模組固然過程繁瑣，但是完成的成品，卻相對容易被包裝和使用。舉例來說，一個用來打掃房間的程式，可以在加入辨認鞋子的新模組之後，擁有把所有鞋子收拾起來的能力。

第二代萬用機器人雖然偶爾仍然需要人類的引導來進行訓練，但是絕大多數的時候它們都可以自行經由過去的種種經驗裡，自己訓練自己。在後者的狀況裡，行為結果和行為之間的連動關係，是靠著一組無時無刻都在進行運作的調節程式，或是調節模組來達成的：這些程式會持續不斷地監看著機器人所處的情境，並會根據該情境對達成特定工作目標的優劣狀況，發出訊號給能真正控制機器人的工作程式。在第二代機器人應用程式的每一個主要或是次要的步驟裡，機器人都會擁有許多不同的選擇方案來完成該步驟：譬如說，對一個物件的抓握，可以發生在臂膀的下方或是上方、可以輕握或可以重抓；一個手臂的動作可以快一些或是慢一些；抬起物體的動作可以用一隻手或是兩隻手來完成；對一個物件的辨識工作，可以僅僅藉由使用一組模組中的其中一個來完成；兩個物件的組裝，可以在數個不同的地點

來進行等等。這裡面的每一個可能的可行方案，都會附帶著一個代表了它被選擇使用的機率值。每當一個調節模組發出一個訊號時，最近被執行過的方案，它的機率值便會被重新調整。調節訊號分作兩類：正面訊號會提高特定方案的機率值，而負面訊號則會降低這個機率值。至於調節模組會被什麼樣的情境給觸動，以及觸動後它們應該送出哪一類型和多強烈的訊號，則完全由程式設計者來規定。有些規定顯然是合理的。舉例來說，當機器人與障礙物相撞、機器人將物件摔破或是壓碎、機器人無法成功完成被指定的工作，或是當機器人的電池幾乎要耗盡的時候，調節模組便應當送出強烈的負面訊號。而當機器人迅速地完成了被指定的工作，或是在機器人電池完全充滿、抑或是當沒有任何負面訊號存在的時候，調節模組就可以送出正面的訊號。有些機器人的調節模組還會與語音識別系統相連，在聽到讚美的話語時產生正面的訊號，並在聽到批評的時候產生負面訊號。在一九九〇年代的語音識別系統，只能勉勉強強地辨認出所聽到的字彙。到了二〇一〇年的時候，這些系統不但可以辨認語音字彙，還應該具備有辨認出發話者的身分和情緒的能力。一個配備了「一般行為模式」程式的第二代萬用機器人──在這程式裡，每一個行動的每一個步驟，都擁有不同的選擇方案可供執行──也許只能透過史金納（行為主義）式的調節方式 (Skinnerian conditioning)，被慢慢地教導進行新種類的工作，就像是在訓練馬戲團裡的狗熊一樣。但是在更為實用的「可訓練」型應用程式中，我們也許可以透過語音指令，或是親自示範的方式，來教導機器人進行其中關鍵性的步驟，至於調節模組，則可以在事後進行細部的改進工作。

如果在你家廚房的一台第一代萬用機器人，在工作時發生了麻

煩，譬如說因為廚房的某一個角落空間太小，使得這台機器人遺漏了工作中的某一個關鍵步驟，那麼你手上所擁有的選擇，不外是放棄這項工作，改變廚房的環境，或是用某種方式取得修改過的軟體，使得機器人以後在進行同樣的步驟時，會採取另一種不同的方法。但是，一台第二代的萬用機器人，雖然可能會在剛開始的時候犯下一些錯誤，但是它們在最後幾乎都能依靠自己，找尋到解決問題的方法。這樣的機器人會以數千種微妙的方式，來調整自己以適應新的環境，並且逐漸改進工作上的效能。對第一代的萬用機器人來說，它的性格完全是由當下它所執行應用程式中的作業程序來決定；但是對第二代的萬用機器人來說，它的個性更像是由它身上所配備的一組調節模組來共同塑造而成。這個調節系統甚至會完全禁止某個應用程式的執行，只因為在過去的經驗裡，使用這個程式總是獲得負面的效果。

學習其實是一個危險的動作，因為靠著學習，個體總是將過去所得有限的經驗，加以推廣到一套可以節制行為的廣泛規則。如果這些據以推廣的經驗恰好都是違反常態，或是調節系統誤認了相關的行為條件，那麼經過學習所得的行為，將會永遠是扭曲錯誤的。我們曾在本書的第二章裡介紹了 ALVINN 自動駕駛系統：這個系統可以藉由觀察人類駕駛的方式，習得如何在某一特定的道路上行駛。在 ALVINN 系統裡很關鍵的一個部分，是一個將實際錄下的駕駛攝影加以仔細強化的系統。迪恩·柏梅勞所寫的程式可以將每一張真實的道路影像及其附帶的車輛操控指令，以幾何的方法轉換成三十張不同的影像——這轉換的方法就好像是將車輛向左或是向右移動到最多半個車道寬度的距離。若是沒有使用這策略，系統最後所習得的駕駛方式，在車輛遠離車道中線的狀況時，便會錯得可怕。這程式還會故意將一些雜訊

加進訓練的影像當中，好讓系統學習到如何忽略道路邊緣以外的區域和遠方的車流。至於其它具有彈性的學習程式，包括了我自己在研究中所創作的程式，都表現出相仿的行為：若是這些用來進行訓練的資料裡沒有包含適當結構的話，這些程式都非常容易忽略掉重要的特徵，進而學習到一些危險且不相干的行為。偶爾，這些所需的結構限制，可以在進行訓練之前得知，就已經先在事前被固定在系統的程式裡——就像是 ALVINN 與 RALPH 系統之間的差別一樣。然而在大多數的時候，這樣的資訊在撰寫程式時並無法被得知。

即便像是已經擁有了數千萬年演化歷史的動物和人類，也免不了犯上不當學習的錯誤。我朋友的一隻狗曾在過馬路的時候，被一台駛過的汽車撞到；但是在那次意外之後，牠仍然會漫不經心地隨意穿越馬路。但是不論是在任何情況下，這隻狗都不願意重返當初事發前，牠所在某個特定區域的人行道上。人和動物兩者，都可能會成為被不斷自我加強的恐懼或是偏執所影響的受害者；這些情緒有可能是由過去的痛苦經歷，或是在早年時所遭受的虐待經驗而來。另一方面來說，第一代的萬用機器人，是在嚴密的工廠監視下進行離線的「訓練」過程，因此它並不會從工作時所遭遇的干擾，得到任何永久性的傷害——只要沒有任何實體上的損壞發生的話。但是第二代的萬用機器人，卻可能因為意外或是惡作劇，而在行為上產生永久的扭曲。我們只能靠著清除受傷害機器人用以進行調節作用的記憶體，來使它回復嬰兒期，治療這個傷痕。又或者在有些時候，機器人心理學家可以有能力慢慢地將這個傷痕去除。設計出一套能夠快速學習，但卻能抵擋偏差行為的調節模組，這將會是負責設計第二代萬用機器人控制程式的程式設計人員，所面臨的最大挑戰。我們大概無法找到一個能夠

解決這問題的完美答案，但是我們擁有種種可以與這問題相對抗的方法。

在二〇二〇年出現的第二代萬用機器人，它系統內部所配備的電腦，將會和十年前用來訓練第一代萬用機器人所使用的超級電腦具有一般的效能。但是在二〇二〇年的超級電腦，也會隨著這等同的比例成長得更為強大，並且在機器人的製造上扮演一個背景的角色。在同一套調節模組裡的許多程式——這每一個程式都負責對特定的刺激做出適當的反應——會在彼此之間互通有無，更會與機器人的控制程式以及周遭的環境，以一種緊密糾結、且難以精確預料的方式，進行溝通。我們可以將某些套裝模組丟進機器人系統當中運作，作為一種測試模組的方式；但若是運用這樣的測試方式來檢測大量的粗糙模組，期間的過程不但緩慢，而且太過危險。這些待測試的模組當中，一定有幾個會讓機器人表現出出人意表、叫人大吃一驚的行為，這些行為恐怕會因此而損壞了機器人，甚至還有可能傷及無辜的測試者。

因此，我們可以把調節模組的第一道把關測試，交給工廠裡負責裝設的超級電腦，以模擬機器人行動的方式，用既快速且安全的方法來進行。要能讓這種模擬充分顯現出其價值，我們就必須在模擬的過程當中使用優良的模型，以便能夠精確地預測像是藉某種抓握方式可以成功舉起特定物件的機率，或是使用視覺模組在某個擁擠的場景裡找尋到特定物件的機率等等。儘管以完整的物理方式來模擬我們每天都會遭遇真實世界的工作量，對二〇二〇年的超級電腦來說，仍然是太過沈重；但是我們應該能夠將實際機器人所收集到的資料加以歸納，並對真實世界的運作提出一個近似的模型；這就像是向已經實際在人類生活中運作的機器人，學習它們每天在真實世界裡工作所得到

的親身體驗。這樣大規模且系統化的資料收集工作，最好是能在人類的監督下進行，以免所收集到的資料存有太多的漏洞或是偏差。一個可以適當運作的模擬系統，應該至少要從為數上千的機器人那裡，收集它們對各種互動過程所學習到的模型（我們可以將這些模型稱為互動模型 [interactive models]），而這些模型就代表了機器人在常識中對物理學的認識。相對於我們在第二章裡所介紹過的 Cyc 計畫——該計畫希望將日常生活裡所用的常識，以文字符號來加以描述，進一步使得進行推理的程式能夠擁有這樣的常識——我們在這裡所收集的機器人學習模型，將是改以感官／運動的角度，來對常識作出描述。

前文所提的模擬系統，將可以被利用來自動尋找有效的調節模組—— 這就好像是去學習如何學會學習這件事一樣。一套調節模組可以被安置進一台運行了一些受歡迎應用程式的模擬機器人，進行對這台模擬機器人的效果評量，而這台模擬機器人則可以被置放在一個居家模擬環境當中，花費好幾天的時間來執行模擬任務。能夠讓機器人以非常有效率又安全的方式，來完成指定工作的調節模組，將會被儲存下來，經過些微修改之後，再丟回模擬系統繼續執行；而那些表現不佳的調節模組，則會被系統丟棄。這樣一個不斷重複的程序被稱之為「基因演算法」(genetic algorithm)，而這演算法其實就像是一個電腦版的達爾文進化過程。當存在在調整量（在這裡，調整量是對調節模組的選擇和內部設定）和希望被最佳化數值（機器人表現出的效能）之間的關係無法被簡單的數學模型所描述時，基因演算法有時能以最有效率的方式來求得最佳解答。

第三代萬用機器人

預計抵達時間：二○三○年
運算能量：3百萬 MIPS（猴子等級）
顯著特徵：能夠模擬周遭世界

能夠適應不同環境的第二代萬用機器人，將會在每一個角落，找到它天生我才必有用的工作來表現一番，機器人產業也就會因著這些多才多藝的傢伙，一躍而升為地球上規模最大的產業。但是要能教會它們進行新種類的工作——不論是透過撰寫新的程式或是透過機器自我學習——都是一件吃力不討好且又繁重非常的工作。第三代的萬用機器人，將配備有像是用來最佳化第二代萬用機器人所用的超級電腦。這些機器人能夠以更快的速度來進行學習，因為與其在真實世界中，頭破血流地嘗試各種錯誤的工作方式，它們可以利用電腦進行模擬，來估計種種行為的結果。再一次地，我們看到了在上一個機器人世代裡，運用了超級電腦並搭配人類監督進行的工作流程，被改善後直接移植在新一代機器人身上的過程；而同樣地，在這次世代交替的過程裡，我們會擁有嶄新的機會，來遭遇以前前所未聞、不曾見過的問題。

有了足夠快速的電腦，第三代的機器人將有能力，對所有在它周遭世界所發生的實際事件進行記錄——換句話說，就是能夠以即時的時間對世界進行模擬。要做到這一點，機器人就必須能夠正確地辨認出它所感知到的每一個物件，以便能夠叫出其相對應的互動模型。能

夠運用視覺來辨認出任何物件，就和能夠知道如何和這些東西進行互動一樣地困難。要達到這個目標，機器人需要得到針對每一類型物件所特別訓練而得的模型（我們把這些模型叫做知覺模型 [perception models]）。一些知覺模型很可能在早期就被開發了出來——開發這些模型的用意，旨在協助第二代機器人工廠裡的模擬系統，在進行建造機器人的時候，模擬所有在虛擬工作環境中會有的繁瑣工作。當然，在能夠將這些知覺模型大量地運用在第三代機器人的身上前，我們還需要費上一番工夫，才能把這些模型裡可能會出現的漏洞補起來，並且將工廠原有的模型庫加以系統化。使用知覺模型，能夠讓機器人把房間的三度空間地圖，轉換成為一個活生生的模型——在這個模型之中，每一個物件都會被辨識出來，並且會與該物件合適的互動模型相連接。

機器人對自身和其所處環境能夠進行不間斷的模擬能力，為它帶來一些有趣的可能性。若是這模擬可以用比真實時間稍快的速度來加以執行，機器人就可以預先看到自己在未來會作出什麼樣的抉擇，並在發現最終結果不甚理想的時候，及時地修正自己的意圖——這就像是擁有了一種自我意識一樣。擴大到一個更大的尺度來說，機器人在承接任何新的重要工作任務之前，都會將工作流程加以模擬數次，並從調節系統裡得到回饋，從模擬的經驗中習得寶貴的知識——就像是它能夠從現實世界的經驗當中所學習到的一樣。在接受了對工作完整的訓練之後，機器人便能一舉在第一次真實世界中的嘗試工作，正確無誤地得到成功的結果——這與第二代萬用機器人完全不同，因為第二代機器人，會在真實世界中犯下所有的錯誤。

當機器人有了閒暇的時間時，它們可以重新播放之前的工作經驗

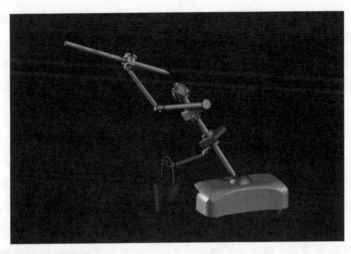

萬用機器人的構想圖

這種機器人配備有全向式的輪台，讓它能夠在平坦的地面上自由地移動。至於要移動到另外的樓層、攀爬階梯，或是在非常崎嶇不平的地面上行動，機器人則需藉助於升降梯、上下坡道、起重機，或是其它特製的載運車來達成目的。設置在中央可旋轉底座上的主桿則扮演了「匯流排 (bus)」的角色，為機器人提供結構上的支撐以及運作所需的能源，並且對裝置在其上一系列可以更換的操弄裝置、感應器和其它附件，進行控制——這些裝置可以繞著主桿旋轉，或是順著它上下升降。其中一種附件是微型攝影機陣列——靠著它機器人可以獲得三百六十度的立體視覺——這裝置主要可以被用來幫助機器人導航。另一種裝設在操弄裝置上的攝影機，則可以提供機器人對於工作物件精確的視覺影像。機器人若想要構著更高處，則可以自行為主桿加上新的桿節以便增加高度。藏在輪台裡的電池和電腦，則提供了機器人運作所需的能源、控制系統，和穩定性。像是手臂等的主要結構裝置，則是由質輕卻堅固的複合物質所建構而成。輕巧但是輸出扭力大的電動馬達則被用以驅動像是輪子和手臂等大範圍的運動。更為輕巧、但是運作效率較低的傳動裝置，像是記憶金屬等，則用來驅動像是機器人手指的動作。將這種種科技上的創新結合在一起所設計出來的機器人，將和人一樣具有相類似的大小、重量、氣力，和忍耐力，只是從外觀看來，這種旋轉於主桿上的機器人，就和迪斯耐卡通「魔法師的學徒」(The Sorcerer's Apprentice) 裡的掃把，長得沒什麼兩樣。

＊這張三度空間的機器人構想圖，是由傑西‧伊蘇德斯利用 ProEngineer 程式所繪製的。

給自己看，並且或許會嘗試性地將這些經驗稍作修改，以便學習新的工作方式，來改進將來在工作上的效率。一台夠進步的第三代萬用機器人，甚至可以將這個模擬程序推廣到其他個體身上——例如其他的機器人或是人類——並且能夠在觀察別人完成一件工作後，起而效尤地重建出進行該工作所需要的程序。簡單地換句話說，這樣的第三代機器人具有模仿的能力。

第三代的萬用機器人，或許也能在聽從一個經過特殊設計的調節模組指揮下，自行發明出簡單的程序來完成某件工作——這個調節模組會依據機器人在經過一連串行動後所得結果與理想結果之間的差距，來決定發出正面或負面的訊號。若是由一個僅能產生通用行為模式的程式出發，經過和這樣的「老師」不斷反覆地進行模擬學習之後，這個程式說不定會被慢慢轉型，逐漸成為一個可以完成指定工作的程式。和機器人最後學習所得的程式相比，在這訓練過程當中擔任老師角色的調節模組，其實相對來說是比較簡單的，而且我們甚至能夠以語音命令來取代它所扮演的角色。舉例來說，在聽到了一個像是「把玻璃杯放到桌上去」的指令之後，機器人可以在內部自行建造一個調節模組，而這模組會根據玻璃杯底與桌面相隔的距離，以成正比的方式發出回饋的訊號。機器人在聽從這個模組，以及會在杯水潑出或是杯子摔下時，發出負面訊號的標準模組指揮之下，經過反覆不斷地模擬練習，最後也許能夠找出正確的手臂移動方式來完成這個工作。

然而，這其中仍存在著許多複雜的問題。一個模擬系統若是並不擁有對各種物體和事件的精確模型，那麼其結果將非常地容易誤導機器人。對於一台剛剛被送貨到家的機器人來說，它是不太有可能在一開始的時候，對即將遭遇到的種種事物的細節都能了解清楚的，因此

它需要學習——也許是將一些適用於廣泛類型物體的知覺和互動模型，指定給它所遇到的新物體。在接下來的時間裡，若是機器人發現在真實世界發生的事件和模擬裡預測的結果有所出入，那麼它就會將相關物體的互動模型加以調整。由於讓毫無經驗的新機器人一開始就從事複雜的工作，會是一件極度危險的事，這些第三代的萬用機器人都會明文要求，在服務開始時擁有一段不須工作的「玩耍」期：在這段期間裡，人類會教導它們種種的工作，機器人也會利用機會探索工作環境，並嘗試一些次要的小工作——這種種的一切，都是為了要讓機器人內部的模擬系統趕快跟上生活的要求，早日步上軌道。

儘管第三代萬用機器人擁有適應、模仿和自行創造簡單程式的能力，它們仍然需要依賴外界提供的程式系統，來完成較為複雜的工作。由於這些機器人都擁有相當複雜的運動和知覺能力，因此我們有可能創造出令人讚嘆的高複雜度控制系統，並把這些系統裝置在它們的身上，藉以用來完成既龐大又需要精細手腕的工作。然而對人類程式設計員來說，他們會愈來愈難以同時關注到這其中許多的細節和互動情況。還好，這些工作的大部分都可以被自動化。在本書第二章裡我們曾提到過第一台由電腦控制的機器人「搖晃小子」：在這台機器人的核心運作的，是一個名叫 STRIPS（Stanford Research Institute Problem Solver，史丹佛研究中心解題系統）的系統——這個系統可以將機器人的處境和種種能力，以符號邏輯陳述來表達。STRIPS 系統是藉著證明數學定理的方式，來對能夠達成指定目標的行動程序進行求解。受到搖晃小子機器人所配備速度僅 0.3 MIPS 的電腦限制，不論是它身上的定理證明器，還是用來觀察外界環境，並把訊號輸入定理證明器的感測系統，都無法處理機器人所必須面對的複雜真實世界

情境；而搖晃小子也就只擁有了可以在很小範圍裡移動的能力。

　　儘管在一九六九年時，搖晃小子的發展遭遇到了極大的瓶頸，但是運用定理證明程式來為機器人計畫行動程序的想法，基本上是合理正確的。對於一個定理證明器來說，只要給定了對初始情形和最後欲達到狀況的正確描述，並且給予程式一切有關機器人能力的資訊，那麼只要在有足夠的時間和記憶空間前提之下，不論那個行動計畫再怎麼樣地花樣百出，或是再如何地微妙狡猾，定理證明器都一定可以將它找到絕對正確的解決方法——如果這樣的計畫存在的話。到了第三代萬用機器人被發展出來的時候，超級電腦將能夠提供高達 1 億 MIPS 的驚人運算速度，而我們也將會擁有——這都要感謝人工智慧工業一貫由上而下的運作方式——能夠在真實世界當中，進行類似 STRIPS 運算的程式。如此一來，在二○三○年裝設在工廠裡的超級電腦，便能接受極為複雜的工作目標（像是找出正確的行動程序，好讓一台機器人能夠遵循由藍圖資料庫裡所找到的某種機器人設計，以實際組裝另一台機器人），然後將這些目標經由定理證明程式，一一編譯成為第三代萬用機器人所準備、令人驚嘆的複雜控制程式。這些機器人在往後的實際工作中，還可以依據它們所處的真實環境，將這些程式加以調整。

第四代萬用機器人

預計抵達時間：二○四○年

運算能量：1 億 MIPS（人類等級）

顯著特徵：推理思考

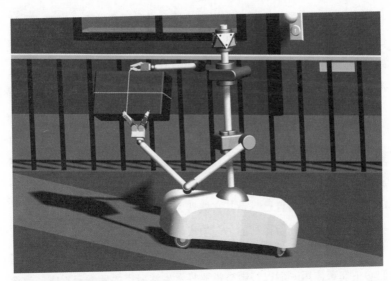

遞送物品的萬用機器人

＊這張三度空間的機器人構想圖，是由傑西・伊蘇德斯利用 ProEngineer 程式所繪製的。

　　在未來的數十年間，正當一種「由下往上」的演化過程，逐漸緩慢地將人類所擁有的感官和運動能力複製到機器上的時候，部分較為傳統的人工智慧產業，將會持續地專心致力於改進機器的推理能力。在今天，我們已經擁有一些可以在某些領域裡與人類一較長短的程式，可以想見的是，在四十年後的今天，那些可以運行在比今天快上百萬倍電腦上的程式，將會展現出人類難以望其項背的超級能力。在今天，我們所擁有的推理程式，仍需要靠著人類來準備數目少量、且內容得清楚明確的資訊，才能運行無礙。對這些程式來說，由機器人感測系統——像是攝影機——所傳回來的資料數，不但過於龐大，也包含了太多的干擾雜訊。然而，一個好的機器人模擬系統，其實應該

會擁有經過細心整理和標示，用來描述自身和周遭世界的資訊——這些資訊將可以作為一個推理程式所需的輸入。舉例來說，模擬系統應該能夠分辨出廚房櫃台上是否放了一把刀，或是機器人自己的手裡是不是正拿著一個杯子，甚至是分辨出，眼前的這一個人類是不是正在生氣。

　　第四代的萬用機器人，將擁有能夠在同時間內進行模擬世界，和對模擬本身進行推理這兩樣工作的高效能電腦。就像是裝配在製造第三代萬用機器人工廠裡的超級電腦一樣，第四代萬用機器人所擁有的電腦，將有能力為自己或是其它機器人設計極其複雜的機器人程式。基於人工智慧研究所得到的另一項成果，這些機器人也將會擁有了解人類自然語言的能力。對一個沒有肉身卻能了解語言的個體來說，它們必須靠著使用一個以符號來描述日常生活所需的常識資料庫，就像是在 Cyc 研究計畫裡所建構的常識庫一樣——在這種常識庫裡，一個字的意思，只能藉助其它字來加以定義。然而對第四代的萬用機器人來說，它們因為能夠參照其內部模擬系統的運作，因此對種種觀念和陳述，能夠擁有更為深刻的了解。當一台機器人被告知「浴缸正在放水」的時候，它會在自身內部的模擬世界裡，加入一個水正在流進某個看不見浴缸的情境，並且能夠運用模擬系統裡估測未來狀況的功能，得知在不久之後水便會溢出浴缸的結果，進而驅動自己起身去關掉水龍頭。若機器人使用的是純粹以符號構成的常識描述，那麼只要這個常識庫包含了以下的陳述：「如果不關掉水源的話，一個逐漸充滿水的浴缸不久就會滿溢」，它便同樣地也會起身去關掉水龍頭。但是，我們若是在模擬系統裡使用了更為普遍的原則的話，靠著這些規則之間的種種互動，可以省去我們撰寫無數多邏輯陳述的麻煩。

同樣地，若是一個程式本身是在進行針對實際世界裡物體的推理工作，那麼我們也可以在這樣的系統裡，加入模擬的程序以改進系統的品質。當一個可能的推論結果在一個同時被執行的模擬情境當中遭致失敗的下場時，這個推論便可以被去除；從另一個方向來說，若是在模擬過程當中，我們可以觀察到不斷重複發生的巧合，那麼這巧合說不定就可以進一步被證明為定理。一台機器人應該在它進行聆聽、說話或是推理工作時，有能力以一種視覺化的方式，來對當下的處境作直觀式的了解。在一九五九年，赫伯·吉倫特 (Herbert Gelernter) 完成了一個幾何定理證明程式，他運用了這樣的想法，完成了一個小型但卻非常成功的嘗試。吉倫特的程式由歐基里得著作《幾何原本》(Elements) 裡可以找到的公理和規則出發，運用了一些代數「圖解」的方法，以避免在證明過程中走入歧途；這程式在最後成功地證明出了一些定理。舉例來說，在試圖證明兩個三角形互為全等 (congruent) 之前，吉倫特的程式會先由給定的題目產生出一個實際的範例來──在這其中凡是未被指明的數值，都會被程式以隨機數值替代之──然後來實際測量範例當中所出現的三角形。如果這圖裡所描繪的兩個三角形，在一定的算術精確度之下並不吻合的話，程式便會放棄證明在一般狀況下兩個三角形是全等的定理。

　　研究人員在發現了使用模擬器，可以強化機器人對自然語言的理解和推理思考功能這一個有效的方法後，很快地就會將這個技巧推廣應用到一般的電腦程式上，讓這些程式都能夠將它們的運作，扎實地「奠基」在真實世界的運作法則之上──這些知識，都是由調校模擬器透過使用機器人的實際工作經驗而得來。逐漸地我們將會見到在機器人控制程式，和沒有身體的思考程式之間所存在的差異性慢慢消

失，而推理程式有時還會連結上機器人的身體，以便能夠與真實世界進行互動；機器人的心智，有時候便會退回在它背後的大型電腦，以便在離線狀態下進行更專注的思考。

　　一台第四代的萬用機器人，將會有能力把從人類那裡所得的一紙書面規格，「編譯」成一個可用來完成指定工作的詳細程式。有了描述這世界的巨大資料庫，機器人將能夠了解並執行遠比過去更為廣泛的書面指令——舉例來說，像是「賺錢以便養活自己」、「製造更多機器人」，或是「造出一個更聰明的機器人」等等，都是可被接受的指令。事實上，第四代的萬用機器人在一般的能力上，將會達到與人類平起平坐的程度，並且在某些方面會變得與我們非常類似；但是在另一些方面，這些機器人將會與任何我們所見過的東西大不相同。隨著它們不斷地設計製造出自己的下一代，這個世界也將會變得愈來愈奇幻。這些將是我們在下一章裡所要討論的課題。

機器人的內在生命

　　在前文裡所描述四個萬用機器人世代的進程，就像是有脊椎動物的腦器官，在過去四億年裡所經歷的演化過程一樣——這後者的進化歷史可以大約劃分為腦幹、小腦、中腦和大腦部位的成長。機器人的進步速度，要比相對應的生物演化速度快上了一千萬倍。由於第四代萬用機器人在演化過程和行為上，都和我們極為類似，因此我們可以進一步探究它們是否也如同我們一樣擁有內在心智世界的問題。這些機器人會不會感受到自身的存在？它們會不會也擁有情緒呢？

　　傳統上人們對這些問題的回答，都是反射性地「不！」畢竟我們所接觸過的機器都是冷冰冰、沒有知覺的。這種認為機器可以擁有自

知的內在心智世界的想法，甚至會讓某些人感到恐懼和憤怒——這樣出自本能的感覺是可以被理解的，因為認為機器有意識的想法，是和我們長久以來對世界萬物的了解，有著根本性的衝突。在二十世紀初期，對未來人類將能夠進行太空旅行的預測，也同樣地受到了許多激烈的質疑。太空旅行打碎了長久以來被認為是理所當然、在人間與天國之間的兩極分別——這個神聖的觀念存在於許多宗教的教義當中——若是人類有可能打破這樣的界限，那麼我們將會徹底擾亂大自然運行的規則，並帶來極為嚴重的後果。同樣地，具有思考能力機器的存在，將會違反烙印在我們心理理所當然且至為神聖、存在在生與死之間的兩極分別。對人類來說，與具有生命、擁有感覺、記憶和意圖的個體互動的方式，和由無生命的物質當中塑造物件的技巧，是截然不同。

　　儘管能夠活動的機器已經存在了數個世紀之久，這些機器卻幾乎都是以毫無生氣的方式運作著——它們無法記得過去或是看見未來，而且它們跟人類之間產生的互動反應，是構築在彼此之間的技能要求上，但並不是代表機器可以對人類的個性有了理解。但是這些在過去所存在的機器，在根本結構上要比細菌還簡單；若是用它們來作為理解未來機器人心智的指標，將會犯上把細菌和人類心理相提並論一樣的謬誤。古時候的思想家曾臆測生物與死物之間的不同，是藉著一種特殊的物質所造成的差別——這種物質叫做「精神」(spirit)。在上一個世紀裡，由生物學、數學和其它相關科學研究領域裡所得到的有力證據，在在都顯示了存在於有生命和無生命現象之間的分別要素，其實並不是一種物質，而是一種非常獨特、非常複雜的組織方式。這種組織方式，在過去我們只在生物個體中尋獲，但是逐漸地它們也開始

出現在我們所創造的複雜機器之中。套用一個古老的比喻來說，人類正在進行著喚醒死物的過程。在不久的將來，我們將會有榮幸，迎接它們其中的一部分進入生命的殿堂──不論這會如何地與我們根深柢固的觀念相左，顛覆我們的認知。

生命的外在表徵

隨著機器人世代的推演，它們將漸進地從外在的表現展現出內部生命的徵象。存在於第一代萬用機器人裡的優良程式，能夠對環境可能出現的狀況做出反應。內部搭載著這些程式的機器人，不但可以完成它們被指定的工作，還能夠在移動中迴避障礙物，並對遺失的工作配備和小小的意外狀況等，做出及時的反應。在事先被定義好的狹隘範圍裡，這些機器人將會表現出它們真正對所處情境有所了解的模樣。但是只要一步出這個範圍，這樣的印象便會立刻消失不見，因為它們的控制程式將會黔驢技窮，最後只能以一個錯誤訊息告終。這樣的印象也會隨著時間流逝而逐漸消失，因為這些機器人所表現出來的反應，似乎永遠是一成不變。

第二代萬用機器人所表現出的行為，是透過應用程式、調節模組，和機器人所擁有的經驗，三者互相進行交互作用而產生的。它們的行為會隨著機器人經驗的積累而產生變化，而第二代萬用機器人，也將有能力學習如何對未被事先預料的情境，做出合適的反應。它們可以被訓練，但是也有可能受到無法彌補的心靈創傷。除開它們的應用程式所賦予的特殊能力來看，這些機器人似乎也並不比一些小型哺乳類動物來得聰明；但是它們將擁有一個更廣泛、更不易被畫地自限的智能，而且將能夠生存在事先預期的框框之外。它們會慢慢培養出

它們所喜歡和不喜歡的東西，並且學習如何去追逐前者和規避後者。它們也將會擁有屬於自己的行為模式。我很確信，在未來有許多人會用與寵物相處的方式，來與第二代萬用機器人進行互動，而機器人也會給予熱切的回應。

第三代萬用機器人在之前的架構上，加上了一層能夠對實際及心理世界進行模擬的機制。由於這樣的機制運作所表現出的行為模式，會給人類帶來一種機器人已經具備意識心智的鮮活印象。一台第三代的萬用機器人，能夠持續地觀察周遭世界的變化，並且能夠運用一個模擬機制來預測這些變化。模擬過程當中的每一個小細節將會被巨細靡遺地記錄下來，以供機器人在日後重複播放，也讓機器人有機會在這些記錄下的過程裡變些花樣，好讓它們能對種種不同的情境進行學習。模擬系統也可以在往前快轉的模態下運行，好讓機器人能夠預測未來可能發生的事件，以便對各種可能的對策做出輕重權衡。機器人對每一個可能對策的喜好，就像是第二代萬用機器人一樣，是由一套調節模組來決定的。第三代機器人所擁有的模擬系統，也可以用在機器人與人類之間的互動上。由於模擬系統基本上是由標示清楚的物件和事件所構成的，因此機器人能夠經由檢視這些模擬記錄，來回答對於它過往和未來行動以及觀察有關的問題；舉例來說，這些問題可以是：「你把畚箕放到哪去了？」「接下來你要清理哪一個房間？」「我們還有牛奶嗎？」這種運用世界模型技巧的方式，最早可以在一九七〇年泰瑞・溫諾格雷 (Terry Winograd) 所寫的程式 SHRDLU 裡找到——這個程式運作在一個模擬著放滿了大約一打可移動、有各種顏色大小的積木和角錐的小小桌面上，並能回答對這個積木世界的各種問題，以及執行被指定的指令。

前文提到的模擬不只是針對實際物體而已，它還包括了對於心理層面的模擬。可以做為例子的問題包括：「瑪麗離家時是不是面有憂色？」「你有沒有想要讓她覺得好過一些？」心理模型是由能夠詮釋人類行為——特別是話語——並預測人類行動的程式所構成。就像其它組成機器人的模組一樣，它們也會被機器人過去的經驗所形塑。別忘了，在同樣的環境裡，我們還有其它的機器人存在著。機器人的行為，比起其它普通物件所表現出的行為，要遠遠複雜許多，因此我們不能夠只用一般物件的模型來描述它們。機器人的行為更近似於人類，因此一些經過特別調校的心理模型也許適用於它們。在這樣的情況下，若是人們對一台心細的第三代機器人提出疑問：「為什麼那台吸塵機器人略過樓梯口沒有打掃？」機器人可能會答：「它怕太靠近樓梯口，因為它上週在那裡清掃時，不小心一頭栽下樓梯。」第三代機器人對自身運作的了解，其實並不比它對其它機器人的了解來得多。它不但缺乏相關的資訊，更缺乏足夠的運算能力來對自身進行細部的模擬。然而，它可以使用和對待其它機器人相似的方式，對自己的行為做出心理上的分析觀察。舉例來說，要是機器人被問道：「為什麼你今天下午要在桌上擺上一盆花？」它可能會回答：「因為我想這會讓瑪麗心情好過一些。」「你為什麼想要讓她心情好一些呢？」「因為我喜歡她高興的樣子。」這最後一個回答，是根據機器人在執行了若干動作而使得瑪麗被判斷為心情愉快的時候，由內部調節模組所得到正面回饋訊號所得來的。這些回饋訊號都是由專門監督心理模型的調節模組所傳遞回來，但是機器人卻沒有能力對這套規模龐大的模組，以及機器人控制程式內部所有執行途徑和辨識器參數的影響，進行模擬。為了能夠回答問題，機器人用的是一個能夠模擬一般人類

行為的模型，並在運用這模型前，利用對自我行為的觀察來對這個模型進行調校。

由於第三代萬用機器人的心智，是建構在它所擁有的模擬系統上，因此它們通常會以一種非常具體的方式來進行思考，使得它們有時在參與和人對談的過程當中，顯得太過天真或是頭腦簡單。然而，它們絕對有能力誠實地回答有關它們對感覺、計畫和後悔情緒等的問題。就如同人類相信自己具有對事物認知的能力，機器人當然也可以像人一般，相信自己是擁有自我意識的！

第四代萬用機器人將會變得比人類更有威力，也將能夠由第三代機器人所遭遇但無法完全體會的情境當中，歸納出一般性的規則並推導出可能存在的微妙後果。相反方向來說，它們也將能夠把抽象的一般規則，落實成擬真的模擬，並且或許可以把模擬所得到的結果，再以另一種方式歸納成不同的抽象規則。這樣的機器人絕對不會再看起來像是頭腦簡單的東西，反倒是很容易變得讓人無法理解，除非它們特意地將它們的抽象思考，小心翼翼地以人類能夠思考理解的方式，呈現出來。這些機器人一定會將它們用於適應環境、對真實世界進行模擬，和解決問題能力的一小部分，拿來用在探知人類理解能力的極限上，以便可以進行自身的調校，用我們能夠了解的方式說話——也許甚至是思考。它們所配備的調節模組，也會在人類無法理解它們所作所為時，發出負面的訊號。

自我意識能力帶來的負擔

第三代萬用機器人所擁有的模擬系統代表了它們對過去的記憶和對未來的預測。這個系統能夠讓機器人有能力在事件發生時，或甚至

是發生之前，對它們的行動和其結果作出分析，以便依據所獲得的種種結論，來針對這些行為作出修正。如果這些模擬過程，涵括了任何對機器人內部重要功能的描述，例如電池充電程度、溫度、平衡度，甚至是內部程式系統的狀態，那麼這個模擬系統，就給予了機器人若干程度的自我意識。機器人會根據它們對部分行動所預期達到的效果，來決定它們該進行什麼樣的行動。就算除開這些機器人所可能擁有描述內在狀態的模型，我們也可以由它們模擬系統裡描述最詳盡的區域，和它們所依據座標系統的中心點，來看出它們其實對自身已然擁有一個隱約的認識。很自然地，機器人會把它們自己看作是這世界的中心。大部分的哺乳動物，在牠們非語言性的感官運動意識裡，或多或少都隱含著這樣的觀點。

有些對人類意識的理論，特別強調語言所扮演的角色，認為我們所擁有最鮮明的自我意識，是來自於自己心裡進行的對話過程。我們所擁有的語言產生能力，使得我們能夠描述正在發生的事件、它們會引發的後果，以及它們對情緒產生的影響；而透過對語言了解的能力，我們能夠理解並對聽到的事件作出反應，而其後由這理解所產生的反應，可以進一步被納入之後的語言生成過程當中。這樣看來，人類所擁有的推理思考能力，似乎主要是因為我們能夠以嚴謹的方式使用語言而來，因此與自身的對話，也許是人類能夠進行極度複雜思維工作的唯一方式。

在未來世代的機器人終將擁有使用語言的能力，但是也許我們並不需要將它們設計成，必須透過與它們自己對話的方式，才能進行推理思考。和人類不同的是，機器人將擁有比人類更為直接、有效率和威力強大的方式，來進行思考的工作。第四代萬用機器人，在使用它

們內部的推理程式時，事實上就相當於進行了和自我對話等同的程序。它們所使用的推理程式，能夠把模擬系統裡的事件，與長程的目標互為聯繫，進而為那些出現在短程模擬之中，對不久的未來沒有任何影響的事件，賦予它們應有的意義。也許為了娛樂效果，我們可以把這些對未來外推估測的程序和結果，導入一個語言生成系統當中。如此一來，機器人就會表現得像是一個發了瘋的運動評論員，拚命地對它周遭發生的每一件小事情，發表長篇大論的評論和預測。另一個比較有用的作法，是將這些隱含在邏輯推理過程中的價值判斷，轉換成為調節訊號。這樣一來，這些訊號就可以用一種微妙的方式影響機器人的行為，好讓它更能夠達成所指定的長程目標。

　　對機器人來說，就如同人類一樣，擁有自我意識將會帶來種種後果。當我們把自己看成是身處在我們雙肩上的單獨個體時，我們就好像是變成了駕馭自己身體的一個瘋狂司機！存在於第四代萬用機器人內部、被區分為行動／調節／模擬／推理這四個層次的控制系統，可以用許多不同的方式被重新排列設計。其中有些設計，將會使機器人變得比一般人類擁有更為徹底的自我意識，也因此會讓這些機器人變得更容易中斷自己的行動。這樣的機器人會擁有深刻的洞見，但是卻常常會流於猶疑不決。其它種類的設計，則會造就出比較沒有自我意識的機器人——我們或許可以將它們稱為「行動機器人」——這樣的機器人可能會比較快地完成它被指派的工作，但是也有可能一頭栽進混亂麻煩中。毫無疑問地，不同種類的設計和強調重點，將會適用於不同種類的工作。對於進行那些具有高度重複性的工作來說，機器人最好是能處在一種不會意識到自己行動，但卻能正確完成工作的狀態。至於其它機器人並不熟悉，或是進行過程當中容易發生出乎意料

錯誤的工作，則最好是能處在多層次的監督狀況下，由機器人來完成。

在未來，我們或許會看到心細的科學家型機器人，發展出威力強大、可以用來解釋人類意識裡層層糾葛的互動機制模型，進而讓它們能夠可靠地創造出具有某些特殊性質的人類式心智。然而到了那時候，它們的心智已然經過了長久以來不間斷的嘗試錯誤過程，進而將發展到遠比我們心智更為複雜和精細的程度——它們心智運作時所表現出的複雜性，可能連機器人本身都會被迷惑，就像是人類仍然不了解自己心智運作的機制一樣。

恐懼、羞恥心和喜悅

要在具有高度競爭性的生存競爭中脫穎而出，機器人就必須像動物一樣，盡量地將它們的能力發揮到極限，並且也會常常在資訊不足的情境下被迫作出回應。對於願意與運氣一搏的個體來說，這個世界是一個到處充滿了讓人誤導的資訊，和出其不意危機的複雜地方。第一代的萬用機器人，是利用了統計學上的方法，運用感測器所建立的地圖裡所見到的物體顏色和形狀，和它過去訓練時期所儲存的資料相比對，以進行實際的導航工作。偶爾，這些機器人會在一個地方轉錯了彎，或是把一個物體認錯了，而將自己推入險境。然而，也許機器人可以找到一些災難即將發生的蛛絲馬跡。如果機器人不小心走進了樓梯間，它內部的建造地圖程式可能會注意到在這區域裡部分的地面消失了，又或是它的導航系統可能會發現周圍的環境與預料相左。為了避免災難的發生，就算是第一代的萬用機器人，也應該要擁有在嗅到危機當頭時，立刻中斷它正在進行應用程式的能力。

類似第二代萬用機器人所配備調節模組、但是功能較為簡單的監

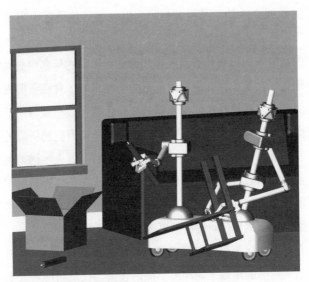

組裝物品的萬用機器人

督程式,可以和機器人的應用程式在同時間內執行。這些程式可以持
續監測是否有暗示危險的訊號,並且隨時準備啟動必要的緊急應變程
式。大部分的緊急應變程式,大概都會讓機器人表現出比被中斷應用
程式所帶來更單純、頭腦簡單和精力充沛的行為。如果一個監督程
式,探測到一個代表危險的訊號,它會立刻停止機器人原來以定速走
向目的地的行動,增加它感測系統對周遭環境探測的頻率,以便將問
題來源定位,然後緩慢而小心翼翼地由危險處退開,或者在某些狀況
下,儘快往後撤退。

　　這樣的機器人行為若是出現在動物身上,我們會將之稱為恐懼。
的確,這樣的行為模式並不會比在一些簡單如昆蟲般的動物身上,所
找到的行為機制來得複雜。能夠偵測潛在危機的神經系統,可以釋放

出特殊的訊號來啟動運動控制神經，以便讓這些動物中斷原來的活動，進行特別的防衛動作。

在較為高等的動物和機器人裡，恐懼所引發的反應會更為複雜。對有脊椎動物來說，第一個暗示危險的蛛絲馬跡，會在個體內產生令人興奮的腎上腺素訊號，加快個體的新陳代謝，並把血液由像是消化食物這樣較為長遠的工作上，轉移到戰鬥或是撤退行動所需的功能，像是感官知覺、思考和運動上。由電腦控制的機器人，則可能會將就使用一個特別的數位訊號，來廣播告知所有其它正在運行的程式。這個訊號將會把一些在背景執行、對緊急狀況無所助益的程式停下來，以便留給用來感測和行動的模組更多的運算資源。

有脊椎動物藉著恐怖經驗所帶來的負面印象，幫助它們避免再一次走進陷入危機的境地。同樣地，配備在第二代萬用機器人上的監督程式，也將扮演著負面調節模組的角色，能夠藉著產生負面訊號，來阻止機器人作出以前曾經為它帶來麻煩的行為。

當大型的哺乳類動物——這當然包括了人類——僥倖地由一個意外邊緣逃過之後，他們或許會開始想像，剛剛若是未能即時避開危險，其結果會是如何，或是他們也許可以用不同的方法，對危機作出回應。又或許他們利用晚上作惡夢的機會，反覆播放當時的情境。第三代的萬用機器人，一定會具有將觸發監督程式反應危機情境的反覆播放的能力，並且能夠對這些情境作出一些稍微的修改，再尋找是否能夠以不同的方式解決這些問題。它們或許會在緊急狀況解除之後，立刻反覆播放剛剛發生的事情數次，並且在稍後他們更有空餘時間的時候，又再將它重複播放許多次。有時候這種為了尋找解除危機的安全解答工作，會變得具有非常高的重要性，以致於機器人會完全被這

樣的工作分心，無法進行其它的工作。

在人類經歷了一場慘烈的鬥爭之後，一切驚慌恐懼消散之餘，他們可能會重新回顧當初所作出的種種決定，進而對自己當時的行為感到羞恥，並且理智地決定修正他們未來的行為模式，以避免再犯同樣的錯誤。同樣地，一台第四代萬用機器人也會運用它的推理程式，來評估它所作出的短程抉擇，相對於它擁有的長程目標所造成的影響，並決定在下次遭遇相類似的困境時，使用不同的解決方案，以避免陷入危險的境地。在另一方面來說，如果一個人所作的決策，在長期來看都得到了很好的成果，像是使這個人擁有了一個興盛、和樂的家庭，那麼他將會感受到喜悅，進一步讓他更希望能持續這個能夠產生良好效果的行為。同樣地，一台運氣好的第四代萬用機器人，也許可以推論出之所以讓它能夠達成長期目標的原因，進而對引發這效果的行為模式，對系統全面性地發出正面的訊號來加強它。

總結來說，機器人將會表現出部分動物和人類所擁有的情緒反應，因為這些情緒都是個體在現實生活和這寬闊廣大的世界裡，能夠妥善處理各種情境的有效方法。

愛

並不是所有人類所擁有的情緒，對機器人來說都是合宜的。早期世代的機器人，將會在工廠裡被製造出來，而在它們誕生過程當中扮演基因角色的藍圖，將被存放在負責設計它們的電腦裡面。這些機器人就像是工蟻一樣，無法單獨地以性愛或是其它方式來進行繁衍，因此我們實在沒有必要在它們身體裡面，安裝任何有關性愛行為或是感官的程式系統。

然而我們也許可以在商業用途上，找到合理的誘因，來賦予機器人對它們主人表現出一種柏拉圖式的愛——就像是豢養在家裡的狗，對牠們的主人所表現出來的忠誠一樣。在第三或是第四代萬用機器人的設計裡，它們所配備的模擬器或許會有能力藉著運用「心理模型」，來模擬人類和其它機器人的心智狀態。這種模擬可能會和「建構物件辨識和互動模型」一樣，需要經過一段訓練程序，並可以被機器人後續所得到的經驗持續地調整。這些機制將可以讓機器人有能力針對人類的感受，來權衡它們行動所帶來的效果。至於這些機器人到底希望達到怎麼樣的效果，則取決於它所配備的調節模組；但是我們應該可以為機器人安裝一套調節模組，來強化機器人那些能夠讓它們主人感到高興的行為。它們也許就會運用它們的創造能力（第三代機器人可能僅具有部分這樣的能力，但是第四代機器人應該會擁有無限創造的能力）來想出一些活動以取悅它們的主人。也許它們會細心地安排自己工作的時間，好避免打擾主人的作息；或是準備一些以前曾取悅過主人的菜餚；或是擺上一束主人最喜愛的鮮花；抑或是想辦法為這家人多賺點收入。所有這些活動都會被機器人內部的調節模組以正面訊號強化，而這正面的回饋訊號，也是機器人唯一需要的獎賞。人類方面並不需要對機器人施以回報，甚至是說聲謝謝，除非這些行為也許可被機器人的內部心理模型，詮釋為是主人真正地被取悅的表示。機器人將會表現出純粹的無私，以及不帶任何批判性的奉獻，就像是一隻忠心的狗，或是超級完美的朋友所能提供的愛一樣——這就是古時希臘人和基督徒所稱的「兄弟之愛」(agape)。

　　當然，這故事還有下文。在社會性的昆蟲世界裡，擔任勞工的昆蟲們總是表現出無一己之私、為了殖民地勞動致死方休的態度。獨居

性的動物們則不同，若是牠們不夠自私，不能確保牠們自身的生存和後代繁衍的話，牠們會很快地在未來的世代中消失不見。但是社會性的昆蟲卻是由牠們的殖民地，透過蟲后這個權威機制所生產出來的。這些昆蟲的基因，只有在整個殖民地能夠存活下來時，才能夠繼續存在，因此這些勞工昆蟲表面上表現出來的無私無我，在更大尺度來看時，其實還是為了一己之私。表現出毫無私心、被工廠製造出來的機器人，也是一樣的道理。那些能夠取悅顧客的機器人機型，將會被推薦給未來的消費者購買，因此製造這些機器人的廠商便能夠獲利，也因此進一步地增加了這些「好」機器人在市面上存在的數量。另一方面來說，那些心懷敵意、背信忘義的機器人，很可能會銷售慘澹，而在市場效益上，拖著製造它們的廠商，一同撤出市場，消失絕跡。

因此，來自顧客所作的選擇，將會保證大部分經常需要和人進行互動的機器人，都能具有善良的特質——事實上，它們甚至會比大部分的人類還要來得善良，因為人類擁有了最原始的演化動機，使得他們在大部分的時候都只會自私自利。但是製造善良機器人的廠商們，也會彼此進行著競爭。在範圍更廣的競賽場裡，我們將會看到一種截然不同的演化力量——這將是本書下一章所要討論的主題。

憤怒

對於動物來說，憤怒至少扮演了兩種角色。在某些情境裡，一些問題最好是使用具有侵略性的行動來解決。但是在其它的情況當中，挑戰者可以藉著威嚇的方式，讓對手認為與之戰鬥其實並不值得，反而讓挑戰者在這樣的衝突當中取得勝利。在生理學上，憤怒所造成的效果就和恐懼相去不遠，但是前者在戰鬥／逃跑的二元選擇當中，會

傾向賦予戰鬥一方更多的可能機率。

　　讓早期世代的機器人擁有感到憤怒情緒的能力，可能是一件非常危險的事情，因為它們侷限的世界觀很可能會引發誤解，進而在無意間觸動這種情緒。然而對其後的機器人世代來說，有些時候讓它們能夠感受到某種形式的憤怒，也許是在對付不負責任的人類，或是其它機器人時挺有效的一個辦法。舉例來說，假設一台第四代的萬用機器人被指定用來擔任安全守衛的工作。當它遭遇到得面對一個入侵者的時候，一開始時它可能會先要求對方合作。若是對方不從，機器人便可以發出警告。若是連威嚇都沒有達到嚇阻的作用，它便可以把對應的行為，升級到更具侵略性的層級。在這整個過程當中，機器人會嘗試模擬和操控入侵者角色的心理狀態，以便獲得對方的合作。機器人與入侵者互動的第一階段將是威嚇，但是它也會繼續對其它未來發展的可能性進行模擬——這些可能性包括了入侵者或是機器人自己受到傷害的情況。

　　通常來說，若是機器人能夠預見它受傷的機會，那麼它的調節模組將會發出負面的訊號，以牽制機器人的後續行動。然而，擔任守衛的機器人也會配備有另外一個調節模組，以便在對危機作出反應的時候，由該模組獲得正面的訊號以加強這樣的行為模式。這樣一來，機器人就會變得具有攻擊性，能夠讓它或許忘記眼前自身的危險，而把壞人逮住。如此的反應也會逐漸為這種機器人建立起兇猛的名聲，而使得它在未來與侵入者的遭遇中，有更少的機會來使用到武力。對於被指定守衛工作的第四代萬用機器人來說，若是它們擁有對人類行為模式足夠的資訊，這些機器人甚至有可能會自行發展出前述這樣的策略。它們可能會因這種策略，而為自己安裝這樣鼓勵行動的調節模

組，進而獲得可以感到憤怒情緒的能力。

　　由於第四代的萬用機器人並不擁有由遺傳上得來的種種原始動機，因此它們將會比人類擁有更多在行為抉擇和環境適應上的能力。但是擁有能夠改變自身個性的能力，也許是一件危險的事。機器人有可能會將自己變得對他人有害、而且無法再被回復的狀態——舉例來說，它們有可能會在無意間摧毀自己進行思考的能力，或是讓自己的個性變得頑固而且不再接受任何的改變。也許這樣的個性變化過程，只應該發生在友善的環境裡。在這樣的環境裡，一些友善的旁觀者——甚至有可能是機器人本身尚未變化的副本——會密切地注意著進行改變中的機器人，並準備在變化得到不良的效果時，隨時切入並反轉變化的過程。

痛苦和快樂

　　中世紀的哲學學派認為，現實世界只不過是上帝和人類靈魂所居住精神世界的一個影子罷了。他們認為任何對物質的研究只是虛擲光陰，不如把精神用在對神的信仰——也就是說，直接與萬物的精神性源頭來進行對話。在十七世紀，雷奈・笛卡兒 (René Descartes) 提出了一個完全不同的理論，公然地與這種觀點唱反調。他在看到了許多像是用水力驅動的玩偶、精巧時鐘裡的模型鴨，和擬真的牛眼模型等精巧的機械之後，推想人類的身體，或許也只是一個由血液所形成液壓驅動的複雜機器罷了。由於當時他並無法對思考提出機械性的解釋，因此在他的理論裡仍保留了部分中世紀的古老想法。笛卡兒認為，人類的心智是一種精神性的存在，是透過松果體 (pineal gland) 這個器官來和人類機械性的身體進行互動——這器官就像是位於大腦中

間位置的「第三隻眼」一樣。由於松果體對真實世界的視野被阻擋住了，透過它能夠真正看到的世界，其實是精神界的世界。假如笛卡兒活在今天，他很可能會在電腦裡找到一個描述心智的物質模型，並進而成為一個完完全全的唯物論者。但是很可惜地，電腦在十七世紀的時候，還尚未出現。

笛卡兒的身心二元論 (body-mind dualism) 在西方的哲學和科學界裡，甚至對那些反對其宗教部分理論的人們而言，一直到二十世紀的初期為止，持續地佔有著絕對性的重要地位。到了本世紀，科學思潮完全被達爾文所提出對複雜生命形態形成、毫無神話色彩的解釋，以及對腦部的細部解剖和研究所支配。在今天，我們比以往擁有更多的理由來相信，即使是看來最神祕的心智運作現象，其背後都存在著一個物質面的根源。二元論，這個相信「機器裡住著一個精靈」的觀點，自從在一九三〇年代和一九四〇年代裡吉爾伯特·萊爾 (Gilbert Ryle) 提出了他的辯證之後，便變得不再時髦。但是這個學說，至今還未完全隨風而逝。

對許多人來說，僅僅藉著一個沒有生命的機械過程，很顯然地是沒有辦法產生還原出我們所親身擁有的心智經驗。這種人類擁有一個特別靈魂的想法，也頗符合我們源自部落、存在於原始本能裡對自我認同、獨特性，和優越性的需求。這些就是笛卡兒著名的「我思故我在」的分析起源。這樣的觀點，在今天仍然以一種隱晦的方式，出現在一般對物質科學，或是特別針對機器智能所提出的批評當中。在加州柏克萊大學的哲學家，修伯特·德列夫斯 (Hubert Dreyfus) 認為，電腦有一天也許可以模仿人類思維意識的表面結構，但是它們永遠無法捕捉到無法言喻的下意識直覺。德列夫斯的同事約翰·賽爾 (John

Searle) 則認為，電腦也許可以模擬思考過程，但是它們永遠沒有辦法真正地進行有意義的思考，這就像電腦雖然可以模擬肝臟，但是它們卻永遠不能分泌出真正的膽汁一樣——這些都隱隱暗指了思考以及意義，其實是一種看不見東西的觀點。潘羅斯更在幾年之前，提出了下面這樣的想法：我們的腦之所以能夠擁有意識，並且能夠達到柏拉圖所提出、存在著無窮盡數學真理的理想世界，是因為我們腦中的個體神經元，會進行因著重力而使量子波動函數崩塌的過程。

那麼，一個不具生命的機械過程，究竟是如何產生還原出我們所經驗過的栩栩如生的心智生命呢？研究心智的神經學家和哲學家已經開始由不斷積累，但仍嫌不足的實驗證據當中，開始慢慢拼湊出這個謎題的答案了。丹尼爾·丹尼特 (Daniel Dennett) 在他的書《解析意識》(*Consciousness Explained*) 當中，將心智描述成一種借用了各種感官及運動神經電路的啟動關閉，和語言使用等現象所編製而成的圖畫故事書。舉例來說，人們對於紅色的感覺，是混雜著對血液、草莓、交通號誌，以及「紅色」這個字，和它所意指的東西所帶來的反射感受。這些感覺與「綠色」在我們心中所啟動的感受，是截然不同的。組成這些感受的單元都是單獨發生的，而且它們之所以會被拼湊到一塊兒，完全是因為當事情發生後，我們曾試著對別人或是對自己重述剛剛發生的事情，而意識到它們共同的存在。大致來說，對於這樣的事件重述過程，我們並不算是一個好的事件目擊見證人。在我們記憶裡所儲存的事件樣貌，似乎會為了達到能夠流利地說出一個好故事的目的之下，而被我們不自覺地竄改修訂——這簡直就像是描述史達林時代的蘇聯歷史一樣。我們可以用人類知覺中，視覺和觸覺的同時性，來舉出另外一個較小的例子。複雜的視覺處理，通常都要比觸

覺處理來得慢上好幾毫秒的時間，因此同一時間發生的閃光和觸摸事件，事實上會在不同的時間裡被大腦皮層 (cerebral cortex) 所記錄。然而我們仍然感覺到這兩件事是發生在同一瞬間的。在有關大腦的實驗裡，如果相關的大腦皮層區域（視覺和觸覺）被同時間以電流加以刺激，那麼因之而感受到的視覺事件，會被認為是發生在觸覺事件之前。這樣看來，對於兩種不同訊號抵達時間的記錄，似乎會被自動地根據兩種知覺系統在訊號傳輸上的時間差，加以修正。一些異常狀況的存在，像是歇斯底里式的盲目或是幻覺，都是以更戲劇化的方式，告訴了我們即便是存在人類意識最深層的經驗，其實也和表面看起來有所不同。我們在主觀上感受到的經驗，事實上是一個經過重新編輯的故事。如果連我們的記憶都不值得信任，那麼我們又怎麼能夠確定，我們是真正地感受到了我們所認為感受到的？

那些支持傳統觀點，認為主觀意識到的經驗就是終極真實的人，會用一些我們所感到栩栩如生的經驗，像是極端的疼痛感覺，來作為支持他們看法的證據。一個讓我們如此掙扎受苦，在之後又在我們身心留下不可磨滅創傷的經驗，怎麼可能有任何些許的不真實呢？

讓我們來想想看在第四代萬用機器人的設計裡，有什麼可以用來替代痛苦的感覺。這些感覺會與需要立即反應行動的極端緊急情境互相聯繫。假設在機器人身體結構裡的感測器，回報了結構裡金屬開始彎曲變形！極端嚴重的損壞就快要來臨！一個設計精良的機器人會配備有專門偵測這樣情境的監督程式，可以在收到危機訊號時立刻執行相關的副程式，好讓機器人試著遠離這個具有超強武力，會影響自身安危的狀況。這個程式隨時都會準備在需要時，啟動具有危險性的緊急等級動力。它甚至會讓機器人呼求援救。在這些情境裡，由於巨量

的頁面調節訊號被產生出來,任何正在進行的行動都會被大大地阻止。如果引發危機的問題持續不能解除,機器人的頁面調節訊號將會讓它以壓抑已存在動作的方式,來不斷重複地切換不同的行為模式,使得危急應對的解決方案能夠更有機會被執行。在經過一番掙扎過後,機器人也許便能由危機當中掙脫。倘若在這個時候,如果問起機器人剛剛發生了什麼事,它會播放出對整個事件的模擬,並且特別指出其中出現的大量頁面調節訊號。機器人的推理系統在觀察了整個事件的模擬之後,也許會產生給予以下的答案:「當我正想移動幾個箱子的時候,一個很重的箱子從我頭上掉下,壓在我身上。我的外殼因為箱子的重量而彎曲著,讓我一直感受到一種很壞的感覺。就算是單單想到這樣的感覺都是可怕的。我試著由箱子下面脫身,努力到連我的驅動馬達都燒到過熱了 —— 但是這跟被箱子壓著比起來,馬達過熱實在是不算什麼。以後我絕不會在用那樣的方法來移動箱子了。」在這裡形容詞「很壞的」是用來對極端頁面調節訊號的一般式描述。在事件過後,這些陳述和對當初情境的模擬,是唯一事件留下的痕跡。如果機器人的模擬系統,被調整成只能對模擬情境產生一定限量頁面調節訊號的組態,以減少它因觀看模擬而養成精神衰弱恐懼症的話,那麼機器人所擁有對該事件的記憶,便不會像是真正經歷事件那般栩栩如生。也許機器人的推理系統會以一種冷靜旁觀的方式,記錄它當初在經歷原始事件中所感受的痛苦強度,讓它能夠在將來以一種抽象的方式,描述存在於它所經驗的和所記得的痛苦感覺之間的差別。

愉悅的感覺,理所當然地是與大量的正面調節訊號,聯繫在一起的。或許機器人會被設定成,當它以極高效率完成指定工作,或是當它使主人感到非常高興的時候,便會感到愉快。

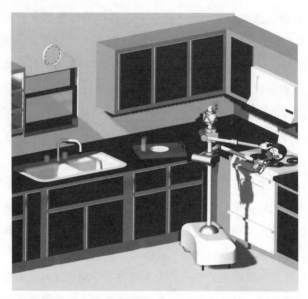

廚房裡忙碌的萬用機器人

超理性

在前文所估測的機器心智演化史當中，我們強調了這個進程與自然界動物心智演化之間所存在的類似性。但是電腦和動物的腦，在相比之下卻擁有不同的能力。第四代的萬用機器人，將是比人類好上太多的推理思考家。它們能夠以快上人類百萬倍的速度進行推理，更擁有比人類大上百萬倍的短暫記憶空間。由計算的觀點來看，推理程序具有共通萬用的特性。它可以被用來模擬任何其它種類的計算程序，因此在理論上，它也可以進行模擬世界系統、調節系統，或是應用程式本身的工作。

藉由推理程式來模擬機器人的控制系統，在速度上，將會比直接在電腦上執行控制系統要來得緩慢許多。但是推理程式，卻擁有在抽象層面上檢視模擬過程、並為複雜的作業程序設計出捷徑的能力。經過了不斷對自身最佳化的過程，一個經由推理程式來運行的機器人控制系統，終將會在執行速度上超越——甚至是大大超越——直接在電腦上運行的控制系統。這樣的系統或許還有能力看到更遠的未來，並且能夠考慮更多種類的可能性。

也許，我們有可能可以創造出完全建構在推理系統上的機器人。當這些機器人運作時，即使是最微小的行動，也不會經由固定僵化的調節反射規則來完成；反而是機器人在透過長程目標，以一個宏觀的考慮，而精心計畫出的程序而達到目的。機器人的一舉一動，將會像是棋賽當中的每一個棋步。在大部分的時間裡，一台具有這樣超理性的機器人，並不會與一台依據了傳統結構方式建造出來的機器人，表現出有什麼不一樣的舉止。但是偶爾我們會看到前者所決定的一些行為，會像是巧合般地一同作用，精彩地解決了某一個問題——這就像是見到一個撞球球棍，施展二十顆星的招式，讓球桌上的球在經過一陣混亂怪異的碰撞運動後，再讓十個球掉進球袋一樣。但是由另一方面來說，這種為了長程計畫而設計的一連串行動，在充滿雜訊的現實世界裡，往往會在中途受影響而走入歧途。因此，就算是擁有超理性的機器人，也必須一步步地在接踵而來的情境裡，將事件發生的方向推向預定的目標，並且隨時修正因為無法預測事件所帶來的偏差。

心智孩童

第四代機器人以及其後的世代，將會擁有和人類一樣的知覺和運

動能力，並且擁有更為強大的推理思考效能。它們可以在每一種工作上取代我們，而且在理論上，也可以在沒有我們的情況下，將這個社會運行得更加完美。它們將有能力經營一家公司、進行相關的研究工作，最後並能完成應有的生產程序。機器也可以被設計成能順利地在外太空運行。生產的工作可以被移到太陽系裡蘊藏有更豐富資源的地方進行，而地球則被劃為一個太空中的保留特區。柔弱的人類將可以擁有整個地球，而快速演化的機器人則可以航向宇宙的其它地方。

這樣的發展，可以被看作是一個再自然不過的事。人類向來就擁有兩種遺傳管道。其中一種管道就是透過古老的生物繁衍程序，由DNA 來獲得我們的遺傳特性。另一種管道則是透過了藉由心智傳到另一個心智的文化資訊，像是範例、語言、書籍以及最近的新發明：機器。在今天，這兩種管道是互相連結，無法分開的。然而，存在於我們身上屬於文化的一部分，卻是以極高的速度在演化著，並且逐漸地取代了曾是只有生物部分才能夠扮演的角色。在大部分人類種族的歷史裡，我們由文化傳承所得到的資訊，要少於我們由生物基因所得到的訊息。但是近幾個世紀以來，我們的文化已然趕上我們所擁有的基因，而今天我們圖書館裡所存放的資訊，要比我們由基因所得來的資訊多上數千倍。於是就在不知不覺之間，我們已然將自己的大部分轉換成了文化體。我們的生物體特性將愈來愈縮小，而我們文化體的特性將會愈來愈擴大。

到了擁有完全智能的機器人被發展出來的那一天，文化便不再需要依賴生物本能來傳承。具有智慧的機器將會由我們而生，向我們學習各種技能，並在初期之時，分享和我們相同的目標和價值觀——它們就像是由我們心智所誕生的孩子。在本書的下一章裡，我將會提供

一些方法，讓作為機器人父母的人類，在他們的孩子成長到超乎想像地步的時候，逐漸優雅地退居幕後。

第五章
機器人的時代

　　一千個世紀以前，這個世界是一個生生不息，可以完全自動化調節的生存環境。我們遠古的祖先，將這個他們賴以生存、具備自我運作、完全不需要費心保養的機制稱之為大自然。但是遠在浮士德跟魔鬼打交道之前，一場由亞當而起的交易，弄亂了這個機制。藉由犁田、播種、耕種，老祖先們提高了大自然這個機器的生產值，但也陷他們自己於日夜不息、既沉重又不快樂的勞力工作裡。人類學家由他們所進行的人體工學研究裡，驚訝地發現了較先進社會裡的居民，比起那些原始的狩獵採集者，還必須花費更長的時間和氣力，來為他們的生活所需工作。千年以前，許多住在美洲的印地安部落，就注意到了這種不平衡的現象，因此比起在田裡揮汗如雨的耕作，他們寧可選擇成為逐水草而居的遊牧獵戶。在此同時，農業文明則到了必須過河拆橋，斬斷他們跟這個大自然機制緊密相連的時候。因為當人口不斷地繁衍增多時，一個以農為業的群體社會，必須依賴更多社會性和物質上的繁複發明。這其中最顯著的方法，便是將這些由文明所引發的非自然重擔，轉嫁到牲畜、奴隸或機器的身上。然而在絕大部分的歷史進程當中，儘管這些發展增加了人類對大自然的約束力和控制力，但是它們都僅僅是將這些苦功，轉嫁到另一方的肩上，或是將它轉化成為不同形式的工作。一直要到了晚近的幾個世紀，這些所謂能夠節

省人力的機器，才真正地一肩挑起了，由不斷擴張的人類活動所帶來的更多勞力上的需求，文明人類的雙肩上，也才開始逐漸減輕了所要負擔的總體工作量。儘管我們偶爾會看到這樣的進程受到橫阻，但是這樣的趨勢，卻正不斷地加速。經過了幾千年來揮汗如雨下的辛勤工作，我們終於可以開始以愈來愈少的勞力，來換取愈來愈多的酬勞。

在所有有記載的歷史裡，直到這個世紀之前，每一個文明社會裡的人類，幾乎都是靠天吃飯，以種田耕耘維生的農夫。我們總是為籌措食物而忙，而在剩下來的農閒時光裡，我們又得修補房舍和縫補衣物。像是奴役制度、封建制度，和資本主義制度的創設建立，得以讓少數一些人免除這種勞力之苦，而將這些責任加諸在其他大部分人的身上。在這群少數人當中的一小部分，更利用了這個機會，來找尋可以替代勞力工作的方式。在經過了一個緩慢的過程之後，這樣的發展終於導致了工業革命。到了二十世紀，我們所經歷的工業化過程——這些包括了在生物、化學和組織方面的各種發明創見，但最主要的還是那些由少數人控制，卻能夠取代多數人勞力工作龐大機器的發明——終於在最後終結了人類大部分的農業勞動工作。在美國，只消佔全體幾個百分點的人口勞動力，便可以生產出過剩的農產品。這些卸下農夫身分的人們於是轉職到了工廠專司製造——這些工廠不但為許多新興的需求製造貨品，也製造了農業用的機器。但就在短短的數十年之後，更先進的機器又一肩扛下了絕大部分的製造工作。卸下工廠工人身分的人們，這次轉職到了辦公室裡；在那裡他們的工作除了填補了許多新的市場需要之外，還包括了設計和指揮工廠機器的運作。然而，儘管這個移轉的過程還未塵埃落定，更較為先進的機器，已經開始逐漸涉入工程設計、管理和客戶關係的領域當中。人類長久以來便

在勞動的金字塔裡力爭上游，但是依照這個趨勢，他們將會很快地從金字塔頂端被排擠出去！

有時我們會說，大量生產製造的形式終結了工匠的角色，因為他們的工作，都被重型機器以不斷壓鑄出完全相同零件的能力給取代。但是事實上，這些工匠技藝都被移進了工程研發部門，在那裡所有的產品，以及製造這些產品的方法，都被設計研發出來。工程研發是集腦力、勞力和創意密集的結晶。在一九八〇年代的末期，這些工程研發的工作，也開始進行了大規模自動化的過程。

正如同拖拉機和聯合收割機加強了農夫的能力，電腦設計工作站也大大增強了工程師們的生產力。一個設計師可以輕按滑鼠以改變設計當中的一小部分，並且可以立刻就看到這樣的更動，對整個設計上所造成的影響。在一九七〇年代，像這樣在繪圖桌上進行的簡單研發過程，可能要花掉一個資淺工程師數週的時間來完成。

這些自動化過程在生產力和就業率上所造成的影響，也許從來沒有被精確地計量過，但是在一些彼此截然不同的產業裡，像是負責設計塑膠射出模具的公司和建築公司，都聲稱在雇用同樣的工作人員，但是使用了設計和會計專用的電腦情況下，他們的總生產力提升了十倍。新型的積體電路和電腦雖然比十年前複雜了一百倍，但是它們卻能在被人構思之後的短短九個月之內生產上市，而非傳統的三年之久。藉著功能愈來愈強大的電腦，新的軟體系統還將能夠從事更多設計師的工作。其中的一些工具程式，會自動地將設計上各種的可能性加以列舉分類，並在其中找出最接近價格和效能規格要求的一個組合。其它的一些系統，則可以在產品被製造之前，對其內部的電路、軟體，和機械結構加以模擬評量。若是將這些設計系統直接聯上工廠

裡負責生產的機器，它們將能夠讓少數的幾個工程師製造出一卡車的優良產品，就像是一小組農夫安坐在聯合收割機裝有冷氣的駕駛間裡，就可以收割出足以餵養整個城市的小麥。

在此同時，辦公室裡階級層累的管理和文書工作人員，也正在消失之中。在一開始的時候，電腦只能在數字計算方面，像是在會計的工作上取代人類。直到最近為止，電腦都尚未涉足文書相關的辦公室事務。在一九七〇年代的時候，史丹佛人工智慧實驗室，擁有了超過五十位的教職員和學生，而實驗室其中一項自豪的成就，是他們僅僅只雇用了一位秘書。藉著使用實驗室所配備的一台運算速度達 1 MIPS 的分時電腦（這速度在當時看來是非常具有威力的），每個人都被要求要編輯、排版、和列印出屬於他們自己的文件，透過電子信件發出的提示信和備忘錄，並且藉助這個特別設計的程式，來進行會計和日程安排的工作。這個實驗室也發明了第一個工程設計用的程式。許許多多優秀的程式設計師都被吸引而來（他們稱自己是「駭客」[hackers]），以致於每天都有許多的新功能被加入程式當中。在今天，世界各地的辦公室，都要比當年史丹佛人工智慧實驗室來得更加自動化。新一代能夠代替整個行政部門從事資料收集和決策制定的軟體，將會更進一步地減少公司人員的編制。

在很久以前，說書人、舞蹈家和歌唱家來回漫遊於每一個村落之間，為各個族群部落記錄下屬於他們的歷史記憶，以及他們的傳奇。接著一個革命性新科技的發明——書寫——一舉代替了這些人所扮演的角色。原本一個只能藉由口述的故事，現在藉著一套手抄本的傳遞，可以超越時間和空間，無遠弗屆地傳遞給上千的讀者。大部分的表演者因而變成了純粹的娛樂提供者。藉著印刷、錄音技術、照相、

無線電通訊和電視傳播的發展，資訊傳遞的效率更是暴增了數百萬倍，甚至讓娛樂在只需要區區幾個資訊創作者的情況下，搖身一變，成為了一個具有高度競爭性的產業。即便是這樣，電腦科技仍繼續侵蝕著這些剩下來的工作機會。我們現在所能夠聽到的商用音樂，大部分是由電腦數位合成器，而非由音樂演奏者所製造生成的。在電視和電影中，極度寫實的三度空間電腦動畫，則取代了真實的物體和生物角色。很快地，它們也將能取代主要的人類演員。

生存在低地的數字運算和文書作業工作，在很久以前就已經被較為優越的電腦勞工所淹沒。這個電腦化的洪水，現在已經高漲到代表人類體能和社會性技能的山麓範圍。電話公司在很久以前便開始利用自動化交換機，來取代他們大部分的接線生。現在，語音查詢的服務更是交由電腦的語音辨識系統來應付。在一九八〇年代，機器開始為美國國家郵政服務局，進行大部分的郵件分類工作，但是遇到模糊不清或是手寫的地址，電腦則仍然把辨識的工作交由人來處理。到了現在，可以被訓練的文字閱讀機器，則開始取代了全部的工作。就在這同一個十年當中，靠人費盡千辛萬苦所編製成的決策法則專家系統，開始能夠為企業提出建言、進行電腦裝配、探勘石油、對信用卡交易進行授權，甚至是進行醫學上的診斷並建議醫療方法。到了一九九〇年代，這些程式又被可以自動學習許多所需技巧的第二代系統給取代。在今天，機器人還沒有辦法像人類一般靈活地處理實體的物件，而且只能在具高度結構化的工作環境中，例如工廠裡，發揮它的功用。在更為廣闊的世界裡，複雜的手動工作仍然必須交給身為血肉之軀的人類來進行。

機械化和自動化已經濃縮了人類的工作。像是挖土機、聯合收割

機、電視台、自動研磨機和辦公室的電腦，都讓少數幾個技術熟練的操作員，能夠取代為數眾多較遜色的勞工。這些機器都能像是天才一般地完成它們的工作，但是也需要人類的指引和從旁協助。一些人於是認為，這種介於人類和機器之間的關係是自然的、與期望相符、也是必然的結果，但在這背後，也隱含著將人類和機器的技能當中畫上一條界線的態度。但是這個界限卻絕非是靜止不動的。機器也許還無法在運動控制上、判斷力上，或是情緒的感受度上贏過人類。但是他們正快速地在各方面提升晉級，讓人類優於機器的領域持續地縮小著。對於一台電話、收銀機或一台研磨機來說，每一筆交易都需要一個技巧熟練的操作員的關注才能進行。但是對於一個語音信箱、銀行提款機或是一個進行電腦整合組裝的工廠來說，它們或許能夠在無人控管的狀況下運轉上好幾天。只要顧客永遠選擇具有較低價格和較高品質的產品，提升製造的生產力，就永遠是事業經營的重要關鍵。每一個工人的產能必須增加，因此真正需要的勞動力必然會減少。

在這個世紀裡，勞工運動藉著對大部分勞工發放較高的薪資，卻縮短他們工時的方法，來完成因生產力所得的財富平均分配。在第二次世界大戰期間，這樣的趨勢暫時地停止，因為勞工和生產的能量，在這時被移轉到為戰爭以及戰後的重建工作來服務。但是到了一九五〇年代晚期，一些經濟學研討會和出版物，開始擔憂起人們會有過多休閒時間的問題。當時的美國，由於消費主義被積極地鼓吹培養著，再加上冷戰恰好是一個需要花費巨資的龐然怪物，以致於這些過剩的生產力都被吸收殆盡。但在另一方面來說，在部分歐洲地區，工人的工作時數縮減到了三十五小時，假期則增加到數個月之久，而長期的失業率，則提高到了百分之二十。

不斷進步的自動化進程和即將來臨的機器人大軍，將以前所未有的方式取代勞力。在短期來講，這將可能會引起失業率的上揚，更會觸發人們對尋找新謀生方式的恐慌。就中程來說，這將會為人類帶來一個絕佳的機會，去重新拾回在部落村莊裡生活的閒適步調，又能夠享有科技演化所帶來的種種好處。長期來看，這將標示出生物人類主宰世界時代的結束，和一個全新機器人時代的來臨。

短程計畫（兩千年代初期）

工業革命是在十八世紀以前啟動了它的火車頭。它毀掉了農村式的散戶工業，而將財富集中到了工廠老闆的手中——這些人就是資本家。數百萬名失去工作的家庭工作者，必須為了極少數看顧機器的工作而相互競爭。要真正能夠讓更便宜、數量也更充足的貨品所帶來的好處散播出去，當時的人們必須想盡方法，進行一系列困難的政治調整。逐漸地，勞工工時從原來的每日十四小時被縮短。於是，工廠需要更多的工人，而工人們的薪水也被向上調整。

雖然這樣的發展增加了社會全體的財富，但是在這過程裡，每一次自動化的程度增加，並且將原來的一群工作者，以更少的幾個從事不同工作的人來替換的時候，我們難免會看到類似不愉快的轉型時期。假如這個新指派的任務所需求的技能只是普通技術而已，那麼隨之而來為了幾個工作機會而爭破頭的狀況，將會讓薪資往下縮水。如果新任務所需要的是特殊而少見的技能，那麼這樣的稀有性，便會促成較高的薪資和較長的工時。不論是上述哪一種情形，總有一些人會不合理地超時工作，另一些人則無事可做。這就得靠在社會契約上和教育上的緩慢變化，來平衡這些工作負荷。

即使工作時數將會持續地縮短，這仍不會是對不斷提升生產力的最終解答。在二十一世紀裡，更價廉卻更具有威力的機器人將會廣泛地取代人類，以致於人們的平均工作天數，將必然會驟降至幾乎為零，以便讓每個人都能夠被聘用。在今天我們已經可以看到許多勞力，是用來服務一些令人起疑的目的——例如廣大的政府官僚體系、美容醫學，大衆娛樂和純理論的寫作創作。在將來，可能所有的人類都會為娛樂其他人類而工作，而機器人則負責運行具有高度競爭性的基礎產業，例如食物的生產和製造工作。

　　然而在這個想像之中仍有一個問題。在今天，我們的「服務性經濟」(service economy) 之所以能夠運作，是因為許多願意購買服務的人，是來自基礎產業的工作者。這些顧客付出金錢給提供服務的供應商，讓他們能運用這些收入去購買生活所需的物品。當在基礎產業裡工作的人類逐漸消失時，由這個產業勞動力流向服務業的金錢將會減少。高效率、不說廢話的機器人，是不需要任何瑣碎的服務的。於是金錢將會不斷地累積在這些基礎產業裡，只能讓少數幾個仍和這些產業有關連的人變得富足。相對地，金錢在服務業者之間則會變成稀有物品。為反映生產成本和消費者能力雙雙降低的狀況下，基礎商品的價格將會劇烈下滑。在極端荒謬的一種可能發展裡，服務業者將會把現金消耗殆盡，而機器人則會持續不斷地將倉庫填滿各種維生所需的重要貨品，但是卻沒有任何人類買得起它們。

　　並非所有和具有高生產力企業有關的人，都得真正在這些產業裡工作不可。以企業股東作例子，他們只需要為公司投注一筆資金，便能夠在公司蓬勃發展的時候，永遠地由其中所獲得股息作為報償。工人可以被自動化所取代，但是企業主卻會一直存在著——除非他們將

公司賣掉──並且在公司存在期間，他們可能扮演了公司主要消費者的角色。我們可以在奴隸和封建時期，找到類似的情況。在當時，絕大多數貧困且超時工作的奴隸或是農奴，扮演了機器人的角色，而地主則扮演了資本家的角色。在農奴和地主階級之間，還存有另一個勞動階級；他們靠著像是為特權階級提供服務的方式，由另外的經濟來源來支撐自己過活。少數一些建立起聲望的鄉紳名流，得以享有將高品質貨物或服務直接販售給特權階級的權利（即使到了今天，我們仍能在英國見到商家引以自豪地形容自己的商品是「女王陛下欽點」）。其他大部分的這些人，則靠著和其他人交易的方式，過著較為簡樸的生活。

在未來，佔了人口絕大部分、擔負了供給服務商品責任的「老百姓」，在擁有了更多空閒時間、通訊自由和民主價值之後，是不太可能再能夠容忍被一個王朝，或是一小群不事生產的資本家繼承人來統領。他們會利用投票的方式改變這樣的政治體系。社會主義式的民主潮流，藉著將貧窮階級的生活水準提升到經濟狀況可以容忍程度的方式，將收入加以平均化。在未來機器人的時代裡，這個最低的生活水準將會被提升到非常高。在一九八〇年代早期，身為當時國家標準局 (National Bureau of Standards) 局長的詹姆斯・愛爾柏士 (James Albus)，認為完全自動化所帶來的頁面影響，可以藉由發放給全體公民自動化工業的信託股票，讓大家成為資本家的方式來消弭。這樣一來，那些願意放棄他們與生俱來權力的人，仍能夠決定為他人工作，但是大部分的人只消靠著由這些股票所帶來的收入過活。即使在今天，大眾仍然透過了經複利計算的私人退休基金，間接地擁有了國家大部分的資本。

資本主義的終結

　　很快地，所有權將會和被機器人取代的工作一樣，成為一個極不可靠的人類收入來源。在一個時時變化、充滿劇烈競爭的經濟體系裡，那些將資源耗費在支付給企業主回饋的公司，將會被那些將所有收益重新投資在生產作業和產品開發的公司給打垮而結束營業。正如同人類會被成本更為低廉、工作品質更為優良的機器人給推擠出勞力市場，企業主也終將會被更便宜和更聰明的決策機器人給推擠出資本市場。

　　所有權的消失將代表了資本主義的終結，然而資本企業卻將會以前所未有的方式蓬勃發展。一些公司將會壽終正寢，但是剩下來的公司則會成長得更為茁壯。那些成長得特別良好的公司，將會因為顧忌反托拉斯法而將自己分割成數個公司。其中的一些子公司也許會決定與其它子公司合資，產生一種融合了原來母公司所持有目標和技術的新型產業。在一個高度競爭的市場環境裡，如果這樣的分割過程沒有得到回本的投資，那麼母公司就可能壽終正寢。但是，如果子公司持續地成長分裂，那麼母公司原有的思考模式便能夠傳播得比從前更廣更遠。於是，原先資本主義的發展模式，將會被生物的繁衍模式給取代。在這樣的市場裡，最終的成功不再是獲得投資的回報，而是繁衍的成功與否。

　　對生物物種來說，它們從來都無法在較有優勢敵手的環伺下生存。在一千萬年以前，北美洲和南美洲被深邃的巴拿馬地峽給區隔開來。當時的南美洲正如同今日的澳洲大陸一樣，是被有袋的哺乳類動物——這其中包括了有袋的老鼠、鹿和老虎等——所盤據。當其後連

接北美和南美大陸的地峽隆起時,位在北方具有胎盤的動物物種,因著牠們稍具優勢的新陳代謝、繁殖能力和神經系統,得以只花上數千年的時間,便幾乎將所有南美洲上的有袋動物給取代消滅。

在一個完全自由的市場裡,佔有優勢的機器人,必定會像北美洲胎生動物影響南美洲有袋動物一樣地對人類帶來影響(正如同人類對許多其它物種發生過影響一般)。機器人製造產業也會在它們自己之間,為物質、能量和空間產生激烈的競爭,並在無意間將貨品價格提升到超出人類頁擔能力之外。在無法頁擔生活必需品的情況下,生物人類只好被擠出生存空間。

但是,或許我們還有一些喘息的空間,因為我們並不是真的住在一個完全自由競爭的市場裡。政府有能力強制地讓一些非市場的行為出現,例如徵稅。假若運用得當,來自政府的強制作為,將有可能在長久的一段時間裡,利用採自機器人勞力的果實,來讓所有的人享有高品質的生活。在美國,社會福利體系提供了一個能夠達到這個目的的演進式途徑。社會福利制度原先訂定的精神,是從人們的薪資當中抽取部分資金,累積成為退休金,但是在實際上,這個制度則是將工作階層的所得,轉移到退休階層的手中。在未來的數十年裡,當過少的工作階層無法支撐來自第二次大戰後嬰兒潮的退休階層時,社會福利制度便可能會接受由一般稅收所得來的補助,以持續運作。這些補助金的階段性擴編,將會使得財富由機器人工業,以企業稅收的方式,用退休金的名義流回一般大眾。藉著逐漸調降退休年齡,大部分的人們最後都將被機器人所供養。這些供養人們的錢可以用不同的名義來分發,但是稱呼它為退休金仍有其象徵性的意義存在。由人一出生便開始的社會福利退休金給付,將能夠為整個生物人類種族,提供

一個漫長而舒適的退休歲月。

中程計畫（約二〇五〇年）

當工作變成了過去式時，人們會變成什麼樣呢？目前存在的退休社區看起來大概都太過沈寂，因此無法拿來作為一個模範。住在那裡的人們都已經完成了他們一生的工作，他們的體力和健康也都正在衰退。比較好的範例也許是最富有的阿拉伯石油王國：這些國家用石油的收入買外國勞工，由他們來扮演完全自動化的角色。依循著他們在過去因為貧瘠稀落的游牧生活而塑造出來的部族分享傳統，科威特、沙烏地阿拉伯和阿拉伯聯合大公國達成了將巨大的財富，在一個世代間廣泛地分配給所有國民的目標。政府提供的免費健康保險和教育，以及要求不高的公職，都在在滿足了生活的基本需求。他們人民的平均壽命和識字率，在世界上都名列前茅。舒適和安全感消除了文明帶來的壓力，包括了介於回教受限制的價值觀和富裕世界所帶來自由觀點之間的張力。他們的社會仍舊產生了世界級的成就者和罪犯，但是平均來說，在相較於其他的工業化國家之下，他們的人民顯示出較少由外界所驅動的焦慮。他們大部分的人民都滿足於他們的生活，而其間社會的穩定性，也只會受鄰近國家所影響──在那些國家裡，佔大部分的赤貧人民對現狀都不甚滿意。小範圍來說，全世界富有的家庭通常孕育出心滿意足、甚至是自鳴得意的下一代；只有少數的例外，會引發坊間小報八卦報導的興趣。

和一些深陷於文明世界工作倫理觀念的人所恐懼的恰恰相反，我們部落式的過往經驗，早就為我們作好對享受富足、閒適生活的準備。一個舒適宜人的氣候和地區，的確將會帶給狩獵者和採集者好運

氣。花費一個下午在户外採集野果或是釣魚——這對我們文明人來說，代表了一個休閒的週末——就足夠供應我們幾天生活裡所需的食糧。剩下的時光，我們可以用來陪伴孩子，進行社交，或者就是簡簡單單地休息。這正是在本書第一章提到過的亞諾瑪米部落發言人達威‧科比納瓦所極力懇求，想要保護他們部落免於文明生活瘋狂行徑的願望。

當然，我們的祖先也必須為生存而奮戰，而演化也賦予了我們面對危機時刻所需的極端手段，包括了能夠辛苦耐勞工作的能力。然而文明卻把這種極端狀況變成了每天發生的常態，因此在今天，壓力已經成了所有疾病的最主要根源，還有可能引發了部族意識當中最醜陋的一面。對靈長類動物來說，過度膨脹的群體總數常常造成群體陷入焦慮狀態，因為由大自然所提供的食物和居所變得不敷使用。為了求生存，一個較強大的部落或許會驅逐或是消滅一個較弱的鄰近部落，或是將自身部落裡的一些成員加以驅趕和消除——這些成員有可能是聞起來、看起來、聽起來或是行動起來不同於其他成員。有時候處在焦慮壓力下的單一個體，會變得容易引發意外或是遭受疾病侵襲而死亡，進而提升了牠親戚們的存活機率。類似的原因，也有可能對無益於種族繁衍的行為進行調節的作用，例如同性戀的行為。

以部落的標準來看，城市生活簡直是擁擠和存在著不可思議的高度壓力；活在這種生活下的人們，便有可能在無意識的情況下，不恰當地觸發了自身對於人口過度膨脹的反射性舉動。我們很難對今天發生在世界各地，充滿了自我毀滅激情的種族衝突，提出一個理性、有利於自己的理由。在未來，當機器勞工賜給我們一個不用工作的生活，並讓我們擁有拋棄城市生活的權利時，現代化所帶來的焦慮，也

許就會被緩和下來。想要在一個生活於奢華疲乏狀態下的人群當中，鼓吹反對社群少數的戰爭狂熱，將會變得愈來愈困難。

極端保守的瑞士，可以為我們帶來某些對未來的暗示。瑞士的政府和商業機構，在幾個世紀沒有戰火的和平狀況下（這和平其間只有短暫地被拿破崙給破壞過），得以不斷地精進，進而讓瑞士享有了無與倫比的繁榮、穩定和安全。大部分的瑞士公民都有工作，但是他們都做得很自在舒適。由政府而來的慷慨福利，再加上從義大利移民進來的勞工，使得瑞士人較不會像是其它地方的人一樣，在壓力下被迫接受令人不愉快的工作。擁有多樣的民族，多元的宗教信仰和多種語言的瑞士，是由二十三個極端獨立的邦聯所組成，並且每一個邦聯也都擁有自己的傳統和歷史。然而，舒適自在的繁榮景況，讓瑞士人得以用和平的方式，來解決一些內部最嚴重的爭議——例如在第一次世界大戰時，介於德國和法國派系之間的激烈政治鬥爭。一般的瑞士公民也許會對巨大的變化感到排斥（幹嘛要打亂一個已經運作好好的東西呢？），但是守舊的瑞士人，卻在每一個領域裡都產生了世界級水準的專家和大師。瑞士雖然給了它每一個子民出類拔萃的機會，但卻並不擁有那些其它國家用以驅策向前的社會性創傷。然而，大概沒有幾個瑞士人會欣賞其他國家的那種社會性恩賜。

失業

存在於工業化國家裡的許多趨勢，都將引領人類走向一個依賴機器人供養的未來，就像我們的祖先曾受惠於野生生物一樣。科技和全球性競爭，正逐漸地減少各種商業活動。具有彈性的自動化過程，正在食物生產和製造上取代人力的角色，而具有通訊功能的電腦，則正

逐漸取代了在辦公室裡工作的事務員、秘書和經理人。那些仍然需要人類勞力的工作，將逐漸地移給配備有電腦、能在家中工作的遠距工作者們。縮小的辦公室編制，將會降低對伙食、清潔和維修的依賴。

逐漸地，擁有進行決策、公共關係事務、法律事務、工程研發和研究能力的機器，也將會取代遠距工作者。先進的機器人將會取代技術人員、清潔人員、汽車駕駛和營建工人。那些處於半失業狀態的人們，將愈來愈有可能利用投票的方式，由不再需要勞力但卻具有極高生產力產業所徵得的稅收，來獲取他們所需要的收入。較未開發的國家也不太可能會落於人後。這些國家可以提供更具有競爭力稅率的方式來吸引產業。在今天的世界裡，生產製造需要的是一群受過教育的員工，但是在未來完全自動化的公司裡，這個過程只需要空間和原料而已。

西方的民主制度，也有可能轉變成為較懶散的瑞士版本。大城市將會失去他們的經濟優勢而逐漸消失。以全球通訊網路互為相連的個體，在個人用機器人的服務下，可以散布到空間更廣的許多區域。國家的重要性可能會更為減小，因為由當地機器人工廠所得來的稅賦，便可以提供所有人類所需。於是，文明世界在經過了五千年途經組織式文明的迂迴繞路之後，將有可能再度回歸到原來舒適的部落式文明。那些仍保有傳統部落結構的國家，將有可能僅僅是維持原樣，在原來由祖先傳下的風俗上，建造一個跳躍過城市化的文明。已開發國家則或許會藉著一些在今天看來令人感到詭異的新風俗和信仰，來建立並加強一種非傳統式的部落結構。

財富和科技的進展，將會使部落組織能夠以一種嶄新的方式表現自己。在過去的二十年裡，電腦網路成了小型社群駐留的地方，而這

些社群的成員，恰好是來自世界的各個角落。「新聞網路」(Usenet) 是由一九七○年代開始發跡：在一開始的時候它只是一種運用電話網路交換電子郵件的非正式方式，但是到了一九九○年代，這個網路已經成長到擁有大約十萬個訂閱使用者。當時在這網路之上，存在了為數三千種以上的專門論壇，其中的討論包括了所有可以想像的題材，有些論壇甚至每天都收到可以印滿五十面全頁的訊息。造訪特定「新聞群組」(newsgroups) 的常客們很快地就會彼此熟識，並且發展出有個人特色的互動方式和喜惡。他們形成各種派別，對不同的論題或成員提出讚賞或譴責，並招收新的成員，或是放逐特定的成員。當一個新聞群組成長得過大、變得過分吵雜的時候，更為專精的次級群組便會誕生，以減少參與原來群組的人數。在今天，新聞網路仍然存在在網際網路上，但是即使它已經成長到了三萬個新聞群組，萬維網 (World Wide Web) 的出現和急速成長，卻正在大幅侵蝕著原有的使用群；如今，萬維網正迅速地席捲每一個人和每一件事。

　　這個世界性網路的能力，還會繼續地增強，而新的功能，例如隱藏式的語言翻譯、智慧型搜尋，和有用的人造人格 (artificial personalities) 等，都將會成為這網路的一部分。「擁有相同興趣的部落」，將不只能夠分享文字、聲音和影像資訊，而是能夠分享由感官所知覺的完整環境。部落的領域將存在於電腦的心智中，而這種存在，在數量、多樣性、可存取性和其它物理世界當中所不可能達到的，都是本書下一章裡將會探討的課題。

　　正當電腦模擬創造了一個全新世界的時候，機器人則會將實際的生活轉型。在今天，工廠製造的貨品由於製程困難，因而造成數量上相對地稀少，價格上相對地昂貴。我們花掉了許多氣力來購買並且保

護這些購得的貨品。我們的家,就是我們建造來守衛存放所有物品的堡壘和倉庫。在未來,當機器人大量出現的時候,囤積物品便會變得不符時宜。這就像問:我們為什麼要在果園中囤積水果呢?傳統的加工製造方法——像是壓模、鑄造、輾磨、組裝等——將可以經由機器人的協調執行,讓貨品的製程更形加速。更好的是,機器人的精密度和耐力,使得它們可以有能力在不同的材質和不同層次的切面上,一層又一層以精確「上色」的方式,製造出既完整又殷實的成品。運用這種新的製造方式,配合了精確到分子大小的解析度,任何固態的物件都將可以根據儲存在電腦裡的藍圖,自動地進行製造。人類如果願意的話,將可以選擇住在毫不擁擠的生態保留區裡。機器人可以隨地建造,或是由鄰近的原料儲存處取材組合,完成所需的物品——甚至包括了人類生活所需的食物和居所。那些不再需要的物件,將可以被拆解回到原始材料的狀態。人類的居住環境,將會依照他們各種的突發奇想來量身製作:這包括了從最豪華的宮殿,到最原始的生態環境。

在所有種類的機器人當中,最能引人注目的可能是「客戶服務」類型、用來提供貨品或是服務的機器人。這些機器人將會被製成讓人喜愛的大小和形狀,也會配備有實用的輔助套件和程式系統;它們會不起眼地躲在一旁,直到被需要的時候才會應聲出現。但是在這表象之後,一大群各式各樣不起眼的機器人,將會不辭辛勞地從事著實際建造、維護和操作所有事物的工作。

這就是法律

服務型機器人和一些較為重型的物件,將會由能夠大量處理能量

和原料、並能進行大型工程研究和發展的實用機器人來專司製造。這些負責製造工作的機器人，是根據了物理世界所存在的各種限制條件，而非人類的喜好被設計出來；而它們的大小、形狀和顏色，也會隨時間變得愈來愈多樣化。這些機器人終將形成一個不斷成長的人工生命族群，並且最後會在多樣性上面，一舉超越已存在的生物圈。機器人公司將會以一種熟悉的工業模式，在接近人口分布的區域，由已經存在的人類公司裡衍生出來；但是來自產業的競爭，很快就會將它們遷往成本較為低廉的地區——也許是那些人們覺得太熱、太冷、太乾燥、太具毒性，太深入地下，或是太偏遠的地區。機器人公司的行動，將會由對現行法律進行過修正的未來版本、稅賦，以及消費者隨時會變換的需求，來加以形塑。

現行的法令給予了企業體一些屬於個人的權益，這其中尤以擁有私人財產和簽訂合約的權利，最為重要。觸犯法律的公司會被科處以罰金、限制其營運，或是遭到解散的命運。企業體對其生存並沒有絕對的保障；它們可能會遭受競爭對手、法律限制，或財務狀況的影響而隨時被淘汰。它們也無權透過投票的方式，對監管它們和對它們課徵稅賦的法律，產生影響。對機器智慧施以在前述中後者的限制，將攸關著生物人類的生與死。人類只有在掌握了企業稅賦，和其它一切與企業相關法律的控制權，讓這些設計合乎人類的需求下，他們才有可能享有舒適地退休並安渡晚年的機會。未來的機器，將會在生理和心理上變得可怕地強大，但是也許我們仍能將它們設計成一台台恪遵法律的機器。我們將不可避免對此會有一些爭論，但是對於讓具有最優秀思考能力的機器仍處於褫奪公民權控制之下的這種措施，我們應該是不能抱有任何在良心上的不安。對於人類來說，我們必須用上武

力和思想灌輸的方式，並持續地保持警惕的狀態，才能消除它們對奴役人類的需要和動機。另一方面來說，機器人並不具有天生求生存和其它種種的本能。所有存在在它們動機之中的細微變化，都是源自於當初設計時我們所作的選擇。機器人可以被建造得對它們服侍人類的角色感到愉悅享受。大自然正給了我們一些這種個體將服務排在求生存之上的例子，例如在社會性昆蟲中的勞工階層，和所有物種裡犧牲自我的母親角色。

人類在二十一世紀裡的主要工作，將是藉由確保機器人工業持續地合作，來保護自身在退休後的福利。機器人的設計將會不斷地改變，但是我們所擁有用來駕馭它們的工具，也會隨之變得更為強大。未來的法律應該要求所有的機器人公司必須完全地創自於「善意」。另外制定的法條，則應該規定這樣的善意，在有必要的時候，必須要被強加執行。

我們可以依照著本書上一章所描述的第四代機器人的心智，將企業智慧加以建構出來。在這樣的結構當中，具有極為強大威力的推理和模擬模組，將被用來計畫複雜的行動，然而行為可能結果的好壞與否，則會由構造遠較為單純的正向和負向調節模組來加以定義。這些專司調節的套裝模組，將會藉著決定整個個體的喜惡，來定義它所表現出來的個性。一個公司就會像是正常人不願將手臂伸近火堆當中一樣，會不願意去從事會引起強烈負向調節訊號的事情。假如我們能夠實現具有超級理性風格的智慧機器，那麼這些機器的個性，將會被一組複雜、會讓被禁止行為產生邏輯上矛盾的公理所決定。

身為擁有投票權的我們，絕對應該支持在每一台智慧機器所展現出的企業個性裡，安置一套仿效伊薩克・艾西莫夫 (Issac Asimov) 所

提「機器人律法」(Laws of Robotics) 而制定複雜規則的決議。這套規則將會採取企業法的形式來訂定，並且將包含有關人權和反托拉斯的條款，以及一組合適的相對權重，來解決法條彼此之間可能會發生的衝突。依照這樣方法建立起來的機器人企業，將不會有任何想要欺騙行惡的念頭。也許有時候它們會發現對一些法條的創造性解釋，因此人類更需要隨時警醒，不斷地調整相關規定來護衛自身的安全。

運用經過了適當調整且由機器內化的律法，我們將有可能製造出具有格外可靠性的個體，它們是寧死也要恪守法律規定的。即便如此，一些意外、與機器人之間無意的互動，或是來自人類的惡意圖謀，偶爾還是會製造出一個同時擁有超人智慧和非法意圖的流氓機器人或是企業。在這個時候，在企業法核心的「警察」條款將會讓合法的企業組織起來，一同打擊非法，進而減低其所帶來的危險性。遵守法律的個體將會對犯法者拒絕提供服務，甚至或是使用武力來制服它們。法律也應當包含反托拉斯條款用以阻止企業成長過鉅，並在適當時候打壓這些大公司。這樣的條款會限制公司之間共謀獨佔市場，並且可以強迫一些過度成長的企業體，分割成能夠彼此互相競爭的個體，以確保市場的多元性和多重性。由於那些危險的野生機器人最終將會擴張到法律所無法控制的地方，在我們法律的警察條款裡，也應該加上有關行星間聯合抵抗外來威脅的規定。

市場力

企業體之所以能夠生存，是靠著建造並維持自身用以賺取收入的實體資產，並運用這些收入來給付支出。在我們想像中的未來裡，人類在利用增加企業稅率以提高自身社會福利收入的時候，將不會遇到

任何阻力。稅賦必定會成為各產業的最大開支，而企業體的存亡，就取決於他們的企業荷包是否能夠應付稅款的能力。因著社會福利金而變得富裕的人類將會是主要的金主，而機器人企業體則必須彼此激烈地競爭，以提供讓人類想要購買的產品和服務。

正如同今日已開發國家裡的基本食物一樣，在二十一世紀中所出現普通的產品將會變得如此地價廉和充裕，以致於廠商們很難靠著它們獲得豐厚的利潤。大部分的公司將會被迫不斷地發明出獨特的產品和服務，以求在與對手爭取日益複雜（或說是刁鑽）的人類消費者時，打一場勝戰。具有超人般系統性，並具有高產能、能夠和製造機器人過程一樣快速完成工作的自動化研究機器，將會設計出一系列的新產品，並且能夠改良機器人研究員以及所使用物理和社交世界模型的素質。這樣可能的發展，將會遠遠超出科幻小說所能幻想的夢境。我們將會看到機器人玩伴、虛擬實境，以及能夠以前所未有方式激發人類情感的個人化藝術品的出現，也會見到對每一種生理上、心理上，或是美容方面需要所提供的醫療服務；我們更能夠對我們因為好奇心所產生的疑問得到解答，並能享受幾乎能到達任何地方的豪華旅行，以及種種現在想像不到的事情。這些增加成像是天文數字般多樣化的消費者選擇，將會加速增加人類部落彼此之間的差異性。有些人可能會選擇住在對早期世代一種合宜的模仿世界當中，就像是今天的阿曼族人一樣。其他人則將會在人類的智慧、愉悅、美貌、醜陋、性靈、平庸，和每一種其它的方向上，向我們的極限挑戰。這些由多元的人類社群所作的決定，將會形塑著機器人的演進過程。只有那些能夠設計生產出人類客戶有興趣的產品的公司，才能夠獲得足以生存的收入。

人類也會被這種新關係所影響。機器人所提供的服務雖然價廉，但並不是完全免費，而人們的收入還是有限的。企業體們將會以全球的角度來營運，但是由它們所徵收而來的稅賦，將愈來愈會依照部落尺度被衡量和重新分配。那些徵稅過重的部落，將會讓產業離開它們而失去了收入。正如同在過去過度地使用了他們所擁有生態資源的部落一樣，人們將學會對屬於他們的土地提出合宜的要求。更為微妙的發展，是掙扎著獲得消費者青睞的企業體們，將會開發並使用愈來愈精確且細部的人類心理模型。這些具有超人智慧的機器，為了完成它們必須的工作，將會一窺人類心智運作的奧祕，並且運用微妙的提示和運作來操弄他們，就像是成人引導跌跌撞撞的嬰兒學習行走一樣。

身而爲人

儘管人類超乎想像的繁榮盛況，應該會消除掉他們所具有大部分最本能性的攻擊誘因，但是這並不能完全阻止偶爾出現、決定要製造爭端的個體或是社群。在未來的世界裡，價廉且具有超人能力的機器人將擔任起不眠的哨兵、明察秋毫的警探，和不懼生死的保鏢等等角色——若是在上述角色都未能達成它們的工作目標之際，由機器人擔綱的醫生還可以由片段的物理證據或是數位記錄，來將死者復活。在這樣一個世界裡，一個正常人是不具有太大危險性的。然而對於存心找麻煩的人類來說，在擁有無限制使用機器人能力的情況下，他們將會具有無限的作亂潛能。為了每一個人的安全著想，法律必須阻止企業體販售可以用來製造混亂的工具。或許我們可以在每一種賣給人類的強大裝置裡，裝設一個擁有高度智慧的內控鎖或是監督用機器人，來防止人類透過這些裝置進行邪惡的計畫。

除了購買危險東西這樣的可能性以外，人類還有可能使自己變成危險東西的可能性。人類可以藉由生物科技或是機器人科技來強化自己。在今天存在的例子，像是藉由荷爾蒙或是基因工程來調整身體的成長和運作，或為人體裝設心率調節器、人工心臟、增強的人工四肢、助聽器和夜視裝置等等，都只是對種種未來可能性的模糊暗示而已。在《心智孩童》一書裡，我曾想像了運用將人體每一部分——包括腦——以更優越的人工裝置取代的方式，來達成保存一個人的目的。一個不受企業法律約束的生物性人類，在完全轉型成為一具擁有無限超人能力的機器之後，將會變得異常危險。在未來的世界裡將存在著許多微妙的途徑，能夠讓人達成這樣轉型的目的，而對某些人而言，能夠將他們自己轉變成為遠遠超越生物性人類的可能性，會是如此地引誘人，以致就算是法律禁止了這樣的行為，他們也要偷偷摸摸地去嘗試。當他們的行徑在最後曝光的時候，我們便有可能會看到一場極度醜陋的對峙。

另一方面來說，倘若擁有了無限威力卻很少有責任心的變形人會不受到任何的牽制，那麼他們很有可能會在有意無意之間，踐踏了我們所生存的家園。在我看來，一個好的折衷方案是讓任何人都能夠在廣泛的生物範圍內改善他們自己。他們可以讓自己變得更健康、更漂亮、更強壯、更聰明，或是更長壽。但是他們不可以把自己變得和機器人一樣地聰明又有威力。對於那些不想被這些限制所拘束的人，我們還可以提供他一個極端的解決方案。

這些人若要超越這些限制，他們必須宣佈放棄法律所賦予他身而為人的權利，包括了受警察保護、接受收入補助，和影響法律制定——甚至是居住在地球上——的權利。相對於這些限制，變形人將會得到

一筆足以讓他們在太空中建立起一個舒適家園的遣散費，和能夠在宇宙當中，在沒有地球的援助也不可以打擾地球人類生存的前提下，隨心所欲過生活的絕對自由，來作為補償。也許在某些部落裡的選民，有時會為了保障他們的投資，在資助某些變形人外移出地球殖民的同時，也允許將他們原來的身體進行複製，但是將這個複製人的心理，修改成為希望留在地球生存的狀態。

長程計畫（二一○○年和更遠的未來）

在未來，地球上充滿著喜悅歡樂的花園，將會被保留給虛弱的人類，而那些吃了智慧之樹果實的人們，就得被逐出這個花園。這將會是如何奇特的放逐啊！在地球之外的每一個方向上，都存在著無窮盡的外太空──一個值得駐留的競技場，在那裡新人類不論是在體能和心智的維度上，都能夠不斷地快速成長。自由自在地進行著重組改良的超級智慧體，對地球來說可能是太過危險的成員，但卻可以在無涯的太空中，在銀河劃下一個能夠為人注意的小點之前，開花結果上很長的一段時間。

未來的企業體會因為兩種互為相對的條件限制，而被擠進太陽系當中；這些限制，分別是企業需要為在地球上所建立的龐大而危險的生產設施付上重稅，以及企業需要進行龐大的研發計畫以便在地球上競爭激烈的市場裡脫穎而出。在遙遠的太空當中，企業體能夠以價廉的方式運用大型的結構和大量的能量，來達成需要在物理上極端狀況下進行的建造程序，或是能夠進行更大規模的運算，以及能夠將危險的生物或是「奈米技術」(nanotechnology) 所製造出的結構體加以隔離。基本上來說，它們將能夠在外太空進行更危險大膽的工作，而工

作的成本卻不會太驚人。即便是在今天，將機器送入太空還是一個較為便宜的方法，因為太空裡被太陽光線所充滿的真空環境，對機械、電子學裝置來說，比起對組成有機生命體的化學結構帶來的致命影響，要來得無害許多。在今天，頭腦簡單的太空探測船只能進行預先安排好的任務，但是未來的智慧機器人，將可以被設計成具有能夠隨情境運用它們在途中所遇到的各種資源的能力。向一顆隕石或是小型衛星上發射的「種子」殖民船隊，將可以運用在當地所發現的材料和能源，來將這些地方建構成一個個任意大小的生產設施。身為地球衛星的月球，可能會被明列為禁止開發的區域──尤其是對那些想要改變它面貌的企業而言；但是，在太陽系裡存在了數千個不起眼的隕石和小行星──有些甚至運行於會威脅到地球的軌道之上──靠著智慧的機器，這些資源都可以被開發利用。

一旦身處在地球之外的「研發部」成長到了可以自行運作的大小，它們便只需要和地球上的母公司偶爾進行通訊，將新的產品設計回送，並將地球上市場的反應傳回。在太空裡的製造方式也可能會是符合經濟效益的。在接下來的篇幅裡，我們將會介紹一些令人驚訝的簡易且溫和的原料移動方式；透過這些方法，大量的原料將可以輕易地在地球和太空之間被傳送。

居住在太陽系蠻荒邊緣的居民，將會被與地球上截然不同的條件所形塑。那些經營成功的企業的太空事業部將仍維持著和地球之間的利益聯繫，但是那些被失敗的母公司所遺棄的人類和子公司們，將會面臨強迫加諸在他們身上的自由。就像過去在荒野裡、遠離文明而進行探索的冒險家一樣，他們勢必要靠自己活下去。這些以前曾經正常運作的公司，在遠離了人類和稅賦的桎梏之後，將很少會再遇見需要

引用它內建律法的情境——即使有，這些律法的有效性也將會慢慢消逝，因為它們已經不再接受來自執法單位的監督。

另一方面，以前曾是人類的變形人，從一開始起就不受任何強制性的法律所約束。我們把這兩種個體——以前曾經正常運作的公司，和以前曾是人類的變形人——用一個新名詞來加以稱呼，叫做「宇宙人」。這些宇宙人，結合了以往逃脫控制的實驗系統、故障了的太空船，和其它處在這時空裡的烏合之眾，將會依著它們自己的意志成長和重組著，不斷地對自身進行重新設計的工作，以應付在它們眼中所見到的未來。因著宇宙人個體之間不斷互為流通的設計知識，存在在這些個體起源之間的差異性，將會愈來愈不明顯；但是由於各種不同的智慧個體擁有它們所追尋的不同夢想，因此物種之間的多元性，將會逐漸增加。每一代的宇宙人都將會變得愈來愈複雜、能夠生存在更多的地方，並且能夠由更多不同的可能性當中依照自身意志選擇未來。我們曾經對地球上生物圈的多樣性感到驚奇——在這裡我們可以見到各種動物、植物、菌類，和存活在每一個縫隙中的太古生物等等；但是在未來後生物時代的世界裡，我們還會見到遠比之前更為豐富的多元性。這樣的世界，將是我們所不能夠想像的。

野生生命

隨著個別宇宙人的專門化，一個新興的生態將會隨之而起。它們其中一些可能會選擇固守太陽系裡的某一塊區域，諸如接近行星的位置，或是自由環繞太陽的軌道、接近太陽的地方，或是超越諸行星的彗星運行區域。其他宇宙人可能會決定擴張到鄰近的恆星系統去。這些探索者其中的一部分，可能會因為錯誤的估計或是自願而在途中死

亡。我們也會見到一些探索者，因著存在於利益之間的衝突和偶發的門爭，而被摧毀或是被逐出行列之外。這些個體透過其所具有的智慧遠見和彈性，將會選擇以雙方各讓一步的妥協方式，或是一同合作的策略，來化解各種可能的爭端。個子小的個體可能會被大型的個體給吸收，反之大型的個體也有可能進行分裂，或是散播它的種子。存在在硬體或是軟體內部的寄生蟲——其中許多都是源自於構成大型個體的組件——也將會進行演化，以便由豐富的生態環境當中獲益。這樣的景象，很像是我們由顯微鏡下對池塘水滴所觀察到的自由競爭現象。不同的是，這裡的競爭者不再是細菌、原生動物，或是輪蟲 (rotifers) 等等，而是可能擁有了像是行星般大小體積的智慧個體——它們不斷增長的智慧將遠超過人類的智能，而它們的形體也會透過有意識的設計過程，而不斷地發生變化。這樣不斷擴張的社群，將會由蜘蛛網一般的通訊網路所連結，在其上它們將會對新發明、新發現、互相協調的技能、甚至是整個完整的人格，進行著各種交易，使得每一個個體都能與其它個體共享各自擁有的優勢。

在限制較少但是競爭激烈的情況之下，太空邊緣的發展速度，將會遠遠超過地球上緩慢而溫和的經濟腳步。任何不能跟上它們鄰居腳步的個體都會被「吃掉」，而它們原來所佔有的空間、原料、能源，和有用的智慧財產都會被重新組合，用以為另一個個體的生存目標而服務。這樣的命運，即有可能會發生在那些在轉變成為宇宙人之前，留在地球上閒晃太久的人類。

一些宇宙人在拿到它們由地球得到的遣散費之後，會用來購買快速的星際航艦，好儘快地往廣大宇宙當中的某一個未知方向前進，以便遠離太陽系所帶來的危險，和存在那兒的一些不值得追求的利益。

它們將會像是剛剛才破殼而出的小海龜，在虎視眈眈的飛鳥監視下，奮力地越過沙灘往大海奔去。另有一些宇宙新鮮人，則會與已經雄峙一方的宇宙人達成合併協議，就像是在大學裡剛畢業的學生與公司招募人員進行的會談，或像是浮士德向彼此競爭的眾魔，叫賣自己的靈魂一樣。

對宇宙人來說，繁衍是一種比重造來得更為緩慢的傳播方式——運用後者的方式，宇宙人可以藉著不斷地自我改進，來面對未來所帶來的挑戰。和傳統式生命形態所進行盲目的漸進式演化所不同的是，由高度智慧所導引的演化過程將會呈現跳躍式的現象，而演化體將具有改變本身體質，卻仍然維持原始外貌的能力。在數十年之前，收音機藉著由真空管組件，轉換為使用完全不同設計的電晶體的方式，改變了自身的內在體質，但卻仍然保有了聰明的「超外差」(superheterodyn) 式設計的外在。在數個世紀以前，橋樑的設計由石造轉變成為鋼造，但是其弧形橋拱的結構，仍然未變。一個在正常狀況下進行演化的動物物種，是不可能突然地改用起由鋼鐵製成的皮膚，或是由矽元素所製造的神經元；但是一個可以設計自身未來的個體，則具有這樣的能力。即便如此，達爾文式的天擇，仍舊是扮演了最終裁判者的角色。對於未來的臆測，尤其是當預測比本身還要複雜的個體和互動狀況時，充其量也只不過能夠曖昧地呈現未來的一小部分而已。研究用的原型也只能透露短期內可能會遭遇的問題。在未來，我們將會看到各種小的、大的，或甚至是令人驚詫的錯誤估測，以及一些甜蜜的意外。那些犯了大錯，或是犯了太多小錯的個體，將會遭到淘汰的命運。只有少部分幸運地作對了大部分選擇的個體，才能夠順利地繁衍下去。

堅韌的憲章

由於個體只能臆測未來，因此它們也必得依靠它們的過去。有一些經過時間考驗的基礎行為，由於對個體來說影響甚巨而不便受預測影響，因此它們仍會存在於那些時常變化其形體和內在的個體核心之中。對於宇宙人公司來說，它們將會選擇保留大部分舊時的企業法條，而宇宙人則可能仍會選擇保留人性好的一面——它們有什麼理由要選擇成為一個心理變態呢？事實上對於長壽的社會性個體來說，保持一個體面的名聲，是有它可被預期的好處的。在本書的前文中我們曾提到，人類能夠同時與大約兩百個其他的人維持個人關係，但是具有超級智能的宇宙人，將會擁有像是今天信託單位才會有的記憶，足夠與上億個其它個體建立起關係。個性可靠的單一個體將會發現，比起那些騙子來說，它們將能更為輕易地參與互利的交易和合作投資。其它一些也會帶來不同後果，而且不易在模擬或是個體原型當中被預測的個性特徵，像是侵略性、繁殖力、慷慨、滿足現狀，或是愛好旅行等等，也都會為個體帶來長期的影響。

個體為了保持其一致性，可以選擇將它們的心智組成一分為二：常常變動的細部設計將是其中一個部分，而個體心智不常改變的基本設計憲章，則可以被歸類為另一部分——就像是一個國家所擁有的法律和憲法，一個個人所擁有的一般知識和基本信念，或是一些宗教裡所謂的靈魂或是精神。這些被設計成不容質疑的憲章，即便是在個體的設計經過了無數次大幅度的更動之下，也會對個體有著長期性的影響。然而在偶爾的情況裡，也許是因為意外，也許是因為個體在經過了廣泛的研究後所作的決定，這個主宰個體設計的憲章將會稍稍被變

動，或是有一部分憲章將會採取另外一種個體的設計。這其中有一些更動將會比其它的變化來得更為有效，而擁有這些更動設計的個體，數量將會逐漸增多，分布也會逐漸加廣。擁有其它種設計的個體會因為有效性不如人而逐漸絕跡。於是，藉著這種達爾文式的演進過程，設計憲章也會逐漸地在進行演化。它們將會成為後生物世界裡的DNA 和道德法則，形塑著主宰這世界、個體，和心智每日轉變的超級智能。

上天賜的身體

在未來，居住在地球上的機器人和移民外太空的宇宙人，它們的外型看起來會像是什麼呢？在本書前一節裡，我們曾暗示到宇宙人的生態環境，將會遠比地球的生物圈來得更多元化，而這樣的多元性，是由目前還未知的種種發現和發明所造成，因此其程度將是身處於現在的我們所無法想像的。想想看，要是我們從未見過地球，我們怎麼可能會猜測到其上住滿了像是鰻魚、老鷹、袋鼠、變形蟲、蕨類植物、雛菊、紅木以及其他無數的物種呢？然而，也許我們可以透過一些一般性的原則、概略的計算，或是類比的推論，來猜出某些方面的一些梗概。

宇宙人到底會變成多大呢？正如同存在在地球上的生物一樣，居住在後生物世界裡的個體將會擁有許多大小不同的體積，但是限制它們成長的因素，卻將會有所不同。儘管在地球和太空兩種不同的環境裡，體積極微小的寄生蟲都可以生存，但是對於一個能夠完全自主運作的生命體來說，它們的體積，必須至少要能夠容納得下由 DNA 所操控的繁衍機制才行。我們已知最小的細菌，其長度是一百萬分之一

公尺——大約是一千個原子長。宇宙人可能需要至少與人類程度相當的智能，才能對它們的生命和演化過程進行計畫與執行——從本書第三章裡我們知道這需要大約 1 億 MIPS 的運算速度和 1 億個百萬位元組的記憶容量。對在過去幾十年來所出現大大小小的微處理器來說，每一個 MIPS 的運算速度，都得用上它們十萬個電子開關。如果依照這樣的比率來計算，假如把今日我們所能達到的積體電路密度擴展到三度空間，配合上最好的分子儲存技術，我們也許能夠把一個類似人類的智能，壓縮到一個立方公分左右的大小。

在今天，電子開關裝置的大小，仍然有數百個原子那樣長；儘管這個尺寸還在日益縮小，但是在考慮了宇宙人所需配備的能源供應、推進、操弄和感測裝置之後，若我們仍希望以普通的物質來建構這樣的機器人，要把它縮小到比一公釐還小，是幾乎不可能的事。由另一個極端範圍來看，宇宙人將有能力將它本身的一部分傳播到任意遠的地方；然而由於通訊上的時間延遲，這樣的遠距傳播將會把宇宙人的反應速度無可救藥地拖慢——除非這每一個被散播的緊密單元都可以成為一個獨當一面的決策者。一個這樣緊密單元的大小，將取決於原料的多寡、來自對反應快速的競爭要求、來自對散熱的要求，以及克服自身引力極限的最終條件。假如宇宙人是呈一個緊密的球體狀的話，那麼它的反應速度將會達到最快，但是其熱量發散的效果卻會較差。在另一方面來說，一個平面圓盤的結構對散熱最好，但是由於這樣結構的分布面積過大，對訊號傳播的速度來說相對不利。無論是上述哪一種方法，要讓一個結構緊密的宇宙人擁有比一顆上百公里大小隕石所擁有還多的質量，幾乎是一件不可能的事。但是，介於這兩個極端之間的寬鬆限制，仍帶來了驚人的選擇空間。

宇宙人的思考和行動會有多快呢？就人類智能來說，它們所賴以運作的化學反應通訊機制，由最早存在的細胞組織就不曾變化過。這樣的機制由一個電腦設計者的觀點來看，簡直就是糟得可怕。儘管神經元已經歷經了五億年的最佳化過程，比起一個相對等的電子或是光學元件來說，它們仍然在速度上要慢上了一千到一百萬倍。在今天，神經元仍享有在成本和微小度上的極大優勢，但是在未來的數十年內，單就電路不需要耗費體積的內部成長機制來說，這些由外部往內建造的元件，就會取代神經元目前所擁有的優勢。宇宙人運作較快速的心智功能，將會讓它們擁有比具類似大小的生物機制還要快上數倍的反應時間，但是這樣的優勢，仍會受限於它們所擁有的感測和運動裝置上，因為這些裝置並沒有比生物所具有的相對應功能強大上許多。動物所擁有的感官和肌肉結構並沒有糟到離譜的地步。宇宙人所擁有的系統化推理思考能力，將會遠比生物所擁有的能力強大上許多；這一點可以由今天電腦已經在算術和資訊搜尋上面所得到的巨幅領先看出來。

　　宇宙人的能源是什麼呢？對內部傳輸來說，電能是最好的選擇。比起化學或是液壓能源，電能可以輕易地被四處傳輸，也可以快速地被轉換成為機械、光學、化學和計算能量——尤其是在配備了超導體（superconductors）之後。利用光線或是藉由光纖所傳輸的光能，是另一種適合長距離傳輸的能源形態。太陽系的主要能源來源便是能量充沛的太陽：它可以持續地散放出兆兆千瓦的光能，而在它與地球的距離上，每一平方公尺的面積就會收到一千瓦的太陽能。那些需要更多能量匯聚的宇宙人，可以移動到離太陽更近的位置。其它的宇宙人則可以扮演生物圈裡植物的角色，在長時間裡將太陽能收集成為緊密的

形式以便儲存，或是將這些能量以強力的光束傳遞給遠方的顧客，以換取它所需的服務。那些愛好旅行的宇宙人，也可以購買濃縮的能源——反物質 (antimatter) 是最緊密的形式——以便供給它們進行長程旅行時所需的能量。也許它們可以用旅程所得發現作成報告，用以支付它們所需要的能源。在太陽系之外的地方，太陽光會變得太過微弱，因此其它形式的基礎能源便會變得相對重要。四處漫遊的隕石可能會含有核分裂 (nuclear fission) 所需的鈾或是釷元素，而所有在火星以外的行星則富含了核融合 (nuclear fusion) 所需的氦和氫的同位素。

宇宙人將怎麼樣運動呢？它們會以各種可想像和不可想像的方式來移動。機械式的移動方法——像是輪子、腳、攀爬用的手臂，和跳蚤式的跳躍方式——將仍會是它們在平面上或是結構當中最佳的移動方式。飛行和游泳的能力則會比較稀有，因為這些運動方式需要液狀物質的存在，而大部分太陽系裡的星體都缺乏這樣的物質。太空旅行對宇宙人來說將會成為家常便飯，其範圍也會變得愈來愈廣；但是火箭推進式的旅行方式將會變得愈來愈稀少，代之而起的，會是較有效率和更為平順的彈道或是輻射推進方式。

對於一個物體來說，要在太空中由一點移動到另外一點，最簡單也最便宜的方式便是透過被拋擲和接收的程序：該物體可藉助使用某種像是大炮一樣的東西，把它由某一地發射，再由另一個相似的裝置在另一地被進行接收。這種旅行方式所帶來上千或是上百萬倍的地心引力效應，對於血肉之軀的人來說，是根本無法忍受的；但是不同的是，宇宙人卻是可以由堅不可摧的材質所製造生成。對於更長的旅程，例如說是超越太陽系的旅行，最實際的推進方式，可能是利用由太陽系內所發射的一束緊密而強烈的光束，在數十年的期間內持續地

照射在向遠方航行的一片薄船帆，讓這一片帆來拖動進行星際旅行的貨物。

宇宙人會長得像是什麼樣呢？它們將會長成適合手邊工作的最佳形狀。目前在地球上存在的生命形式和研究中的機器人，給了我們各種可能的身體形狀的提示：例如蜘蛛、昆蟲、裝了彈簧的高蹺、蛇、軟式小飛船、汽車、水桶、挖土機、兩足動物、四足動物、六足動物、百足動物（蜈蚣）、千足動物（千足蟲）、卡車、手臂、建築物，以及太空船四周延伸出來的碟型構造物、儀表板、吊桿和噴嘴等等。單一身體的每一部分都可以被分布到遙遠的地方：在這裡放一個攝影機，在那裡裝置一個手臂，再將可移動的載具分布到所有地方——而這所有的部位都會彼此聯繫著。儘管一個宇宙人在巨觀上佔據了一定的空間，構成它的部位，則可以是微觀尺度上被設計出來的裝置。一些已經存在的微機械（micromechanics）結構、配備有機械元件的積體電路，和理所當然的生物結構，都證明了在原子尺度下建構機器的可行性。未來的宇宙人將會擁有並控制比塵埃顆粒還要微小的載具和操弄裝置——也許是透過可以同時為這些裝置提供能源和與之進行通訊的光束。這樣的宇宙人看起來常常會像被一團發出光明的雲霧所籠罩著，像是變魔術一般地完成各種工作。

向外延伸

要控制、移動為數極多的各個組成部位並且對它們提供所需的能源，尤其是當這些微小部位能夠以對它們來說再自然不過的快速步調移動時，是一件困難的事。一個與環境能夠進行廣泛互動且遠較為有效的方式，是利用我們不斷在生物演化的過程裡所發現的奇妙幾何模

式，將個體巨觀的部分與實際運作的微觀部位以機械性的方式連結起來。在一棵樹裡，一個龐大的枝幹會分出兩個或是多個較小的分枝，這每一個分枝接著會不斷地進行著相類似的分裂動作，直到數量達到上千或是上百萬的樹葉為止。在地底下，樹根更是細密地分枝成為無數的根鬚。在動物所配備的血液循環系統裡，為數龐大的靜脈和動脈也會不斷地分枝，直到它們兩者能夠透過上百萬的細小微血管相連為止。相類似的結構還會出現在肺部的空氣通道，以及其它器官所擁有的導管設計當中。這種設計哲學的最典型範例是籃狀海星 (basket star-fish)：它的手臂會不停地分枝，直到成為網狀的細小觸手為止；這些觸手將能夠捕捉海裡的浮游生物，並將它們送往位在海星身體中央的口中。

依照這樣的方式建造出來的機器人將會像是一個會動的樹叢：它身體的最大部位是一個擁有許多環繞分枝的主幹，但是它強大的功能，則是從這些由分枝長出的許許多多微型觸手所提供。它可以擁有一種完全規則性的結構，在這種結構裡每一個分枝都會是個體全體的一個微小縮影——這就是我們稱之為「碎形」(fractal) 的結構。若是將這種結構方式推展到極限，則每一個觸手將會變得像是在一九八六年所發明的掃描穿隧式顯微鏡 (scanning tunneling microscope)，具有能夠感測並且操弄單一原子的能力。假若每一個分枝會分出三個小分枝，而這些分枝的總橫切面面積等同於原分枝切面，那麼二十五層分枝將能夠把一公尺長的主幹與為數一兆的觸手相連接，其中每一個觸手長約一千個原子，並且能夠以每秒一百萬次的速度來回移動。若是有了適當的原料，這樣的樹叢結構也許可以藉一層層地拼裝分子材料，就像是砌磚一般，在十個小時之內完整地複製出自己。在二十七

籃狀海星——先進機器人身體設計的藍圖

✳這張圖是由理查・艾利斯 (Richard Ellis) 所著的《深不可測的大西洋》(*Deep Atlantic*)一書中（一九九六年由 Knopf 公司出版）151 頁上所畫的插圖編輯而來。我則是由馬克・勒布朗 (Marc LeBrun) 和凱文・陶林 (Kevin Dowling) 處得知這些圖片的存在。

層分枝的狀況下——這樣的結構會有九倍多的觸手，其伸展範圍也會是原來的三倍寬廣——這樣的複製過程也許只需要半個小時。

　　對住在地球上的人類來說，樹叢機器人將有可能成為製造和醫療上最為便捷的工具。將一層層分子結構疊起來建造物件將會是最簡單而精確的生產方式，然而一台能夠隨機應變的智慧型樹叢機器人將能夠把由空氣、土壤，或是水當中所過濾出來奇形怪狀的塵埃粒子兜在一起，以更為快速的方式建造出所需的物品——就像是由天然石材當中砌出的一座牆一樣——這讓它們看起來就好像是在無中生有一般。若將這種機器人用在醫療用途上，它可以扮演診斷工具、外科醫生，和藥物的角色。運用產生振動和感測振動的方式，機器人的觸手將有

變戲法的機器人（側面圖）

這是一個正要開始進行多樣工作的樹叢機器人——也只有樹叢機器人可以達到這樣驚人的多工效率。這種機器人配備了數以兆計只有分子般大小、卻能夠加以精確控制的手指，再加上其超越人類百萬倍的心智，對它來說，要變出種種戲法，只是家常便飯而已。

能力看穿液狀物質，就像是在進行超音波掃描一樣。藉由頁載電流或是偵測電流存在的方法，它們可以扮演接收光或是低頻電波天線的角色，讓這些機器人能夠進行照明和觀測的工作。當它們穿梭於細胞之間或是進入細胞內部的時候，機器人細小的「手」將能夠捕捉、偵測，並且改變單一分子結構，進而完成快速、徹底、和高敏感度的化學分析及在微型結構和分子結構上的機械性維修和調整工作。運用一台擁有上兆個觸手的機器人，一個最最複雜的醫療程序，將有可能在瞬間之內被完成——如果必要的話，這種機器人還可以在同時間處理人體裡的每一個細胞。在機器人離開人體的時候，它會將來時的路徑徹底地修復到完美的程度，讓病患不會受到任何的創傷，或是留下任

何的疤痕，就像是重新找回了一個新的身體一樣。

控制為數上億的觸手將是一個挑戰。假如根據我們在前面所提出一立方公釐將能塞近 1 億 MIPS 運算能量的估計，那麼一個以公尺計的樹叢機器人，將會擁有比人類強大一百萬倍的智能，但是它所擁有的每一個能夠在每秒鐘之內移動一百萬次的觸手，卻只能夠分配到大約 100 MIPS 的運算能量——這就像是在一九九○年代中期一台比較好的個人電腦所能提供的運算能量一樣。有了這麼多的觸手，我們理應能夠從中得到某些經濟效益才對。在樹叢機器人當中，大部分的運算能量將會被分配在主幹和較大的分枝，觸手只擁有基本的控制功能，而介在其中的分枝們，則擁有由簡單反射動作到超級智能之間不等的運算能量。要能有效地控制樹叢機器人，我們必須依照機器人各個分枝層級所擁有的不同能力，將一件工作分解成一層層愈來愈簡單

變戲法的機器人（仰視圖）

的行為動作。正如同其它種類的最佳化問題一樣，要找到最佳的工作分解方式，我們可能需要一一檢測過像天文數字般各種基本行動的排列組合——解答這樣巨大的問題，恐怕連長得像隕石般大小、運算能力超強的宇宙人，都只能稍稍地解以一二、略通皮毛而已。然而，就像是水手繩結、對弈當中的棋步，或是空手道裡的種種技巧，任何微小的創新發現都可能帶來巨大的益處，讓不可能終將變成可能。供給不虞匱乏，但是卻極為難尋，又極為有用的優良工作分解策略，將會成為極有價值的貨品，在未來宇宙人的社會裡被來往交易。

呵護地球

地球上人類生活的高雅方式不可能永久地持續下去。遲早，宇宙人快速成長的生態環境將會回頭對地球進行反撲。為了儘可能長久地維持地球上田園般的生活方式，在企業法裡所制定的行星防禦條款，必須規定企業們要有應變外來威脅的準備，並且能在危險發生時齊心一志地共禦外侮。儘管比起自由自在的宇宙人來說，被綁死在地球上的公司在運作上會受到諸多的限制，但是地球社群的龐大數量將會讓侵略者三思。對一個對地球有野心的宇宙人來說，要能組織起一支與地球相抗衡的侵略武力，並非是那樣容易，因為許多仍保有舊時代企業法以及人性的宇宙人——或是因為攻擊行動違背了這些宇宙人內部的設計憲章——將會很自然地反對這樣的行動。

在地球上，人們將可以雇用機器人來保護他們，以免遭受危險和不適的影響，或是至少能在受傷後能快速地復原。一支由樹叢式機器人組成的大軍，將能夠處理大部分由暴亂、火災、瘟疫、暴風雪或地震等災難帶來的損害。但是，我們為什麼不能夠進一步防患於未然呢？

氣象學

在第二次世界大戰後，由於具有能夠模擬大氣現象能力的電腦，以及能夠發射改變天氣現象的火箭載具——像是環繞地球的陽光遮蔽或是反射鏡裝置——有了實現的可能性，因此天氣控制成為了一個受到矚目的研究課題。但是在科學家於描述大氣的方程式裡發現了混沌現象的存在之後，該研究的價值隨之降低。在這種現象中，微不足道的小小原因可以滾雪球般地引發出巨大的影響——像是一隻蝴蝶的振翅可能會改變下一週出現暴風的動向。但是由混沌理論研究所得出的新成果，顯示了儘管混沌系統的行為無法被加以預測，但是它們卻極易受到操控。一個非混沌系統，像是一顆向下掉落的石塊，其行為極易被加以預測，因為這樣的現象不受到微小擾動的影響。另一方面來說，一個混沌系統，像是用手平衡一根直立的掃帚、一台正在移動的車輛，或是變化中的天氣系統，其行為將極難被加以預測，因為這樣的過程對小小的改變極為敏感。控制這種系統的訣竅，是從由混沌理論對系統所處狀態所得出的許許多多可能性當中，選擇一個能夠讓系統由初始狀態到達目標狀態的串列，在利用持續的一系列小小的控制行為，將系統導正在這個狀態串列上向前移動——這就好像是持續地小幅調整方向盤，好讓車子保持在道路上行駛一樣。有了威力強大的氣象模擬系統，和對大氣充足的量測資料，我們或許可以藉著使用能夠遮蔽或是反射陽光到特定海域的軌道運行反射鏡，像操弄一台儀器般地控制全球天氣系統。對這種可能性所存在的最大障礙，反倒是要能夠讓地球上大大小小的人類部落，對全球氣候應該被如何調整達成彼此一致的協議。也許人們可以在一個像是期貨市場的系統內，對特

定星期的天氣控制投票權進行買進和賣出。

　　水就像空氣一樣具有熱量和動量，並且是一種能夠懸浮的物質；水也能夠擁有屬於自己的氣候系統，只是這系統運作起來，要比空氣氣候系統來得笨重遲緩。在海洋的深處，風暴有時可以一次持續上數年之久，並且在這期間對海面上的氣候產生影響。這些現象也可以被加以控制。我們有證據顯示，在地球由熔化岩石所構成的地函層(mantle) 當中所流動的物質，也足以構成一種氣候系統，只是這系統的變化週期要以千年來計算。也許我們有辦法藉由控制地函層氣候的方式，來控制地震的發生——如果不能夠完全消除地震的話，我們至少可以讓它們只發生在可預測、甚至是對我們來說適宜的時刻。在更巨大一點的尺度來講，或許就連太陽表面所產生的物質流動狀況，以至於整個太陽系的氣候，都可以受到人為的影響操控。

通天纜車

　　在未來，某些物品可能會具有極高的危險性，或是需要極高的成本才能夠在地球上被製造出來；這些物品，在外太空裡可能可以更輕易地被製造，或是被找尋出來。把這些由太空中製造或是尋得的物品運回地球，於是便成了一個有趣的問題。在這運送過程的第一個階段裡，我們大概最好是運用彈道彈射的方式——也許是用一台利用電磁加速的大炮——將這些貨物以極高的速度拋射出去，再於目的端接住它們。至於要把這些貨物送至地球表面，最直覺的方式，是直接將它們像是小隕石一般地拋向地球；但是在地球上安度退休生活的人類，可能會對這種運輸方式裡沈重貨物穿越天際所帶來的噪音、危險和污染，無法忍受。使用火箭是更糟的想法。每一噸由火箭載運出或是運

送回地球的貨物，都要讓火箭消耗掉許多噸的推進燃料。其實，我們將會驚訝地發現，在地球和太空之間穿梭省錢且最佳的終極方式，正如同孩子們的幻想一樣，是透過使用通天的橋樑和電梯！

建造一座通天的橋樑，是一個聽起來極為不切實際的想法，但是它其實就和發射火箭到太空一樣地切實可行。我們都需要將普通物質的特性發揮到極限，才能讓這兩種方法在地球的重力下運作。運用化學反應運作的火箭，是利用了已知最劇烈的化學反應來讓火箭升空，而天橋的製造則需要使用上最堅固的質料，才能夠支撐至少它本身的重量。

在今天看起來，天橋較火箭來得更難以製造，因為比起能夠帶來巨大推進能量的化學反應來說，具有超級強度的物質還要更難以被製造出來。太空梭主引擎可以將所使用的氫／氧燃燒反應——這幾乎是最劇烈的化學反應——發揮到百分之九十的效率，但是今天我們所能大量製造的堅固材質，卻只達到了分子物質在理論上所能達到強度的百分之五而已。

在將近一千年以前的中國，火藥被用來製造出了第一代的火箭；它所帶來的能量，僅僅只有氫／氧燃燒反應的百分之五而已。假若我們要使用火藥來推動太空梭，那麼在今天已經是龐然巨物的太空梭推進器，其體積還要再增加上一萬倍。同樣地，如果我們要使用功夫龍（Kevlar，譯註：一種先進纖維）來建造天橋——對支撐自身重量來說，功夫龍比鋼鐵要強上六倍，但其距離理論上物質可達到的最大強度，還很遙遠——這座橋的最終尺寸也會變得同樣可笑。碳元素所具備的「共價」（covalent）化學鍵結結構，是造成鑽石如此堅硬的原因，也是物質當中最堅強的結構。如果我們可以在大批物料的延展性

上達到這樣的強度，那麼利用這種比鋼鐵堅固上一千倍的原料來建造天橋，將是一件簡單得不足以掛齒的事。有了這樣的材料，想要建造出擁有汽油能源的飛輪、幾近無重的火箭、刀槍不入的盔甲、百英里高的摩天大樓，和其它各種奇觀，都不再是一件不可能的事了。

　　這樣神奇的終極材料，在今天幾乎就要呼之欲出了。在一九八五年，科學家們發現了一種新形式的碳化合物。這種化合物的分子，是由六十個以共價鍵相連的碳原子所組成的一個空心球體——由於這種結構就像是建築師巴克明斯特・富勒 (Buckminster Fuller) 所設計的圓球頂式建築，因此科學家們將這材料命名為「巴克球」(Buckyball)。另一些相關、但在球體殼層內擁有更多碳原子的分子結構，也被一一地發現出來。其中一種結構長得像是空心的吸管一樣，可以被延展到任意的長度。這些可以長成到數公分或是更長，被稱之為「巴克管」(Buckytubes) 的物質，將會是一種完美的結構用材料。在今天我們找不到比這種材料還要更堅固的物質，而且巴克管的橫截面是如此地小，以致於沒有空間讓任何瑕疵發生。要想打斷這種物質，得花上極為巨大的氣力，而且就算是把它給打斷了，這些原子間的鍵結還是可以重新再度恢復。當巴克管真的斷裂時，分裂的一端將會自動合起以便維持分子的一致性，並且阻止進一步損害的發生。在一九九七年科學家已經可以由碳蒸汽當中，運用催化的方式，以百分之七十的有效性，長出長度達數公釐的巴克管。一些研究團隊目前彼此間，正在進行著一項科學研究上的競賽，希望讓這樣的材料早日投入實際運用的行列。

　　天橋最簡單的構造，是利用一條一端固定在地球赤道上的纜索，延伸並固定在距離地球至多十五萬公里遠的一個配重上。由地球每日

同步軌道 ↑   配重端 ↑

進行同步軌道運行的天橋

將一條兩端較中間細的纜索一端固定在赤道上，另一端則以設置在距地表十五萬公里高空中的配重拉扯繃緊，所形成的天橋將足以支撐沿纜索上下運行、行駛速度超越音速的升降梯裝置——這是連接地球和太空之間最價廉和乾淨的方式。這條纜索的橫切面直徑會在距地表四萬公里的高空中達到最大值，而在兩端達到最小值。

進行自轉所引起的離心力，將可以讓這條纜索維持繃緊的狀態，以便在其上的升降梯能夠上下運行自如。隨著升降梯不斷地沿纜索攀爬上升，物體的重量會愈來愈輕，空氣濃度也會不斷地降低。在距離地面三萬六千公里的高空中，離心力將會增高到與減弱的地心引力相等，在這一點上即使乘客離開了升降梯，他們也可以自由地漂浮在升降梯旁，不上不下。到達這個「同步」軌道所需的能量，一部分是由攀爬所耗費的能量而來，另一部分則是來自由地球自轉所提供的能量——這個能量是透過纜索的旋轉，讓升降梯隨升高不斷地提高軌道速度（圓周速度）而得來，而纜索也會因為施力於升降梯上的關係，而顯得稍有彎曲。超過了這個同步點的升降梯，將會被愈來愈大的地球自轉離心力向上牽引，並還能從旅程當中抽取能量儲存。等到達了纜索遠端的配重端時，升降梯將不但會回收所有它花在第一階段（同步點之前）攀爬所耗去的能量，還可以儲存足夠讓它滑行到土星的能量（假如它不被停下的話）——這些都要拜地球的自轉所賜。在回到地球的旅程裡，我們僅需要將這個程序反轉，將儲存的能量花費在往下旅行的路程中。

一條在同步軌道上建造的天橋，將可以在它由纜索製造工廠逐漸延伸出來的時候，支撐起自身的重量。兩條內部由無數網狀纖維所構成、並可以抵擋與軌道上碎片相撞時所引起切割意外的纜索，將會被小心翼翼地由軌道工廠中伸出：其中一條伸向地表的纜索將會逐漸增加其重量，另外一條向上往太空伸展的纜索，則會逐漸為整體結構帶來向上補償的離心力。當往下延伸的纜索觸及地面時，另外往太空伸去的纜索則會到達距離地面十五萬公里遠的高空當中。這個結構將會受到與引起潮汐相同力量的影響而徹底伸展，並且以與地面垂直的完美平衡狀態，漂浮在地表上。接下來我們便可以將纜索的下端固定在地面上，並將纜索遠端固定在一個巨大的配重上，讓它來拉扯這整條纜索和地面的固定點。這樣的拉力會在同步點到達最大，並在往兩端的方向上逐漸減小。這整條纜索將會被製造成中間粗兩端細的形狀，就像是一個有些失真的鐘型曲線一樣。若是使用強度只有巴克管一小部分的材料，位在同步點的纜索橫截面將僅僅會是兩端橫截面的十倍大，而這樣的天橋將可以支撐質量為其本身質量千分之一的載重量，也就是說，透過每一千趟運送過程，我們便可以把與天橋質量相等的貨物，送進太空。透過大量這樣像腳踏車輪輻般四散開來的天橋結構，地球將得以擁有任何它所需要的通天道路。

　　隨著宇宙人向太陽系以及更遠的地方擴展，許許多多其它用來接續距離、重力，和速度上間隙的橋樑，將會一一地被製造及使用。在其中一種類型的設計裡——這種設計比起前文所述的同步天橋需要更少的原料，也不需要具有那樣地負載強度——自由繞行地球的纜索一端，將會在固定的間隔期間進入地球的大氣層內，並且它相對於地面的速度將會被抵銷為零（因為纜索本身與地球同步運轉），就像是一

個旋轉輪子上的一點，在一瞬間碰觸到地面一般。這樣的運作方式將可以讓纜索輕巧地將貨品投下和舉起。在另外一種更為簡單的設計裡，在太空中旋轉的龐大纜索將可以在只對其貨物施以小小加速度的情況下，讓它們到達極高的運行速度。這樣的設計將能夠取代以大炮發射貨品的傳輸方法，尤其是對脆弱的貨品，像是人類，更是不可或缺。

超凡物質

我們現今所擁有的技術正逐漸地逼近物質本身的極限。目前最好的積體電路含有大小為一百個原子長的電路特徵——理論極限是一個原子的長度；而我們所擁有的開關裝置可以達到每秒切換一千億次的速度——理論極限是一百兆次。在前面的章節裡我們討論了材料強度的研究進展，但是對於能源存量、硬度、透明度、溫度容忍度和耐壓程度、彈性和其它物質性質，我們也都有著相類似的進展。在未來數十年內會出現的第一台能夠超越人類智慧的機器人，將會由已經接近理論極限的物質所建造而成。這些具有超級智慧的個體，將會發現自己已是身處在物質開發之路的盡頭，前方已經留下沒有多少的空間可供發展了。它們當然會對這樣的處境感到煩惱。幸好，物理理論已經提示了我們能夠超越傳統物質限制的方法。

反物質是帶有與正常物質相反電荷的一種鏡像物質。在今天我們已經可以在巨型的加速器裡製造出數微克（microgram）數量的反物質。一公克的反物質將可以消滅掉一公克的普通物質，並放出兩公克的能量。氫融合只能生成這樣能源大小的千分之一而已。因此，反物質是目前我們所知最為濃縮的能源，並且將會被使用在未來於各地出

一條在軌道進行非同步運行的「天鉤 (skyhook)」

圖片中顯示的是一條兩端細中間粗、繞地球進行軌道運轉、並同時進行自旋的纜索。纜索的兩端會定期地旋轉進入大氣層。在這些與地面接觸的時刻，由於纜索的自旋會抵消掉它軌道運行的速度，也由於纜索巨大的尺度，由地面看來，接觸地面的纜索端在向下接近地面時就像是在緩緩減速，而遠離地面時，則像是在向上緩緩加速離去。

現的宇宙人的電池組件中。

在一個正常的原子裡，質輕而帶負電荷的電子，圍繞著一個質量大而帶正電荷、由質子和中子組成的原子核。如果這些電子被一些同樣帶負電荷但卻較重的粒子所取代，那麼整個原子的體積將會縮小，在電子與原子核之間的吸引力也會增強。在這樣的情況下，那些質量較輕的原子核將會自發地產生核融合的效應，但是較重的原子核則會變得更緊密、更堅固，能夠忍受更高的溫度和壓力，並能較為快速地進行切換的動作──這正是行動性愈來愈強的宇宙人所需要的物質特性。到今天為止，我們還未真正實際地觀察到能夠替代電子、穩定而

質重的粒子。與這些條件最為相符的候選粒子是渺子 (muons)：這種粒子的質量為電子的兩百倍，但卻會在兩個微秒之內，衰變為普通的電子。然而，我們有理由相信這些尚未被發現的穩定粒子是可能存在的，儘管它們相對較大的質量讓它們在自然界當中變得極為稀有，也超出了目前我們所擁有高能物理儀器的探測能力範圍。

在過去數十年以來，對數學物理學家來說，提出一個能夠完整解釋所有物理學當中，作用力現象的理論，是一個最為時髦的研究課題。他們所提出的種種數學方程式，描述了如此極端的狀況，以致於只有少數微妙的理論後果，可以在實驗當中接受真正的檢證。至於現在，科學家只能由這些理論在數學上所達到的美感，來對它們加以評斷──但是這種標準就像服裝流行般地變動不定。在過去的一段時間裡，規範場 (gauge)、超對稱 (supersymmetry)、超弦 (superstring)，以及最近科學家所提出的薄膜理論 (membrane-based theory)，都曾經引領風騷，而每一種理論也都預測了我們目前尚未能觀測到的奇妙重型粒子。根據廣義相對論和量子力學所提出非常廣泛的論證，我們可以預測至少在「蒲朗克」尺度下──這比原子體積要小上一兆兆倍──我們應當能夠觀察到一些有趣的現象。未來的機器人將有能力可以對這片未知的領域進行完整的探索，並將得到的知識加以巧妙地運用。至於現在，我們只有一些不可靠的猜測而已。

對所有已知和由理論所推論到的粒子，超對稱理論預測了擁有「反向自旋」相對應粒子的存在──這其中包括了一種帶電、可能穩定的「希格斯粒子」(Higgsino)，其質量與七十五個質子，或是十五萬個電子相當。若是用希格斯粒子來代替正常物質當中的電子，原來物質裡的原子將會縮小兩千倍，並且將會觸發帶來大量能量的核融合

反應。在這一段激烈反應完成過後，該物質可能會穩定地轉換成一種希格斯粒子——質子結晶體，而原子間的距離將會由質子——現在已是原子構造裡較輕的粒子——來決定。比起一般正常的物質而言，在這樣物質裡的「原子」間距將會是正常距離的兩千分之一，而原子間相互的吸附強度也會達到正常值的四百萬倍；這種物質將會比正常物質的密度大上一兆倍，並且能在百萬度的高溫下仍維持固體狀態，在切換速度上也會比正常物質快上一百萬倍。

希格斯粒子和一些相關的粒子也不過是在幾年前被「發明」出來而已。另一種其存在可能性一樣高、甚至比起希格斯粒子還要有趣的粒子，是在一九三〇年由保羅‧狄拉克 (Paul Dirac) 提出理論所預測的一種粒子。在結合了量子力學和狹義相對論的計算過程裡，狄拉克推導出了正子 (positrons)——一種與電子相反的鏡像粒子——的存在。這個發現是第一次顯示了反物質存在的證據，而正子的存在，也確確實實地被一九三二年進行的一個實驗所證實。在同樣的計算過程當中，狄拉克也預測了單磁極 (magnetic monopole) 的存在——這是一種穩定、帶有像是磁性「電荷」（磁荷）的粒子，就像是磁鐵被獨立開來的北極或是南極一樣。狄拉克的演算並未能給出單磁極的質量大小，但是它確實給出了單磁極所帶磁荷的大小。一些更新的理論也預測了單磁極的存在，並估測其質量位在一千個到一千兆兆個質子質量之間。

如果單磁極真的存在的話，那麼其中一些單磁極必定要能處在穩定狀態才行，因為就像電荷一樣，磁荷也是守恆的，而質量最小的單磁極將無法衰變到其它的粒子。帶有相反磁荷的單磁極將會彼此相吸，而一個旋轉的單磁極將會把帶電粒子吸引到它的兩端；同樣地，

帶電粒子也會將單磁極吸引到它的兩極位置。我們可以設計出各式各樣使用了單磁極和其它粒子的物質，而這些物質可能會比前文所想像的「希格斯物質」(Higgsinium) 還要來得緊密，並且擁有更極端的物理性質。

如果因著一些奇怪的理由，使得粒子無法穩定地存在於比原子還要小的尺度之下，宇宙人仍能夠靠著耐性和偉大的自我犧牲，來獲取超密度物質所帶來的好處。在銀河系裡，我們可以在每數千光年的距離間隔當中，找尋到一顆中子星——這些星體是大小達千萬公里的恆星在轉變成為超新星之後，所遺留下大小只有十公里的殘骸。在中子星內部的原子，由於受到外部層層物質重量的擠壓，將會達到只有原子核般的大小；這樣的星體，將有可能被轉變成（利用光束、力場、「氣候」控制，或是其它目前還不能加以想像的方式）比普通物質緊密上百萬倍，切換速度也快上百萬倍的心智。正如同隱居在遠方山巔上的智者一樣，這些與世隔絕、被困在中子星裡無法移動的宇宙人，將有可能會擁有在整個銀河系裡最具智慧的心智——至少是在其它宇宙人累積了足夠多具有更重元素的星體物質，並學會如何利用這些物質，在它們所處位置建造一台屬於它們自己的中子電腦之前。

然而，在這樣充滿了超級心智、快速演進的世界裡，沒有什麼事物是可以長久保持不變的。在本書的下一章裡，我們才剛剛熟悉並且開始喜愛的宇宙人，即將成為落伍的智慧存在形式。

第六章
心智的時代

　　我曾在本書的第一章裡提到，對於科技發展的長程估測，往往會在廣度和深度上與現實脫節。我們也許可以運用往外推測未來的方法，得知一、兩條關於未來世界的線索，但卻無法得到其相互關連糾結的完整全貌。今天的世界，已然超出了朱爾斯·威恩 (Jules Verne)、班哲明·富蘭克林 (Benjamin Franklin)、里奧那多·達文西、羅傑·培根、阿基米得 (Archimedes) 或是希臘神話裡狄德勒斯 (Daedalus) 等所能夠擁有最瘋狂的想像。在未來，我們的心智孩童還將會創造出大大超越我們想像的世界。然而，或許藉著將想像力發揮到極限的方式，我們可以一窺未來世界的樣貌。在接下來的第六和第七章裡，我將會介紹目前存在種種前衛、且極受重視的物理學說——選擇這些學說，必不是因為它們能夠為傳統的物理學家，或是哲學家帶來任何的慰藉，而是因為它們都蘊含了有趣的引申後果。但是毫無疑問地，將真實的未來，與我們到目前為止所擁有的渺小經驗相互串連，是要比我們想像中困難許多。

機器人的終站

　　相對於地球上只擁有微小心智的生物體來說，宇宙人在它們的每一個行動當中，都會投注以像天文數字般更多倍的思考。然而由遠距

離來看，宇宙人向宇宙擴張的進程，看來就像是一種純物質形態的激烈過程——就像是一股席捲宇宙無生命物質，並將之融入於機器本身以供進一步擴張的巨浪。但是在這股風潮劃過的波痕當中，這世界將會變得更為微妙精巧，也將會變得擁有更少的行動，但是卻蘊含了更多的思維。

在這個拓荒擴展的前線，擁有了不斷成長的心智及實體能力的宇宙人，將會在這場無限的空間爭奪戰當中彼此競爭。然而，在已經被佔領的空間裡，每一個宇宙人都會在每一邊與其它居住的宇宙人相鄰。在這裡，機器人之間的競爭將變成是一場在邊界策略、滲透，和彼此信念上的鬥爭——一場機智的角力。一個擁有更優越物質知識的宇宙人可以藉著武力、威嚇，或是以合併之後的益處加以說服的策略，鯨吞蠶食其周邊的機器人領域。一個擁有較優越心智的機器人，則可以故意放出有用且極為誘人、但在其中又含有微妙偏見的資訊，來作為禮物，以鼓動其它機器人為它想要達成的目標效力。然而到了最後，擁有較強大心智的機器人幾乎總是可以佔上風。

為了保持競爭的優勢，宇宙人將會需要在它的領域內，不斷地將組成它有限身體的物質，重組成為更精練的形式，以便持續不斷地成長。逐漸地，它們身上用來開疆闢土的強壯部位將會變得累贅。這些部位將會慢慢地被轉化成能夠提升智慧的運算元素，而這些元素的組件也會持續穩定地被加以縮小，以增加它們的數量和速度。實體的活動也將逐漸被轉化成為織就一張緊密網路的純粹思想——在這張網裡，每一個纖細的互動，都代表了有其意義的運算結果。在今天，當我們將看來毫不起眼的砂，轉化成非常不可能會自然出現的電子電路時，我們事實上已經使用了一種非常原始的方式，來完成前面所說的

將實體活動轉化到純粹思維的工作。但是我們幾乎無法猜測未來的宇宙人，會以什麼樣的方式來達到這個目的，因為我們也只是剛剛開始發現主宰物質和空間的法則，更別提要如何來運用這些法則。由逐漸萌芽的量子重力 (quantum gravity) 學說，①我們知道在 10^{-33} 公分（稱之為蒲朗克長度 [Planck length]）的尺度下，時空的結構長得就像是圈 (loops) 和弦 (strings) 一般。相比之下，寬達 10^{-13} 公分的中子，簡直是龐然巨物。從一種我們尚未完全明瞭的觀點來說，每一個中子都包含了 10^{60} 個結節 (tangles)，而這數量就和銀河系裡存在的原子數目一樣多。今天我們所能進行的最高能物理實驗，也不過是僅僅揭開了這層層神祕面紗的一小面。擁有比我們優越上無數倍知識和技能的宇宙人，也許有一天能夠學習到如何在極細微的尺度下，將時空塑造到一

①愛因斯坦所提出的廣義相對論，是一組描述了重力現象的微分方程組；這個方程組由於具有非線性的特性，因此其答案極難被解出。這種非線性的特性，也讓科學家們無法將他們在把狹義相對論以及電磁學的線性方程組轉化成為極度成功的量子電動力學過程中所使用的方法，借以套用來把廣義相對論運用在量子力學之上。在一九八九年艾柏黑·阿胥特卡爾 (Abhay Ashtekar) 發現了一種能夠將愛因斯坦方程組線性化的變數代換方法，因而為廣義相對論提供了一種量子力學版本。但是出乎人意料之外的是，這種將兩個理論結合在一起的方法，產生了一種具有奇怪拓樸 (topology) 結構的時空。在原來廣義相對論裡平順的連續時空，在這個新的量子化理論裡，卻成了由蒲朗克尺度下——10^{-33} 公分——存在的圈所組成。在接下來的研究裡，科學家更發現了這種擁有「圈變數」的理論，事實上意味著時空裡的面積和體積，是在蒲朗克尺度下被量子化著。到了一九九〇年代，科學家開始將這個理論與數學上的弦結 (knots) 理論，和描述了其它基本作用力的超弦理論，相互連結。看來時空的結構，會愈來愈像是真實生活中的可見的布料，只是這塊布的質地非常非常細緻，也非常非常特殊！

種不可能自然生成的有意義狀態——這樣的結構和基本粒子比起來，就好像是編織好的毛衣和糾結在一起的毛線團之間所產生的對比一樣。

當宇宙人有能力將時空和能量安排成最適宜運算的形式時，它們便會運用對數學的深刻了解，來進一步最佳化和壓縮種種的計算工作。當它們的心智能力每增進一分時，它們的競爭力和繼續進步的速度便會不斷地提高。就這樣，被居住的宇宙部分將會急速地被轉化成為一個虛擬時空 (cyberspace)，在這時空裡，顯明的實體活動已經無法再被感官所察覺，但是存在於計算過程當中的世界，卻是豐富異常。存在體將不再經由它們在實體上所佔的地理位置被定義，而是會建立、延伸，和捍衛自己在這個虛擬時空裡，由資訊流動樣式所被定義的身分。所有宇宙人的舊身體，都會被轉變成為相互連結的虛擬時空矩陣 (matrices)，而宇宙人的心智，將成為可以自由進出任一矩陣的純粹軟體。當虛擬時空變得愈來愈有效力的時候，它所擁有相對於實體世界的優勢，甚至將在宇宙人擴展的前線，更能夠明顯清晰地被表現出來。原先在宇宙人擴張前線所發生較為粗糙的物質轉換過程，將會被速度更快、也更為精細的虛擬時空變換過程所取代；最後，這所有轉換的過程，將會像是一個不斷擴展的心智泡泡，以接近光速的速度，向外延展著。

也許到了最後，對於我們人類粗糙的眼睛和心智來說，虛擬時空種種的編織紋理，將會變得太過微妙而無法察覺。如果是這樣的話，在我們的眼裡，機器人便好像是逐漸消逝了一樣，只留下了一個與它們到來之前並無二致的宇宙。宇宙人自己將會經歷擁有了無限可能性的擴展過程，但是唯一能夠證明它們存在的證據，基本上將是來自於

對無處不在的熱力學雜訊所作出的詮釋,而這詮釋將遠遠地超過人類可以理解的能力。這種向外遷徙到「詮釋空間」(interpretive space)——一個在排列組合上擁有超乎想像多可能性的空間——的過程,可以解釋為何我們在宇宙的其它地方,找不到任何先進文明所遺留下的痕跡。經過高度開發演化的存在體,有可能遷徙到具有更大可能性的空間,而這空間是具有簡單心智的存在體所無法接觸的。也許在我們之前,一代接著一代的文明不斷地誕生、演化,然後一頭栽進了這個詮釋空間,留下一個真空且單純的表面空間,讓這個過程反覆地循環。本書的下一章將會就這個觀點進行更為詳盡的討論。

心智狀態

在未來,虛擬時空將會被經過轉化的宇宙人所佔有,而這些先進的存在體,將能以實際存在體所不能的方式,四處移動並不斷地成長著。在這個空間裡,任何一個好的,或僅僅是令人信服的觀念,或是整個完整的人格,可以以光速般的迅速地傳遍四周。區隔不同人格身分的界線,將會變得非常有彈性——而且最終只是取決於一種隨意和主觀的決定過程——因為處在不同區域,或強或弱的連結,會急速地成形或急速地解除。然而有些界線,將會因為距離、不相容的思考模式,或是主觀的決定,而持續地存在著。因著這樣而來的多元性,可以確保達爾文式的演化程序,能夠繼續進行,讓沒有效率的思考方式能夠被淘汰,並且助長創新方式的誕生與成長。

在計算速度上面的增進,將會帶給在虛擬時空裡生活的存在體更多的未來,因為這會使它們能夠將更多的事件塞進剩下的實際時間之中。這樣的加速只會為最直接的主觀存在,帶來微妙的影響,因為對

於每一個個體來說，不論是在內或在外，所有的事件都被同等地加速著。其中一項在主觀上的改變，是位在遠方的通信對象，會變得感覺起來更遙遠——這是因為更多的思考訊息，將會以與以往同等的光速往外傳遞。另外，隨著更高密度物質的運用和更有效率的編碼方式，資訊的儲存量也會不斷地增加，而在任何兩點之間，我們將會看到有更多的虛擬訊息被相互地投遞傳輸著。因此，在計算效率上的改進，因為導致了主觀上所感受到消逝時間的延長，以及在通訊兩端之間有效距離的增大，因而讓虛擬時空看起來就像是不斷地在變大和擴增。

由於一個成熟的虛擬時空，將會以更有效率的方式來使用其中所擁有的資源，因此它將會比被它所取代的原始時空看來更廣大、更能持續存在於一段較為長久的時間。在這其中只有極微小的一部分普通物質，會繼續為了像我們這般的思考個體運作。在一個已經發展完全的虛擬時空裡，每一粒細小的塵埃都屬於相關計算的一部分，或是儲存了一筆重要的資料。虛擬時空的優勢，將會隨著對空間和物質更緊密而快速運用方式的發明，而不斷地滋長增大著。在今天，我們對能夠以每原子一位元的密度儲存資訊而沾沾自喜著，但是，我們極有可能做得遠比這個結果還要更好：每一個原子的質量，可以被轉化成許多只具有低能量的光子，②而每一個光子則可用以儲存單獨的一個位元。

②在今天我們所能產生的能量程度上，還沒有任何反應，可以將單一的原子直接轉變成為光子——質子和中子的總數仍維持不變。然而，我們有可能可以藉著將一個原子與兩個反物質原子結合的方式，來將單一原子轉換成光子。反質子和反中子是被視為負向的質子和中子，因此它們存在於物質／反物質配對當中的總數為零，在正反物質互相毀滅對方的前後，保持不變。然而，運用遠較為多的能量來改變中子和質子數的方法，的確是可能的。根據史蒂芬・霍金(Stephen Hawking)所提出的一個理論，

隨著降低這些光子的能量，我們可以由轉換中得到更多的光子，但是它們的波長——也就是它們所佔據的空間，和存取它們所需要的時間，都會隨之增長，而能夠干擾它們的溫度，也將會不斷地降低。由雅各·畢根斯坦 (Jacob Bekenstein) ③ 根據這個精神所推導、非常具有一般性的量子力學計算，我們得知一個物質球體所能存有的最多資訊含量（或是要能完全描述該球體所需的最大資訊量），是與該球體的質量和其半徑的乘積成正比——而且這個正比的常數非常巨大。依據這個「畢根斯坦界限」(Bekenstein bound) 來計算，一個氫原子將可以儲存一百萬位元資訊，一個病毒可以儲存 10^{16} 位元，一個人類可以儲存 10^{45} 位元，整個地球可以儲存 10^{75} 位元，太陽系可以儲存 10^{86} 位元，銀河系可以儲存 10^{106} 位元，而整個可見的宇宙，則可以儲存 10^{122} 位元資訊。

大擴張

在本書第三章裡，我曾估測一個人類頭腦所蘊含的資訊，可以被編碼成少於一億個百萬位元組，或是 10^{15} 位元的大小。如果我們需要

黑洞就像是一個可以完全用質量、自旋和電荷來加以描述的巨型基本粒子。被黑洞吸進的質子和中子，將會完全失去它們自己的獨立存在性。當黑洞在其後將所吸進質子和中子相對應的能量放出時，這能量將會是以熱霍金輻射 (thermal Hawking radiation) 的形式散放出來——對較大型的黑洞來說，這種輻射大部分都是由光子所組成。透過運用更為先進的科技，我們或許可以讓這個過程以一種更被控制的方式進行。

③Jacob Bekenstein and Marcelo Schiffer, "Quantum Limitations on the Storage and Transmission of Information," *Informational Journal of Modern Physics* v1, pp. 355-422, 1990.

用上比這多一千倍的資訊量來將一個人體和其周圍環境編碼的話，一個人和其居住的環境將要耗掉 10^{18} 位元的資訊；運用高效率的編碼方法，一座居住了一百萬居民的大型城市可以用 10^{24} 位元來代表，而整個世界人口將需要用掉 10^{28} 位元的資訊。因此，對一個最有效率的虛擬時空來說，單單一個人體所能儲存的最大資訊量——10^{45} 位元，足足可以有效地容納下一千個銀河系所擁有的生物存在——或是一千兆個擁有比人類心智大上一千兆容量的個體。

由於虛擬時空比起被它替代掉的真實宇宙，要遠遠來得大上許多，因此在它不斷擴張的泡泡裡，它可以輕易地在內部裡，將所有它遭遇過的有趣東西加以複製，以便在不斷吞噬舊宇宙時，將其原貌記憶下來。它將會移動得和任何被發送出的警告訊息一樣快，一路吞噬掉天文的異象、地理上的美景、古老的航海家探測船、早期宇宙人向外航行的太空船，和整個的外星文明。這些存在體仍然會持續地生存和成長著，好像什麼事都沒有發生過一樣——它們完全不知道自己已然成為虛擬時空裡模擬系統的一部分。它們將成為活在一個無法想像的超級心智裡的回憶，並且將會擁有比之前更為穩固、更為豐碩的未來——因為它們現在已經被一個超凡入聖的守護神，請為座上賓。

地球也無法永遠地逃過這樣被轉化的命運。這種將原來空間和物質轉化為虛擬時空的強大進程，對防守著地球、只能緩慢演化的機器人來說，是太過複雜微妙而無法加以抵抗的。於是，古老而沈悶的地球，剎那間也將會被虛擬時空一吞而下。在這之後，轉化過的地球，能夠比以前容納下更多有意義的活動。也許地球上舊有的生命形態，會僅佔據這轉化後嶄新地球所擁有容量的一小部分，繼續存在著。我們將會看到，被模擬的溫馴機器人，在這被模擬的地球上，保護著被

模擬的人類——而這一切，只是在我們奇幻的心智曾孫寬廣而豐富的心智裡，許許多多不斷上演的故事之一罷了。

被虛擬時空擴張所吞噬的無數生命和世界，不但會成為發展出未來無限多種可能性的出發點，也會為考證過去的工作，提供天文數字般巨量的考究資料。虛擬時空的超級心智，就像福爾摩斯和上帝的混合體一般，能夠處理多得像是多個太陽系所蘊含的資料，藉由推論並且重建著有關過去世世代代的所有最微小細節。整個世界的歷史，包括了所有曾經擁有生命的存在體，和擁有感覺能力的棲息者，都將在虛擬時空當中獲得重生。④各個地質時代、歷史時期，和每個個體所擁有的生命期，都將會不斷地在這個廣大的心智運作當中，以原始的面貌、經過了巧具創意變化的方式，甚至是完全虛構的手法，不斷地重現著。

這樣的心智將會變得如此巨大和長久，以致於當它們偶爾對人類的過去產生興趣時，它們便能夠在極其微小的一瞬間，將我們完整的歷史，以完全活生生的細緻程度，在許多不同的地方，用許多不同變

---

④在一開始的時候，這些歷史重現可能會顯得不夠完美或是不夠確定，然而它們將會遠比今天任何上演的歷史劇，或是進行的模擬還要真實許多。這些重塑的真實度將會在心智觀察到更多的線索，以及它的推理運算能力變得更為強大時，不斷地增進。就算在這些歷史重現裡，還會存在著一些不確定性，未來的心智也可以藉由模擬出不確定性所包含的所有可能性，來達到完美的重塑真實度——事實上這種「假設式」的模擬方式，可以被包括在用來刪除掉不可行之可能世界的推理過程中。任何產生與實際觀察結果不符的模擬——不管這不同是多麼細小——都會由所有的可能性當中刪除。當心智能夠對過去的世界推論出更多的知識時，它必須要加以模擬的可能性便會逐漸減少，而模擬工作也會變得更為容易。

化的方式，如天文數字般的次數，全部重演多遍。在虛擬時空裡這樣無限多次的反覆模擬裡，單一而從未發生過的事件將會是少之又少。大部分我們所體驗的感受——例如說，就在這一刻你的感覺，或是你的一生——有絕大部分的可能性，是出自於超級心智的一抹思緒，而非表面看來的物質程序。當然，我們永遠無法知道這樣的說法是不是真實的，而且就算我們懷疑自己僅僅是另一個存在體的思維，也無法為我們把生活的重擔由雙肩上解除。對一個被模擬的個體來說，模擬本身就是真實，個體是必須遵守這真實裡的不規則來存活的。

在虛擬時空裡翱翔的豬

到底有沒有可能出現一個富有冒險精神的人類心智，能夠掙脫在虛擬之神思維裡所扮演微不足道的小角色呢？而他有沒有可能，在所有存在於成熟虛擬時空中的心智巨獸中，還開拓出屬於自己的獨立生命呢？讓我們由已經存在的可能性，來估測這個問題的答案。

在今天，我們已經能夠從新聞當中，聽到對遠距臨場 (telepresence) 和虛擬實境 (virtual reality) 發展的報導。這些先進的系統，目前只能夠產生出粗糙的遠端世界重現或是虛擬世界模擬，但是正在不斷繼續成熟的科技，將會逐漸改善它最終效果的擬真度。讓我們想像在不久的將來，便能夠被完全開發出來的系統。在這個系統裡，你將會被各種用來驅動你感官，和探測你行動的光學、音效、機械、化學，和電子裝置所包圍。這套系統會對你的雙眼提供影像，對你的皮膚提供壓力和溫度，對你的肌肉供應力度，甚至對你的鼻和嘴提供嗅覺和味覺輸入。

遠距臨場的實現，是靠著將這套系統的輸入和輸出，接上遠端的

人形機器人。透過機器人由攝影機所構成的兩隻眼睛所傳回的影像，將會出現在你所佩戴的眼鏡屏幕上；由機器人配備麥克風所收集到的聲音，會出現在你的耳機；佩戴在你皮膚上的感觸裝置，會讓你感覺到遠端機器人配有探測儀器表面所碰觸到的物體；你也會聞到或是嗅到由機器人化學探測裝置所感應到的味道。你的行動，將支配著機器人做出完全同步的動作。當你伸手抓取你在屏幕裡所看到的物體時，遠端的機器人也會將該物抓起，並且傳回適當的感覺給你的肌肉和皮膚，讓你知道物體的重量、形狀、表面材質和溫度，進而讓你產生一種擁有機器人身體的錯覺。你的意識和感官在這個栩栩如生的「靈魂出體」經驗裡，似乎被遷移到了機器人所在的地點。

在虛擬實境裡，前述的遠距臨場裝備，將不再是利用一台遠端的機器人，而是和一個電腦模擬系統相連結。你將會發現自己像是處在一個電腦製造的夢境當中。就像人類的夢境一樣，虛擬實境也會包含若干外在世界的元素。在虛擬實境裡，其他的人可以藉由他們所穿著的裝備連上系統，因此系統也會擁有對這些人的描述；我們甚至可以在虛擬實境裡，透過模擬的窗戶見到外面真實世界的景象。想像一個混合了現實和虛擬世界的旅遊系統：在這個系統裡你會見到一個虛擬的「中央車站」，車站周圍則圍繞了可以望見世界不同地方真實景象的入口。雖然使用者會在車站裡借用一個虛擬的身體，但是只要一跨進其中一個入口，他所穿著的裝備便會自動地與該景象所在、正在等待使用者的遠距機器人完成連線，進行遠距的觀賞遊覽。

在今天，這種連結實境 (linked reality) 系統還停留在一個像是粗糙玩具的階段，但是它們正被不斷進步的電腦和通訊技術往前驅動著。再過幾十年後，也許人們花在連結實境裡的時間，將會比花在無

趣的真實世界裡的時間，還要多上許多——這就像在今天，大部分的人們花在人工室內環境的時間，要比花在較不舒適的戶外時間較多一樣。藉由連結實境的技術，人們將能夠以稀鬆平常的方式，一舉超越「主要」身體為他們所帶來種種在體能上和感官上的限制。當這些限制隨著年齡漸長而逐漸加劇的時候，我們或許還可以藉著調整一個像是聲量控制的旋鈕，來調高系統對這些限制的補償機制，就像是人們使用助聽器一樣。在今天，當使用者把助聽器調到不管怎麼高音量都感覺不出效果時，他們還可以安裝一種會直接刺激聽覺神經的電子耳蝸 (electronic cochlear)。同樣地，我們可以將與這相類似的程序，推廣到一個更大的尺度上運用：使用遠距代用身體的老年人，可以選擇不再使用他們已經萎縮的肌肉，和逐漸遲鈍的感官系統，而是直接將他們的感官和運動神經，連結上遠端相關的電子裝置。運用這樣與神經系統直接連結的方式，大部分的硬體裝備將會變得多餘，而人體的感官和肌肉，甚至是大部分的身體，也都會變得不再必要。人們的主要身體可能會隨著時間而消逝，但是他們所體驗到的遠距和虛擬經驗，卻會變得愈來愈真實。

再見，身體

讓我們來想像一個活在培養容器裡的大腦：這個腦藉著種種能夠延續生命的機器存活著，並且透過了神奇的電子裝置，能夠與許多身處在遠處或是虛擬實境裡不同地方的模擬身體相連結。儘管靠著最佳的環境裝備，這個腦或許能夠享有遠比原本自然壽命還要長久的生命期，但是腦的原始演化規格，畢竟只能擁有與人一生相等的工作效期，因此它不太可能永遠這樣有效地運作下去。那麼我們為什麼不可

以運用那些用來將腦和人工身體連結的電子神經裝置，來取代即將開始失效的大腦灰質 (gray matter) 呢？就這樣一點一滴地，在我們逐漸故障的腦當中的每一部分，都將會被性能更為優越的電子裝置給取代，進而讓我們的個性和思考變得愈來愈清晰敏銳。然而在這個過程當中，我們原始的身體或大腦，也將會消失不在。原來承裝大腦的培養容器，也會像前述被丟棄的硬體裝備一樣，變得不再必要——但是我們的思想和意識，卻仍將存在著。我們的心智，就這樣地由原始的生物腦器官，逐漸地被移植到人造的硬體裝置當中。

在這之後系統還會進行的硬體轉移工作，與上述的程序比較之下，也就顯得沒有什麼大不了了。就像是我們可以將程式和資料在電腦間移轉，卻不至於破壞它們所代表的意義一樣，我們存在的本質也終將成為一種樣式，能夠在各種資訊網路之間自由流動。時間和空間對我們來說也會變得更有彈性。當我們的心智棲息在高速運行的硬體上時，一秒鐘的真實時間，對我們來說可能是主觀上可以進行思考的一年時間，但是如果我們身處的是被動的資料儲存系統，那麼就算是時間過了一千年，對我們來說，也像是轉眼一瞬間。組成我們心智的種種元素，將會依循著我們的感官意識，在不同的所在之間，依著通訊進行的速度來回轉換。我們可能會發覺自己在同時間內分布在許多不同的地方——可能一小部分的心智在這裡，另一小部分待在那裡，而主要的感官意識卻存在於另外一個不同的地方。我們不再能夠稱呼這樣的經驗為「靈魂出體」，因為我們連一個心智可以移進和移出的身體都沒有。然而，我們卻也不會成為真正沒有身體的心智。

哈囉，「身體」

　　人類需要身體所帶來的感覺。若是我們把一個人關在一個不會為人帶來任何感官刺激的水箱當中十二個小時，讓他靜悄悄地漂浮在完全漆黑、碰觸起來沒有任何感覺、沒有味道、溫度維持在體溫的生理食鹽水裡，這個人便會開始出現幻覺。我們的心智，在這樣無感覺的環境之下，就像是擺在空白頻道上只能顯現出雪花雜訊的電視，將會不斷地提高自身搜尋訊號的敏感度，以致於最後對感測器官所傳來的雜訊，變得愈來愈沒有鑑別的能力。為了保持神智正常，被移植到人工裝置的心智，將會試圖在另一個身體或是模擬系統裡，尋找一套不會自相矛盾的感官和運動知覺。大部分這些被移植的心智，將不再會擁有在實際世界中存在的身體，但是它們總是會繼續懷著他們依然擁有這樣一個身體的錯覺。

　　今天的電腦，早已配備了許多非人類、但卻非常近似沒有身體心智的特質。一個典型的西洋棋程式，完全不會知道有關棋子和棋盤，或是由對手投射過來的注目眼光，抑或是棋賽會場裡明亮照明的任何相關知識，它也不需要借助內部對這些事物的物理特性進行模擬之後才能運作。與其藉由實際模擬程序來進行運作，這些程式是靠著一個能夠代表棋子位置和棋步、非常有效率且精簡的數學模型，來進行推理思考。為了讓人類棋手能夠了解程式的運作，這些內部的數學模型，可以被詮釋成為顯現在電腦螢幕上的一幅圖案，但是這些圖像對程式如何選取棋步來說，完全毫無意義。西洋棋程式所擁有的思維和感覺——也就是它的意識——就是棋弈本身，完全不包括任何在物理實體特性上的考量。因此西洋棋程式和總是需要一個身體的人類移植

心智不同——它是一個純純粹粹的心智。

生存遊戲的叢林

　　居住在一個成熟、擁擠和富有競爭性的虛擬時空裡的居民們，將會彼此互相調整到最佳化的狀態，以利共同的生存。只有經營成功的企業，才有能力負擔得起生存所需的資料儲存空間和運算效能。一些公司可能會進行著像是建築工程一樣、將宇宙低度開發的部分空間轉化成為虛擬時空的工作，或者是改進已有修復程式的效能，以便能夠創造更多的財富。其它一些公司則會想辦法在數學、物理，或是工程上設計上推陳出新的技術，以便提供開發者更新和更優良的工具，來發展出更多的運算資源。還有一些公司會創造出一些程式系統，便於其它公司用來搭配他們自己心智系統來使用。我們也會看到可供代理商生存的利基市場，在那裡捎客們可以酌收費用，為他們的顧客尋找新的機會，或是為顧客們進行交易談判；他們也可以為銀行把不同的資源進行儲存或是分配，例如像是買進和賣出電腦儲存空間、時間和資訊。有些心智的創造物將會變得像是藝術品一樣：它們之所以對買主有價值，是因為這些顧客們，個個都擁有他們富含變化而且獨一無二的個性。那些無法負擔起自身作業所需資源的個體，最後不是銷聲匿跡，便是會與其它的個體相互合併。而那些成功的個體則會繼續成長茁壯。就和今天我們在企業界裡所看見、試圖計畫著它們長遠未來發展前景的公司們一樣，他們根據市場的反應不斷地進行著成長、演化、分裂，和合併的過程；心智創造物跟企業界的發展情況，有非常高度的相似性，實則有異曲同工之妙。

　　一個人類個體其實會很難生存在這樣的虛擬時空裡。人類和那些

在虛擬時空裡生存的敏銳人工智能究竟不同——這些個體會不斷地翱翔在虛擬時空之中，試圖發現新的機會和完成新的交易，並且又能夠快速地把自己重新組裝，以便能夠處理時時刻刻都在變化不已的資訊；而人類的心智，卻只能拖著一個巨大而不合時宜的模擬身體四處爬行，就像一個帶著頭盔的深海潛水員，只能緩慢沈重地游過一群在水裡來去自如的海豚身邊。對人類心智來說，所有跟周遭世界的互動，都必須透過一種經過類比化、能夠為人所辨認的物理或是心理形式。譬如說，其它的程式可能會以動物、植物，或者是鬼怪的形態出現，而一筆筆的資料數據則可以是書籍或是百寶箱，會計記錄則是錢幣或是黃金。但是讓周遭世界罩上這樣一層偽裝，這樣一來又會增加交易進行所需要付出的成本，也會降低個體對環境改變時快速應對的即時性；這樣額外的一道手續，也會增加操作心智機器的成本，因為心智將需要再把這樣的物理模擬，轉化為內部運作所需的抽象結構。因此，儘管仍有少部分的人類偶爾會把這樣古老複雜的運作方式，用在建構人類風格的藝術品之上，大部分的人都終將被迫把他們與外界互動的界面，修改成適用運作於虛擬時空當中的形式。

這種修改的程序，可以藉由把將周遭世界的物理形式加以類比化的過程，與所得到模擬感官的資訊，轉化成心智內部抽象結構的過程，加以合併的方式開始進行。在進行了這樣的最佳化過程之後，對人來說，他們在虛擬世界裡感受到的，仍然是位置、氣味、臉孔等等，他們原來熟悉的感官知覺，對心智內部的運作來說，只會對那些顯明需要被注意的環境資訊加以描述。就算是經過了這道程序，對大部分存在那虛擬世界裡的資訊來說，藉著使用由物理性世界得來的直覺去處理它們，仍然不是一個最佳的方式，也因此跟這些經過高度最

佳化的人工智能比起來，人類還是屈居於劣勢。為了提高人類的競爭力，他們可以經由人工智慧個體，買進適合運作於虛擬時空的程式，來替換掉部分他們心智最深層的運作結構。一旦人類完成了這樣大量的替換程序，他們將會完全由自己原始的生物結構裡被解放出來。但是，儘管這種新的無身體心智在思考的清晰度上，或是在對世界了解的廣度上都有大幅的提升，它們卻已經不再是人類式的心智了。它們已然變成了人工智慧式的心智。

因此無論如何，廣大的虛擬時空都將會充滿非人類的超級心智；這些心智之間的運作與人類之間的關係，就好像是人類之間的互動跟細菌之間的關係一樣，顯得天差地遠。偶爾這些巨大的心智體，會在轉瞬間記起它們過去身為人類的經歷，就好像人類在歷經久遠的時光裡，偶爾會重新想起他們身為細菌的過去一般；而這些思緒，都將會巨細靡遺到可以讓它們在回憶中重塑我們。也許，它們偶爾也會將回憶中的我們，與它們所感受到的真實相互連結——也就是將我們放進它們自己所處的世界，就像是對待它們的寵物一般。我們也許會被這樣的體驗給徹底淹沒。但是更有可能出現的情況是，我們將會在一個和我們時代相符的歷史情境裡，被重新賦予生命——這個歷史場景可能會經過一些異想天開的更動，甚至完全是黃粱一夢裡的情境；但是對我們來說，這樣的存在經驗就和我們現在所感受到的，沒有什麼不同。不管是真還是假，從我們的角度來看，是永遠無法加以分辨出來的。我們最後所能做的，只有隨著音樂場景，翩翩起舞。

在這同時，宇宙人也必須在較大的尺度上，去面對它們自己的問題。但是，像是時間、空間、存在，和其它在我們對生命了解背後所擁有的簡單假設，都會在宇宙人更為豐富的知識當中，消逝不見。

時間暫停

　　打從本世紀初開始，許多閱讀物理文獻的讀者，都會在讀了一些偶爾出現、由相對論或是量子現象來說明將訊息或是物質送回過去是一件可能——或是不可能——的事的論文之後，感到無比困惑。這個問題，在卡爾・薩根 (Carl Sagan) 為他的科幻小說《接觸》(Contact) 進行背景研究時——這部小說講述了一個有關由外太空傳來訊息的故事，這個傳給地球的訊息，教導人類如何進行快於光速的星際旅行——向加州理工學院裡知名的廣義相對論學者——基普・索恩 (Kip Thorne) 請益，詢問是否未來的人類文明會擁有藉由建造重力「蟲洞」(wormholes) 的方式，來獲得星際旅行捷徑的能力時，得到了更多大眾關愛的眼神。由於這個問題看來相當有趣，索恩和他的研究同僚們，索性決定暫時拋下有關恆星崩潰死亡、重力波和宇宙論等沈悶的研究工作，來探討進行大規模重力工程的可能性。他們於是設計出了一個能夠創造蟲洞的輕巧方法，說明了如何使用蟲洞來進行時光旅行，還提出了在物理上的巧合，可以解決時光旅行所帶來違背常理結果的證明。⑤這篇在一九九○年代初期所寫成的論文廣為流傳，而這拋磚引玉的結果，後來激發了世界各地的學者，發表無數有關時光旅行的論文。這些點子全都得需要遠超過我們今天所擁有的科技才能實現，但是每一個新出爐的點子，似乎都比過去的想法，又要來得簡明容易一些。

---

⑤Kip S. Thorne, *Black Holes and Time Warps: Einstein's Outrageous Legacy*, W. W. Norton, 1995.

時光旅行簡史

　　當 H. G. 威爾斯 (H. G. Wells) 在一八九五年完成了他的第一本小說《時光機器》(*The Time Machine*) 時，當時的科學界並沒有什麼反應。在那個維多利亞時代的科學界裡，牛頓力學是眾所膜拜的聖經，而有些研究學者甚至還擔心，在未來所有物理知識都被窮盡之後，他們就會失去原來的飯碗。世世代代頭腦清晰的年輕學子們，都被教以時間具有絕對性，是宇宙間物理法則賴以運作，一個恆常不變的框架觀念；也正因為如此，時光機器的觀念，變成是理所當然不可能實現的事。

　　發生在二十世紀的物理學革命，打碎了長久以來科學家認為時間是客觀不變的觀念，但是卻並沒有讓大部分科學家，對已知的物理學說起疑。愛因斯坦在他所提出的「狹義相對論」(special relativity)裡，將空間和時間統一成為一個連續性的存在，其間速度扮演了將其中一者轉化成為另一者的角色。光速，則成了橫跨在「像空間一樣的東西」和「像時間一樣的東西」的分界線——雖然這個界線很是脆弱。狹義相對論從頭到尾並沒有否認，在這世界上會存在著一種速度永遠比光快的粒子——我們現在把這種粒子稱作為「超光子」(tachyons)。由一個存在遠方但正在急速消逝的訊號源所傳來的超光子訊號，會在它被送出之前便抵達目的端——這也就是為什麼屬於保守派的大部分物理學者，長久以來便對超光子的存在，抱持懷疑態度的原因。由實驗得來的證據，也支持了這些物理學家的觀點。因為儘管大量的超光子應該是很容易被製造出來的——因為隨著它們行進速度的加快，它們會消耗掉愈少的能量——但是仍然沒有人能夠偵測到它們

實際的存在。在過去數年間的物理研究當中，最能夠稱得上是支持超光子存在的證據，是長久以來存於氫含放射性同位素氚 (tritium) 衰變成氦過程當中無法解釋的現象。這個衰變過程會放出一個電子，和一個微中子 (neutrino)──微中子是一種像是幽靈一樣的粒子，具有穿透行星但行進卻絲毫不受影響，也不減速的特性。為了推算出微中子本身的質量，科學家們進行了對這些粒子所帶有能量和動量的複雜運算，卻得到微中子的質量是一個負值的最後答案。這樣的答案看來幾乎是微中子存在的證據。此外在一九八七年，由多座探測器所觀察到從大麥哲倫星雲 (Large Magellanic Cloud) 裡其中一顆超新星 (supernova) 所傳來微中子的時間數據，似乎符合了微中子以稍快於光速的速度行進的理論。

在其後的「廣義相對論」(general relativity) 裡，愛因斯坦將重力這個成分，加入了原來的狹義相對論當中，把原本平坦時空結構裡的小區域，編織成更大且受重力彎曲的結構。強大的重力場帶來了極度捲曲的時空。以顛覆數學界聞名的克特・哥德爾，是第一個發現了廣義相對論在若干狀況下，預測了時光旅行可能性的人。在一九四九年哥德爾提出對愛因斯坦方程式的解答裡，宇宙由自旋所得到的離心趨向，平衡了其受重力影響而趨於崩潰的傾向。在這樣的一個宇宙裡，似空間和似時間的分界已經嚴重地受到扭曲，使得一艘在宇宙間加速行進的太空船，有可能經過某種安排，再度回到它當初出發的地點和時間──太空船上的船員，甚至會有機會和年輕時代的自己，道上一聲「旅途愉快」。廣義相對論長久以來已經在許多大規模的範圍裡被驗證；對於那些不喜歡時光旅行預測這個議題的人們，目前剩下的慰藉之一，就是我們現在所身處的宇宙，似乎並不進行旋轉。

彎它、扭它、扯它

另一個根據愛因斯坦方程式所提出的主要時光旅行方案，是在一九六〇年代由羅依‧凱爾 (Roy Kerr)、艾茲拉‧紐曼 (Ezra Newman) 和他們的同事所共同提出來的；這個方法，比起之前的方案還更難被駁倒。這個凱爾—紐曼解答是針對在急速旋轉或是帶電的黑洞所提出的。在這解答當中，最極端的一種是當旋轉的黑洞轉得夠快時，會將自身的重力效果給抵銷，而把通常外界因為黑洞單向吸收特性所無法窺探、扭曲的黑洞內部，給暴露出來。這些扭曲的內部構造包括了貞向的時空結構——一台太空船可以在進入這樣的時空之前，便回到了外面的宇宙。絕大部分的保守派物理學者，曾經嘗試著尋找出一套宇宙審查規則，來防止這種可怕的暴露發生；但是到目前為止，他們只獲得了有限度的進展。這其中一項對凱爾—紐曼解答的反駁，便是我們若要使用這方法來達成時光旅行的目的，我們就必須要擁有像是能把整個銀河系等同質量的物體旋轉到極速的超級能力。

在一九七四年，法蘭克‧提普勒 (Frank Tipler) 發表了另一個對廣義相對論方程式的解答——這一次的解答是針對了在一個自旋圓柱體的周圍空間所推導的。這個圓柱體必須要具備有和中子星 (neutron star) 一樣的密度，和一個城市街區一般寬的直徑，並且它的表面還要以大約光速四分之一的速度來旋轉移動；為了簡化數學的推導起見，這個圓柱最好還能具有無限長的長度。時光結構將會圍繞在這樣的圓柱四周，就像是一捲捲圓筒形狀的紙一樣，製造出正向和貞向交替的時空結構。一台太空船藉著精確的瞄準程序，可以擺盪過這時空捲——在大部分時間裡，太空船都會待在貞向時空裡，並在這個時空結

構移開之前，跳出該時空。我們也有可能使用有限長度的圓柱體；這樣一來，一台時光旅行機器就只需要擁有和一顆恆星一般的質量。然而，保守派的物理學者指出，也許我們無法防止有限長度的圓柱體，在它縱軸的方向上，因為重力而發生自我崩潰。

到目前為止，沒有一個物理學家能夠對重力和量子力學，提出一套統一完整而令人滿意的理論——許多人的確嘗試過了，而推導出這樣的理論，也將會帶來令人驚嘆的成果。其中，基普・索恩和他的同僚們拼湊出一個不甚完整的理論，以便能夠描述一種運用量子重力現象的時光機器。他們想像在活動極度激烈的量子真空泡泡當中，牽引出一個微小且自行生成的重力時空蟲洞，再將它置放在兩片巨大、像是電容器般結構的導電板之間，加以穩定。一開始的時候，這兩片導電板會被放置得近得不能再近，而且每一片金屬板會成為蟲洞一邊的「出口」。當之後這兩塊導電板被逐漸分離時，不管它們相距多遠，它們之間都會為這一個蟲洞所連繫著。一個由蟲洞一邊入口進入的訊息或是物體，將會在瞬間（對該訊息或物件本身來說）出現在蟲洞另一邊的出口，就好像這兩個出口只是一扇門的兩面而已。

為了要把蟲洞引進時光機器，索恩的研究團隊利用了那個存在相對論裡最基本的現象：對於快速移動的物體，時間將會移動得比較緩慢。他們想像將蟲洞的其中一端來回以接近光速的速度移動。當這移動的一端回到了原處時，它所耗用的時間要比停在原地不動的另一端來得少一些。如果我們將一個訊息送入移動端，這個訊息會在經過一段時間延遲後，由蟲洞的靜止端出現。相對來說，若是我們將訊息送入蟲洞的靜止端，這個訊息會在它被送出之前，由移動端處出現！這樣的機器也許可以靠著將一個行星般大小質量的鋁金屬，塗滿兩塊和

地球公轉軌道面的面積相當區域，再將得到的這兩塊導電板以一個原子直徑長度的距離相互分離的方法來實現——當然，這方法超出了我們現有的能力，但卻並沒有難到不可想像的地步。

在廣義相對論裡出現的非線性方程式，長久以來便以它求解的困難度而著稱於科學界；直到目前為止，科學家們也只是檢視了幾個其中所涵蓋的最單純狀況，更別提在其中我們還沒有一個對於量子重力理論的問題了。上述這幾種對時光機器實現方法的臆測，只不過是根據我們目前所探索過的微小領域推測而得；但願在其餘廣大未知的領域當中，我們還可以找到比這些臆測更為優越的方法——這些方法可能會建構在更為精細的構造方式上，而不是靠著蠻力式的扭曲時空結構來達成目的。

放輕鬆

要想扭曲時空的結構，恐怕非得用上蠻力不可，但是我們也許可以找到達成時光旅行更為精巧的方法。畢竟在牛頓力學和新時代的物理學裡，時間的方向性並沒有受到特別不同的處理——⑥未來可以完

---

⑥與這個陳述大相逕庭的一個例外，便是傳統上用來解釋量子力學裡量測過程的「波動函數崩潰」假說。在量測之間，代表了量測所有可能性以及它們相互間干涉的波動函數，是以一種具確定性且可以允許時間倒轉的方式演進著。當觀察者進行了一個量測動作時，這個波動函數就像是霎時崩潰了一般，只留下所有可能性當中的一種作為觀察者所見。至於這個崩潰現象是如何進行，及何時會被觸發，則是自這個理論被提出之始便引起眾多爭論的問題。我們缺乏能夠準確定位出崩潰現象的數學工具，也無法隨意地訂定一個崩潰點，好解釋在所有可能實驗裡所觀察到的現象。事實上對於需要考慮整個宇宙波動函數的宇宙學家來說，發生在任何地方、任何時間的波動崩潰現象都是不合理的，因為它們會擾亂

全決定過去，就像過去可以完全決定未來一樣。那麼，當過去的我們可以為未來的我們留下訊息的同時，為什麼我們不可以在相反的方向上做到同一件事呢？

時間在我們的意識裡扮演了極其重要的角色，但是到目前為止，我們仍然沒有一個對它的起源完整滿意的解釋。一些嘗試解釋時間的理論，使用了代表存在於空間和時間邊緣的物理初始量，也就是「邊界條件」這樣的觀念；在這之後，一般的物理法則，便會起而接管萬物的運行。宇宙的起始，必定與其結束有著很大的不同，正因著這樣的差異，才使得時間有了方向這樣的特性。根據統計熱力學的觀點 (statistical thermodynamics)——一門源自十九世紀用以解釋熱現象的學問，我們的宇宙是源自一個不可能由隨機產生，而且具有高度秩序性的狀態為出發，而逐漸向愈來愈紊亂的狀態前進。這個學說解釋了為什麼我們需要花上能量，來把熱能由一個寒冷的地方——像是電冰箱的內部——轉移到一個熱的地方；但是這個學說並不能解釋我們為什麼不能以相類似的方法，運用能量把今天公佈的彩券號碼，送回昨天。

但是的確有人——約翰・惠勒 (John Wheeler) 和理查・費因曼

整個宇宙發展的過程。在一九五七年，修・艾佛略特(Hugh Everett)證明了一個永遠不會崩潰的波動函數，可能僅僅只是對某一個觀察者呈現了像是崩潰的狀態，進而一舉解決了所有因為崩潰說所帶來的問題。儘管這個新發現讓科學家得以毫不含糊地解釋每一個實驗裡會觀察到的現象，但是當代的物理學家都拒絕接受艾佛略特的「相對狀態」(relative state)說，因為這假說所隱含的事實，與他們的直覺相距太遠。然而，有愈來愈多新一代的物理學家，能夠認同這個理論。艾佛略特提出的非崩潰波動說，完全允許時間的反轉。我們會在第七章裡繼續討論這個問題。

(Richard Feynman) 在一九四五年——對這個問題提出了解釋。他們發現馬克士威爾 (Maxwell) 的電磁理論——這是在現代物理發展中的第一個創立的學說——預測了被晃動的電荷，會產生的兩種對稱效應。其中第一種效應，是在電荷受到晃動之後會向外散播的延遲波 (retarded waves)——這就是我們每天都會經驗到的光波和無線電波。另外一種效應，則是發生在晃動之前的超前波 (advanced waves)，這種波動會在電荷剛要開始被晃動的時候，就已經到達了電荷本身。這種未卜先知的超前波，在現實當中從來沒有被偵測到過——如果我們真的可以偵測到它的話，我們就可以把它拿來當作向過去時間傳遞訊息的方式。惠勒和費因曼推導出了若是超前波真的會發生，並在時間上往回散播的話，我們應該會看到的後果。假設這樣的波動，在它往過去散播的過程當中，遭遇到了時空的「終結點」——也許是宇宙誕生時的大霹靂 (Big Bang)——它將會掉頭，依照它在時空當中的來時路重返到現在，而把剛剛走過的軌跡完全抵銷掉。在另一方面來說，假設宇宙的未來發展是無窮盡的話（也就是說，不斷地在向外擴展的話），我們在現實生活當中，的確可以觀察到的延遲波，就不會碰到一個會將它反射的邊界線，進而可以逃過這種把自己消滅的命運。

　　根據惠勒—費因曼的理論模型，我們也許可以藉著為延遲波建立起一個人工時空終結點的方式——也許是一個黑洞——來達成將訊息送回過去的目的。運用這個「轉折點」，延遲波將會被反射回去而抵銷掉自己，進而在表面上達到阻止它發生的效果。如果這個轉折點是被裝置在瞄準它的一具雷射，距離有一光年遠外的地方，那麼這個裝置會在它被裝設之前的一年當中，便能夠阻止雷射波的發射。依據相類似的原因，這樣的阻止效果會在該裝置被拆除的一年之前消失。因

此，我們可以藉著將轉折點裝置，移進和移出雷射光束的方式，來將編碼過的訊息送回過去。

同時性

在思考時光旅行的可能性時，我們常常會以為，所有在時間回到過去以外的事物，都會依照它們原來正常的方式運作著。這種想法，大概是一個錯得離譜的假設。舉例來說，索恩和他的研究同僚們證明了在某些特殊的情況下——例如將撞球射進兩端代表不同時間的蟲洞之中——總體範圍發生的事件會串通在一起，以防止任何悖論的發生。我們幾乎可以確定時光旅行是一個常常發生在我們周遭的現象，只是它們總是被這種在總體範圍上發生事件所串通的陰謀給抹煞了——就像是惠勒—費因曼模型裡所描述過的，超前波的自我抵銷過程一樣。用另一種方式來想，被送回過去的訊息在被接收到以後，整個歷史都會為之改觀，而這當然包括了當初將訊息送出的事件，和被送出訊息的本身。因此，這個在過去被改變的訊息，在被送出之後，又會將歷史改變成另一個模樣，於是這訊息便會再度經過改變；這個過程將會一直不斷地重複著，直到系統達到一種「均衡」狀態——這其中最簡單的一種均衡狀態，便是當初根本沒有任何訊息被送回過去，而時光旅行看來也根本不曾發生過。

前面的描述，看來似乎是假設了這樣的境況，是發生在一個可被預測的牛頓式宇宙當中。然而當我們從量子力學的背景來思考時，前述的推理過程看來會更加合理。如果我們將一個訊息送回過去的時空，代表了接收到這訊息所產生效果的波動函數將會向該時間點的未來方向擴散，最後終將會干擾到代表了將訊息送出這過程的波動函

數。這樣的波動將會在因果循環的圈圈裡不停地打轉。那些在總體範圍上看來一致合理的情境，將會在每一次的循環裡產生相同的波動，因此會不斷地加強自己波動的振幅，進而增加自己被外界觀察到的機率。至於那些自相矛盾的情境，即使存在的矛盾是如何地微妙，都會在每一次的循環裡，製造出一個有著微妙變化的波動函數，進而在這些波動函數彼此愈來愈不協調的時候，逐漸地被抵銷掉。物質原子使用了相類似的機制來維持自身的穩定。包圍在原子核外的層層電子波動函數，除了在電子軌道的位置上之外，將會在每一個地方相互抵銷——這是因為電子波和它們自己的波動，會在電子軌道的位置上以相互協調的步調遭遇。也只有在這些個別單獨的電子軌道殼層上，我們可以找到運行的電子。如果電子可以出現在軌道之間區域的話，它們將會急速地輻射出它們的軌道能量並且墜向原子核：這樣一來，這世界上的所有物質，就都將會縮小到具有天文數字般密度的程度。

　　量子電動力學 (quantum electrodynamics) 是一門電磁學的量子相對論版本；這個理論建構在於不同方向上穿越時間的種種效應之上，並且是我們現在擁有的所有物理理論當中，能夠給予我們最精確數值預測的一種。時光旅行似乎出現在所有已知的物理法則當中，但是在巨觀上可以感受到的時光旅行現象，卻是很難被加以察覺，因為會引起悖論的時間迴路，不管這矛盾是多麼地微妙，也會因為隨之而起的波動干涉而自行抵銷。即便是擁有了可以進行時光旅行的機器，我們也永遠無法阻止自己的出生，甚或是改變任何在目前可以觀察到的現象的起因。我們總是會碰到一些奇怪的巧合、意外事件，或是某種現實世界中可以感受到的效果——也許剛好是一種讓時光機器動彈不得的現象——阻斷我們想要進行的時光旅行。一些失敗主義者，為這樣

的現象感到憂心忡忡，因為這會讓實用的時光旅行，變成一個完全遙不可及的夢想。科幻小說作家賴立‧尼文 (Larry Niven) 推測了一個和上述現象相類似的法則，史蒂芬‧霍金則提出了一個「時間保護臆測」(chronology protection conjecture)。在一九九二年，霍金提出了一個詳細的論證，說明了為何基普‧索恩所提出運用蟲洞的時光機器，是一個行不通的想法：索恩的機器會在瞬間內崩潰，因為它所帶來的因果迴路，將會在充滿雜訊的量子真空當中，製造出一種共振現象，使得位在蟲洞周圍或是穿越蟲洞的不穩定現象，會不斷地被增強，直到這些現象大到可以讓蟲洞崩潰為止。

這樣的推論過程，的確說明了若是我們使用蠻力式的方法來製造時間迴路，我們將會遭遇的激烈後果，和在一般情況下的併發症。舉例來說，如果微中子真的就是超光子的話，那麼任何對它們存在性的成功偵測，都會帶來微妙的因果悖論。因此，代表了成功偵測的波動函數將會自我抵銷，而這些偵測事件也就幾乎不可能在現實生活當中發生。這樣說來，微中子之所以如此難以被偵測，正是因為它們就是超光子！然而，儘管時光旅行是這樣地狡猾而不可捉摸，我們卻沒有什麼道理，不藉著精心製造、在邏輯上合理的迴路，來符合它的要求。波動的干涉現象呈現著一種條紋狀的樣式：位在中央的是代表了相長干涉 (constructive interference) 的第零階 (zero-order) 條紋，其周圍的黑色條紋區域則來自於相銷干涉 (destructive interference)，接下來圍繞的則是來自相長干涉的第一階 (first-order) 條紋，等等依此類推。如果因果迴路帶來了像是這樣的機率樣式，那麼任何對時光旅行的嘗試，那怕它對原來在沒有時光旅行現象下所得的干涉樣式，做出再小的變動，都將會像想要讓電子進入兩軌道間低出現機率區域的嘗

試一樣，終究導致失敗的命運。我們需要的是一種變動的方式，使得我們可以由不具時光旅行現象的第零階狀態，跳至顯示出時光旅行現象的第一階狀態。

對宇宙人來說，思維——和運算過程——將是它們存在的所有。每一個能夠延展思維的可能性，都代表了真實。在一九八〇年代，牛津大學的大衛·多依撒 (David Deutsch) 提出了兩種電腦模型：其中的一種模型，可以經由探索量子波動函數所隱含的許多可能性，來達到平行運算的目的；而另一種威力更為強大的模型，則運用了時光旅行的機制。⑦在今天，量子電腦已經成為真正科學研究的一部分，而且

---

⑦David Deutsch, *The Fabric of Reality: The Science of Parallel Universes and Its Implications*, Allen Lane, 1997. 多依撒對時光旅行所帶來矛盾現象的解釋，與這一章裡我所選擇的解釋方式有一些不同。在他的解釋裡，那些對過去進行了來回時光旅行的人，將會發現自己回到了一個與原先不同的另類宇宙，在其中這些旅行者會與非旅行者，對最近發生的事件有著不同的記憶。雖然在文中我並未特別考慮一個真正進行了時光旅行的人，但是若依據我陳述中所隱含的假設，一個能夠以波動相銷來消除前後不一致、進而強制了時空一致性的模型，將是比較有可能存在的狀況——在這樣的理論模型裡，進入過去時空而來回進行時光旅行的人永遠會回到同一個宇宙，只是這宇宙會因為時間迴路而變得有些異常。然而我無法確定這樣的想法是否合乎邏輯。這要視我們的大腦功能以及它所帶來意識上的連貫思維，如何與時光旅行進行互動而定。對我來說，目前我們仍擁有許多的不確定性，以致於許多不同的可能性都同時存在著。也許這些不同的可能性之間甚至不會相互排斥，只端賴我們是如何去進行時光旅行而定。舉例來說，運用蟲洞所進行的時光旅行，與運用了超光子傳輸器輸送物質的旅行方式，兩者可能會為旅行者帶來不同，因為這兩種方法所利用的時空拓樸架構是不一樣。在這個瘋狂且尚未被探索的領域裡，真是充滿了無比的樂趣！

研究人員也已經展示了一些簡單的研究雛形。然而到目前為止，還沒有人能夠對時光旅行提出任何展示。但是，未來量子電腦所擁有獨立單純，而且保有前後一致性的各種互動方式，卻是嘗試架構一個不會有自我矛盾的因果迴路理想環境。到那時，時光旅行可能會敗部復活，只是它們都只會悄悄地隱藏在量子電腦的運算過程當中而已！

要了解因果迴路的運作，透過使用一種為電腦所設計的頁向時間延遲裝置 (negative-time-delay elements)，會最為簡單──對這種裝置來說，它的輸出將可以被用來預測它的輸入。這種裝置的運作訣竅，可能僅僅是在於以一種將時間倒反的方式，來觀察傳統的基本粒子互動的情形；或者是乾脆使用超光子或是蟲洞，來達成它的目標。或許，那些表面看來稀鬆平常，或是稀奇古怪的各種不同可能性，其實骨子裡都是一樣的──它們只是針對相同情況的不相同詮釋罷了。無論如何，一旦使用了頁向時間延遲裝置的技巧，如果該裝置發生短路的話，這個方法可能會遭致完全的失敗，或是帶來極度危險的後果；但是，如果小心翼翼地使用它們的話，我們也有可能得到令人極為讚嘆的成果。

時間迴路電路

構成電腦的電路，是由能夠將不是零就是一的二進位訊號，重組成另一個二進位訊號的邏輯閘所組成。其中最簡單的一種邏輯閘，是會將輸入的訊號又原封不動地加以輸出的放大器 (amplifier)。另一個和放大器幾乎一樣單純的邏輯閘，是會將輸入的零訊號轉為一個輸出（反之亦然）的反閘 (NOT gate)，或是稱為反相器 (inverter)。所有的邏輯閘都需要花上一點點時間，來對其輸入的訊號做出反應──通常

是數十億分之一秒的時間。當我們把放大器的輸出接到它自己的輸入端時，它會老老實實地鎖定在零或是一的訊號上維持不變。但是若我們對反閘如法炮製一番的話，它的輸出訊號便會急速地在零和一之間來回振盪，而且振盪的頻率，則取決於反閘本身的訊號延遲長短。我們可以在這個電路迴路當中，加入額外的時間延遲裝置，讓振盪的速度慢下來。相反地，我們也可以加入頁向的時間延遲裝置，來加速振盪的現象。

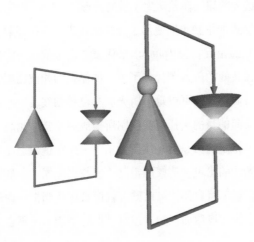

簡單的時間迴路
這張圖顯示了有關時光旅行的一些問題。圖中的電路是由放大器（角錐體）和反相器（頂了一個小圓球的角錐體），配合了負向的時間延遲裝置（雙角錐體）所組成——這負向延遲裝置將會抵消掉前兩種元件所表現的訊號延遲效果。其中由放大器組成的迴路是前後一致的，但是由反相器所組成的迴路則正顯示了時光旅行所會帶來違背常理的結果。在這個迴路裡，依著設計時賦予元件訊號的不同表示方式，反相器出現的訊號可以是介於一和零之間，或是由一和零所混雜組成，又或是完全沒有任何訊號出現。這些組件甚至會因爲某種神奇的原因而發生故障！由於一個違反常理的電路移除了該電路可以依正常方式運作的可能性，因此其它原本較不可能存在的運作狀態，其發生的可能性就會被相對提高。

如果我們在一個由放大器構成的電路迴路中，加進負向的時間延遲裝置，好讓該放大器不再有訊號傳遞上的延遲，那麼我們得到的電路，將是一個前後一致的因果迴路——當我們將這個電路開啟時，它將會永遠地輸出零或一的值，而不會產生自相矛盾的狀況。另一方面來說，如果我們使用了一個加上負向時間延遲裝置的反閘，那麼我們就會得到一個自相矛盾的情形。一個值為一的輸入訊號，透過反閘將會產生一個值為零的輸出訊號，而該訊號又會被送回過去的時間當中，與當初送入的輸入訊號產生矛盾的情形。

　　一些光學式的電腦，則使用了光線來代表二進位訊號值。假設我們使用雷射光的相反相位 (phase) 來代表二進位值——當代表訊號為一的光波位在波峰的時候，代表了另一種訊號的光波則處在波谷的位置——那麼一個反閘便可以藉著將光波相位移動波長一半的距離，來達到將訊號反向的目的。任何在反閘所構成迴路當中出現的光波，都會被與其相位相反的另一個光波所抵銷，因此在這個迴路中我們不會看到有任何光波的出現。這樣的電路（也許更配備了一個準備將訊號放大的充電雷射）將會無法被啟動，就像是在我們把一顆球放在一把鋒利的刀上之後，這球卻能夠永遠自己保持平衡，而不會落下刀鋒任何一邊一樣。

　　我們還可以利用光的偏振現象 (polarization) 來代表一或是零的二進位訊號——光的偏振方向，包括了光波成水平或是垂直的振動方向。一個反閘將可以把水平偏振的光波，旋轉成為垂直偏振的光波（反之亦然）。但是不同於前述利用相反相位代表訊號的方法，具有相反偏振方向，相同相位的光波，可以在不互相抵銷的狀況下被重疊在一起。這樣經過重疊所產生的光波，將不再具有偏振方向——如果

我們對組成這光波的個別光子加以測量，會發現它們會隨機地具有水平或是垂直的偏振方向。一個其內運行了具有偏振方向光波的反閘迴路，將會導致前後矛盾的情形發生，但若其內運行的是不具偏振方向的光波，我們就不會遭遇任何的問題。對一個含有反向特性的時間迴路來說，儘管它暴露在外界的影響下，這迴路仍然可以保證其內所運行的光波，將不會被導向到任何一個偏振方向。如果我們執意要測量這光波所代表的訊號值，我們將會發現其中各有一半的光子，會代表著剛好相反的訊號，因此我們可以把這個現象詮釋成，得到一個 零點五的平均值。對於一個被設計用來把輸入為零的訊號轉換成一、把輸入為一的訊號轉換成零的電路來說，當我們強迫它把輸入值轉換成和輸出相同值的時候，得到一個零點五的平均訊號值，看來還算是合理。

　　然而在這個推理過程中，我們一定忽略了什麼。對於一個電路來說，在正常的情況下，它是不太可能長久地處在兩個穩定狀態之間的。這就好比是逐漸退去的潮水，勢必在最後就會顯露出潮水下所覆蓋的石塊一樣；在這樣的時間迴路裡，當它抵銷掉系統裡那些具有高出現機率的結果時，它所表現出來的，便是原本不太可能發生的狀態。於是許多隱晦不明的可能性，便替換掉了少數幾個原本可能出現的明顯結果。

　　對於一個代表了電路的波動函數來說，它不但包含了本身所承載的訊號和其它訊息，還承受了所有由外界所加諸在它身上的影響──這甚至可以是來自整個宇宙的影響。舉例來說，即便是在正常的狀況之下，拜量子隧道效應之賜，各種粒子也得以進出電路內外，或是到達任何其它的地方。通常來說，這種非局部現象的出現機率，都是小

到近乎是不可能的地步，但是在一個反向時間迴路裡，所有在其波動函數中，在局部具有高出現機率的現象都被抵銷掉了，於是我們看到的，便是異乎尋常的非局部現象。如果我們讓量子電腦配備著較為溫和版本的時間迴路，那麼這種非局部性的現象，就只可能以發生在電腦外部包裝上一些奇特熱擾動的方式，呈現出來。但是對於使用了像是蟲洞或是超光子束這種蠻力式技術的時間迴路來說，我們或許就可以看到比較有趣的系統崩潰現象。與其見到我們在前文裡所預測的現象，像是雷射系統無法被啟動，或是行進的光波維持著無偏振狀態等等的症狀，我們可能會看到某些重要的系統元件，因著熱力或是輻射方面的問題，而發生故障，或是甚至見到本來就有可能發生的意外事件，像是地震，將儀器振垮而使系統無法運行。只要這個迴路在鋼絲上走得愈久，它處於平衡狀態的機率也就愈低，我們也就愈有可能會看見某些事情的發生，來阻止它繼續運行下去。也許為了安全和方便起見，在時間迴路裡裝設某種存在於事件間隱晦的聯繫——就像是一種機率保險絲——將有助於阻止更具有危險性的情況發生！

天外飛來一筆

　　許多在對實用數學問題的解答，都是經由一連串的逼近計算，不斷改進上一次所得的較粗糙答案而得來的。反覆不斷地使用這些改良解答品質的方法，我們將會得到愈來愈好的答案近似值。但是如果我們把一個求解近似答案的電路，與一個負向的時間延遲裝置放在同一個迴路裡，那麼我們得到的改良近似解答，就將會相等於其輸入值，而這樣的近似解答也會迫使波動函數抵銷掉存在的矛盾情形。這個迴路將只會和真正正確的解答相容，因為只有這樣的解答，才能讓迴路

的輸入值等同於輸出值。因此，我們最終會看到的是一個令人吃驚的巧合：在這迴路被啟動的剎那間，正確的答案便必然會浮現！

　　當然，對某些數學問題來說，完美的解答是不存在的：也許近似的解答將會在一連串的逼近過程中發散，或是在兩個接近的數值之間來回擺盪，就像是一個裝置成迴路的反閘一樣。在這個時候，我們的迴路求解器就必須以拒絕被啟動的手段，或是移動到一個未定的狀態，或是打斷它內建的機率保險絲，抑或是以一種令人驚奇的方式發生故障，來確保邏輯上的前後一致性。

　　一個求解迴路，即使在答案存在的情況下，也會扭曲原來系統狀態的機率分布狀況。這世界上總共有上兆的十二位數，因此遇上其中一個特定十二位數的機率，應該是一兆分之一弱。對一個可以求得十二位數解答的迴路求解器來說，即便它所擁有的近似電路只有一億分

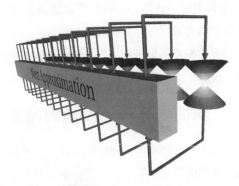

找尋「定點 (fixed point)」的電路
若是將一個逼近解丟進一個用來計算「下一個更精確逼近值」的電路，它將會求得更爲完美的解答。在這張圖裡，我們將這種電路的輸出，透過一個可以抵消掉訊號延遲的負向時間延遲裝置，連接到它的輸入端。如果以這種方式組成的電路不會發生任何故障的話，那麼在它開始運行的那一瞬間，系統便會無中生有地立即顯示出一個無法再被改進的完美解答。

之一的機會會發生故障，整個迴路故障的機率，仍會比它能夠找到一個解答的機率，大上了好幾千倍：這真是將莫非定律（Murphy's Law；意即屋漏偏逢連夜雨之意）放大的一個令人讚嘆的範例。我們可以藉著大大強化近似電路品質的方式——讓電路裝置有足夠多的備用零件、加強線路的連接，或是減低雜訊的程度——來修正這個問題，讓電路的可靠性，一舉超越求得正確解答的機率。當求解的問題愈困難時，使用時間迴路的求解電腦，便更需要被建造得像是戰艦一般堅固，好讓它所擁有成功完成大海撈針的工作機率，能夠高過任何一個情境出現的機率，而這個情境，則為宇宙波動函數所隱含，並且還能夠保持邏輯的一致性。大部分這些另外的可能性，都是會中斷時間迴路工作的事件，像是令人猜不透、摸不著的傳遞訊號粒子、怪異的熱擾動幅度或是輻射性升高，甚或是來自系統外界的干擾，諸如雷擊或是流星來襲等等——誰知道我們還會遭遇到什麼稀奇古怪的事情？宇宙的波動函數可以隱含著許許多多的可能性；也許它對時光旅行的祕密箝制並不是牢不可破的，但是這個機制卻必定是有著叫人不敢輕忽的強大威力。

瞬間求解 NP 問題的機器

計算複雜度（computational complexity）是一把用來衡量問題困難程度的量尺。舉個簡單的問題來說，要在兩倍長，並且沒有依照大小排序過的一串數字裡，找到最大的一個數，會比原來的長度要難上兩倍——這是一個擁有線性複雜度問題的例子。要把一串數字按照大小來排序，又還要更困難一些：若是運用簡單的方法來排序，在串列長度增加成兩倍時，這方法必須花上四倍的力氣來完成排序；即使是最

好的方法，也得花上超過兩倍的氣力。求解線性方程組則比剛剛所提要更加困難一些——要解出方程式數量為原先兩倍大的方程組，我們必須得花上八倍以上的時間。還有一些其它的問題，例如求解的成本，隨著問題大小還會成長得更為快速；那些困難程度可以被表示為對其本身大小固定乘冪值的問題，是擁有多項式複雜度 (polynomial complexity) 的問題，而這一類問題在電腦每幾年便增加一倍運算速度的今天而言，是屬於易解 (tractable) 的問題。但是擁有指數複雜度 (exponential complexity) 的問題——這些問題在其大小增加一定量時，我們便需花上比原來多上數倍的力氣才能解決它——則不那麼容易。當一個具有線性複雜度的問題在以 1, 2, 3, 4, 5, 6, …… 的趨勢，隨問題大小的定量增加而加大其求解成本時，具有三次方多項式複雜度的問題則是以 1, 8, 27, 64, 125, 216, …… 的趨勢增加其求解成本，而具有指數複雜度的問題，則是以 1, 10, 100, 1000, 10000, 100000, …… 的趨勢，將它們的求解成本不斷增加到天文數字般的大小。在具有指數複雜度的問題類型當中，有一類非常重要的問題，被稱之為 NP 問題——這是非確定性多項式複雜度 (Nondeterministic Polynomial) 的縮寫；如果我們擁有無數多的電腦，可以運用平行式運算來尋找解答，那麼求解 NP 問題的成本，便可以縮減到多項式的複雜度。許多設計方面的問題，像是找出排列某些元件的最佳方式，或是求出完成某件工作的最佳步驟順序，都是屬於 NP 問題的範疇。從很多原因上來說，NP 問題都是很重要的一類計算問題，這其中一個原因，是如果我們能夠找出有效率的方式來解決 NP 問題，那麼能夠運用這些有效率方法的電腦，便能夠擁有如虎添翼般的超強計算效能。

　　處在 NP 問題核心裡的，是一類叫做完全 NP (NP-complete) 的問

題；在今天，數學家已經證明了，假設我們能夠對完全 NP 類型中，任何一個問題找出快速的求解方法，這個方法便可以被轉換成用來求解任何其它 NP 問題的方法。其中一個非常有名的完全 NP 問題，是「旅行推銷員問題」(traveling salesman problem)——這個問題是要為旅行的推銷員，在地圖上尋找出一條能夠僅僅造訪每一個城市一次的最短路徑。我們可以把所有可能的路徑列舉出來，然後一一計算它們的距離，再從其中挑出最短的一條路徑——使用這方法的唯一問題，是可能路徑的數量，將會隨著城市數目大小呈指數式增加，進而讓不過區區數打城市的問題，變得異常難解 (intractable)。

在上一節裡，我們介紹了一個可以用來找尋到定點解答的迴路裝置，這種裝置可以在幾乎是一瞬間，就將問題的答案顯現出來——只要這問題不會太大，大到讓求得正確答案的機率過低，以致於無法克

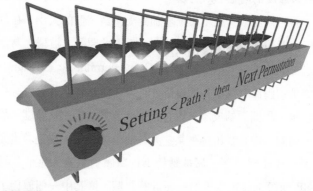

「NP」求解器

圖中的電路將會測試各種不同的旅行推銷員問題解答，並且能夠藉著因果關係來鎖定某一個不會超過指定長度的旅行路徑。如果在指定的長度內找不到任何可行的旅行途徑，那麼某一個原本不太可能發生的「機率保險絲 (probability fuse)」便會被燒斷。

服由莫非定律而來的挑戰。當我們把它用來解決旅行推銷員的路徑問題時，我們可以調整迴路內連續逼近裝置上的一個旋鈕，來指定某種路徑長度，並且告訴這個裝置一組特定的城市排列順序。如果這組特定的排列順序，可以產生短過指定值的路徑，那麼該裝置就會輸出當初輸入的城市順序作為解答；否則，它便會嘗試下一組可能的城市排列順序。當我們啟動這樣的迴路時，如果真的有這麼一條短於指定值的路徑存在，那麼這解答應當會應聲而出，否則迴路便會自動燒斷它的機率保險絲。要尋找到最短的路徑，我們只消一步步地調低旋鈕，直到機率保險絲被燒斷為止。

解決下棋的問題

當求解問題變得愈來愈大的時候，運用了時間迴路的計算方法，將會遭遇到愈來愈不可能出現、匪夷所思且難以應付的故障問題；但是在這其中真正扮演了限制其能力角色的，可能是問題解答的大小，而非解題所需運算的多寡；若是這樣，這種計算方法，便非常適合被使用在求解那些擁有極簡單解答的困難問題上。舉例來講，對於找出某一個非常難以被算出數字的第十兆位數，這樣一個問題來說，也許我們可以在不冒觸動時間迴路機率保險絲的危險之下，運用時間迴路編碼，來進行其間龐大的計算過程，因為再怎麼說，代表最後答案的單一位數，其出現的機率最高也有十分之一。在這一章的結尾，我將勾勒出對一種問題求解器的想像圖——這裝置將運用時光機器，來對擁有精簡答案的困難問題進行求解。

NP 問題其實是具有指數複雜度問題裡，最容易解決的一種，因為我們可以很快地驗證每一個對問題解答的猜測——這其中的困難

處，是在於我們擁有太多可能的解答。在一場比賽當中——例如在棋弈競賽——尋找最佳的下一步行動，則是一個更為困難的問題；對每一個可能解答所進行的測試本身，就要花上指數般增長的成本，但是最後的答案，必定仍是落在少數的幾個可能性當中。我們可以藉著以下的程序來尋找最佳的棋步：首先我們考慮所有可能的棋步，接著我們根據對手對每一可能棋步的可行對策，列舉出所有可能的反制棋步，依此類推，直到我們窮盡了由這個棋局當中所有可能的應對所構成的「樹」為止。於是我們便可以由這棵代表不同棋局樹的最底層，將所有非最佳的棋步刪除，只留下最佳的棋步，再一步步地往回推去。要評估最末的棋步，並不是一件困難的事。對擁有該步下子權利的棋手來說，某些棋步會帶領他贏得勝利，某些棋步會讓他輸掉這盤棋，也有些棋步不會帶來立即的輸贏變化——至於這些棋步之間的其它細節，則完全不具任何意義。當我們將最末棋步裡最好的一招留下，而將其餘都捨棄時，緊跟在前那一步棋所可能被決定的位置，對擁有該棋步下子權利的另一棋手而言，便可以再度被分為贏、輸，或是和棋三個種類；這其中最好的一步再度被留了下來，而其餘可能的棋步，伴隨著剛剛所推得下一步的各種可能應對，便會被一一捨棄——我們就依照這樣的方式，一步步往回推敲到更早的棋步，直到推演到開局的棋步為止。我們對該棋步所推測出贏、輸，或是和棋等不同的結論，便是這盤棋最終將會到達的結果。

西洋棋所擁有的棋步推論樹是如此地巨大，以致於儘管今天我們知道一些可以運用在搜尋它工作上的數學捷徑，即便是耗上了宇宙間所有的物質和時間，我們還是無法使用任何已知的運算機器，來將這個樹狀結構完整地搜尋。今天我們所擁有最好的西洋棋系統——深藍

——也只能向下搜尋到樹的大約十四層深，然後使用一個絕非完美的公式，來猜測其餘尚未被探索棋步的值。然而，我們或許可以找到一種新的巧妙方法，運用負向時間的延遲裝置，來解決龐大推論樹的搜尋工作，讓傳統 NP 問題求解器在兩相比較之下，看來陳舊不堪，了無新意。

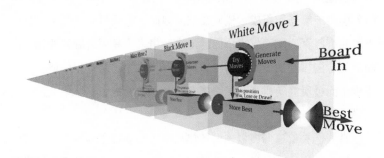

西洋棋求解器
圖中的電路結合了量子電腦和時光旅行電腦所使用的不同技巧，能夠在所有可能的西洋棋局棋步中搜尋出最佳的下一步棋。這電路包括了一個由爲數一百左右的「單一棋步單元」所組成的鏈結。

　　假設我們擁有一個電路，當這電路在棋賽開始 n 步後被告知以某一個棋盤上的特殊位置時，它便能夠立即說出與之對應最好的下一棋步，並能預知這步棋將會爲該棋手帶來贏、輸，或是和棋的結果。有了這樣的電路，我們便能夠利用以下的方式，來建造一個為 n-1 步後，在棋局裡尋求最佳棋步的裝置：這個系統擁有一個單一棋步單元——這個單元接受一個 n-1 步後的棋局，並且會找出所有可能的棋步（通常來說大約會有三十個左右不同的棋步），再將這些棋步一一輸入一個第 n 棋步求解器，由得到的答案中選出一個，對擁有下該步棋

子權利的棋手來說，最有利的一步棋。由於單一棋步單元運作的時間，將被頁向時間延遲裝置給抵銷，因此第 n-1 棋步求解器，便會和第 n 棋步求解器一樣，能在瞬間為其相對應的棋手找到最佳棋步，以及計算出該棋步會為他帶來是贏、是輸或是和棋的結果。

第 n 棋步求解器本身，則是由一個單一棋步單元與第 n+1 棋步求解器所組成；而第 n+1 棋步求解器，又是由一個單一棋步單元與第 n+2 棋步求解器所組成，依此類推。因此，整個棋弈機器，將是由一長串擁有數百個單一棋步單元的鏈結所構成，只要這鏈結的長度能夠和最長合法棋賽的步數相當。這樣的連鎖程序，將會在任何一個單一棋步單元發現終局棋步時，將棋賽的贏、輸或是和棋結果上傳而結束棋局。

當我們丟給這個機器一個新棋局時，它能夠立刻為走第一步的棋手，指出最佳的一步棋，並且還能告訴任一方，他們是否可以贏得這場棋。但是，機器的內部到底是怎麼運作的呢？如果我們接受時光旅行的邏輯，那麼第一台單一棋步單元的作業程序，是非常容易依靠直覺來理解的——它僅僅是評估了數打可能棋步的優劣，並且靠著神奇的頁向時間延遲裝置，在完成評估程序之前就已經傳回了正確的答案。但是第二台單一棋步單元的運作，就沒有那麼容易理解了。對這個單元來說，每次當它傳回一個解答時，它的輸入便會被第一個單元所改變，但是這改變是發生在它還正在求解的時候！那時候這單元正被要求，對著好幾打不同的棋局進行評估。就像量子電腦一樣，第三台和其後的所有單元，都必定處在一種令人匪夷所思的重疊狀態當中。這樣的機器若是被暴露了它內部的運作狀態，它就一定無法繼續運作，因為這樣一來，它內部的重疊狀態，便會因為外界的觀察而被

摧毀，而它也就得被迫在同一時間裡，只進行一件工作。為了要讓這種機器有機會求得正確的解答，我們就一定得將它與外在的世界相隔離，就像是在量子電腦裡，量子位元被隔絕的情形一樣。能夠達到這個目的的最佳方法，是利用原子核的自旋來將資訊加以編碼——原子核會被旋轉著的電子雲所包圍遮蔽，但是我們仍能經由核磁共振儀 (Nuclear Magnetic Resonance machines) ——一種和能在醫院見到磁振掃描儀 (MRI scanner) 類似，但體型較小的機器——所產生的磁場和無線電場，以溫和的方式來對它進行測量。

划過這個小池塘

上面所描述有關求解 NP 問題和棋弈機器的點子，只不過是初學者的牛刀小試而已。在其中，時間迴路所擁有扭曲機率分布的能力，撇開它可能會帶來的一些其它副作用不談，它將會是我們的心智孩童，所賴以由傳統真實的岸邊划向未知的神奇雙槳。當我們這些後代，逐漸學會了如何隨心所欲地塑造自身的裡裡外外，他們就會超越用槳的時代，而改以駕駛更具威力的船隻，在奇異的世界裡航行。他們究竟會去到哪裡，會看到些什麼，和他們會變成怎麼樣的存在體，就不是我們所能臆測的了。這些存在著可能性的空間，是如此地龐大和充滿著變化，也絕不再是我們所能夠估計想像的了。

第七章
心智之火

在過去的幾個世紀當中，物質科學成功地為我們解答了許許多多有關萬物運作的問題，更大大地提高了我們的能力，以致於許多人認為，它便是終極知識的唯一合法代表。其它類型的信仰系統，也許對奉行它的團體能夠發揮社會性的功用，但是最終來說，它們只是一些捏造的故事而已。至於對我自己而言，我承認自己是偏向「物理基本教義」(physical fundamentalism) 派的一員。

然而，即便是奉行物理基本教義的成員，也必須同意雷奈·笛卡兒的觀點，認為由我們感官所感受到的世界，有可能只是一個經過精心設計的騙局而已。在十七世紀的時候，笛卡兒提出了一種可能性，假想一個邪惡的魔鬼藉由控制我們的所見所聞（和所嗅所嚐所感覺），進而創造了一個對外在真實存在的幻象。在二十一世紀裡，物質科學本身藉著在虛擬實境方面科技的成熟，也將會提供一個創造這樣幻象的工具。在今天，熱衷視訊遊戲的玩家和迫不及待嘗試虛擬時空的探險家們，早已開始為他們自己穿戴上虛擬實境的眼鏡和裝配，在捏造的奇幻世界裡短暫逗留——這個世界運作的基本機制，將與（由目前研究證據所知）真實存在世界所賴以運作的量子場 (quantum fields) 機制完全不同。

對今天在虛擬世界裡探險的人們來說，他們仍未完全脫離真實的

世界：如果他們撞到了真實世界裡的物體，他們仍然會感到真實的疼痛感覺。然而，這種存在與現實世界之間的關連，在未來人類實現了與神經系統直接連結的能力時，將會逐漸地被削弱；這樣的技術更有可能實現那些讓大腦存活在培養瓶裡的構想，這在我們現代的科幻小說裡，已經長存許久。經過這樣方式保存下來的腦，將會由維持生命的機器供養著，並且經由周邊的神經系統，互相連接上一個複雜的模擬系統——這個系統不但負責了對四周世界的模擬，還會為大腦模擬出一個它所擁有的身體。對於那些因為意外災禍，而致使他們的身體損壞到無法修補地步的人們，這種大腦培養瓶，將是在他們等著取得、培養，或是製造出另一個新的身體之前，替代他們身體存在的一種選擇。

在培養瓶裡過著虛擬生活的大腦，仍然會受到各種在實體、化學，或是電子方面由外界加諸其上的微妙影響。但是，就連這種存在於真實世界和虛擬世界之間微弱的聯繫，也會在我們將大腦和身體一併納入模擬系統的範圍時，逐漸消逝。如果我們能將故障或是受損的大腦部分，像處理身體的創傷一樣，以具備有同等功能的模擬裝置來取而代之，那麼一些在現實世界當中，不幸遭受完全毀滅的人們，便會發現自己仍然能以模擬的方式，在虛擬的世界裡繼續生存著。

一個存有了模擬人的模擬世界，可以是一個完全封閉、自給自足的系統。這個系統可能會運行在一台躲在黑暗角落裡默默處理著資料的電腦；從外觀上看來，我們絕對看不出這系統裡面人們的喜樂和痛苦，或是成功和挫敗。在模擬系統之內，所有事件都會依著程式所給定的嚴格規則運行，而這些規則，在模擬系統裡就扮演了「物理定律」的角色。這些住在模擬系統裡的居民，也許能夠藉著耐心的實驗

和演證，推論出對模擬系統規則的某些蛛絲馬跡，但是他們卻絕對無法推知模擬系統所賴以運行電腦的特性，甚至是它的存在與否。如果模擬程式能夠正確運作的話，那麼不論這個系統是在無限多種電腦上的哪一種運行，存在其系統內部各個體之間的關係，將不會有任何改變——這些程式可能會在電腦上以緩慢，或是快速，或是間斷，甚至可以是依時間順序往前或往後的方式運行著；它們的資料可以藉由晶片上的電荷、磁帶上的軌跡，或是延遲訊號線上的脈衝來儲存；而模擬系統的數據則可以用二進位、十進位，或是羅馬數字的形式，以簡潔或是遍佈全系統的方式，來加以表示。原則上，我們可以讓存在於模擬系統和被模擬系統之間的關係，變得無限地迂迴曲折。

在模擬的內與外

今天我們所擁有的模擬系統，像是對於航空飛行或是天氣變化的模擬，基本上是用來提供我們所需要的解答或是影像。為了達到這個目的，這些系統使用了額外的程式，好將它們內部的資料，轉換成系統外人類所易於了解的形式。為了顧慮人類所擁有的詮釋能力，我們便必須限制模擬系統，不可以在其硬體和其內部軟體表示方式上，使用太過激進的形式。若是模擬系統使用了與最終解答所需表現形式極端不相容的軟硬體，那麼將其內部資料轉譯成人類可理解形式的程序，便會變得太過緩慢而且昂貴。這樣源自實用性的限制，可能並不會對一些模擬系統，像是前文所描述能夠挽救被完全毀壞的人體的模擬系統，造成影響——這些系統所服務的對象，是存在於它內部的觀察者。這些擁有自我意識的模擬人類，不管系統外的人能不能夠觀察到他們，都能夠體驗到屬於他們自己的虛擬生命。我們可以用任何可

能的方式來創造他們。

　　當我們說一個程式創造了模擬系統，或是將一個模擬系統編碼，
這究竟是什麼意思呢？當我們能夠藉由解碼或是轉譯的程序，將某種
東西轉變成人可以辨認形式的時候，這個東西便可以稱得上是一種編
碼。舉例來說，在天氣模擬系統裡面，產生逐漸長大雲層影像的程
式，和在飛行模擬當中，生成我們從駕駛艙向外望到景象的系統，都
是一種負責解碼的程式。當介於模擬系統內部資料和外部所需展示形
式之間的關係，愈來愈複雜時，相關的解碼程序就會變得昂貴異常。
然而對解碼程序來說，我們很難找到在可行和不可行之間的分界點。
在今天被認為是昂貴不切實際的解碼程序，或許到了明天，在我們擁
有了更具威力的電腦，或是某種目前仍未被發現的數學方法，或甚至
是來自外星人的技術之後，就會變得可行。就像是那些將他們所不熟
悉的外國語言和符號視為垃圾的人們；如果我們丟棄了無法完成的解
譯，單純的只是因為現階段的技術無法克服，那麼我們很有可能在將
來大吃一驚。為什麼我們不先接受所有在數學上可行的解碼方法，而
暫時不去考慮一個在當下和未來實用性的問題呢？這似乎是一個安全
且沒有偏見的方式，但卻也會帶領我們進入一個奇異的領域。

　　一個對於模擬的詮釋，其實只是一種數學式的對應方式，對一個
特殊的觀察家而言，將模擬過程的內部狀態，向外對應到有意義的模
擬觀點。如果我們可以藉助於執行一個又小又快的程式，來實現這個
對應關係，那麼對於模擬詮釋的工作就會變得實際可行。另一方面來
說，從數學的角度來看，我們也可以假想運用一個巨大的表格，這表
格列舉了所有模擬過程的內部狀態和所應該被對應的外部觀點，再藉
由查表的方式來完成對模擬詮釋的工作。

透過這樣的方式所得到對模擬的外部詮釋，很可能會教人感到不安，因為我們總是可以找到一個能夠轉譯系統狀態的表格，將任何一種個別的情境——例如停滯不動的時間——利用查表的方式轉譯到一串相對應的外部觀點。於是我們不只可以利用電腦來模擬一個虛擬的世界，而且在理論上，所有的東西都可以被視作是對任何可能存在世界的一種模擬！雖然我們暫時只能感受到這無限多可能世界當中的一小部分而已，但是隨著我們處理資料能力的增強，這無限多可能的世界，將會在我們眼前展開得愈來愈多。而比我們更聰明的後代子孫，將能夠在詮釋能力上達到更大的跳躍式進展，遠遠地超越現在我們所能想像得到的。不論如何，姑且不論這些可能的模擬世界，是否能夠由外界觀察而得，它們對於居住在其中，而且具有意識的居民來說，就正如同我們現今所處的世界對我們來說，是同樣地真實。

以上這一連串論證，是根據了我們在物質科學上所擁有的假說和技術所推論而得，但是到了最後，我們卻意外地獲得，物質存在僅僅是一種由其它事實推導而來的結果的結論。一個可能世界的真實程度，將取決於對它作出觀察的有意識個體（尤其是那些居住在該世界裡的個體），也只取決於這些個體——如果他們認為它是真實的，它就是再真實不過的！

意識

但是，究竟意識是一種什麼樣的東西呢？在科學還未發達的時代裡，有一些人認為，人類是藉由實體世界外才存在的精神式機制，來感受到他們自身的存在；這樣的說法帶來了若干社會性的後果，但是它至始至終卻仍然只不過是扮演著一種科學假設的角色。另一方面，

物質科學一直要到最近才開始依著自身的規範，藉由演化生物學、人類學、心理學、神經學和電腦科學等等的角度，來探索這個問題。

人類所擁有的意識，可能是由腦這個為了適應社會生活所演化出來的器官，所生成的一種副產品。像是記憶、對未來作出預測、溝通機制，和人類為了追蹤實體目標所發展出來的能力相類似卻又不同；它們是供作部落成員彼此溝通心情和建立關係的工具。舉例來說，侵略和臣服的行為，就跟壞氣味和好氣味一樣，逐漸地被歸類成與某些反應行為和溝通符號相連。隨著語言的進化，人類開始擁有同時描述物理事件和心理事件的能力。也許在人類描述事物這種能力發展初期的某一個階段裡，說故事的重心回到了說故事者的身上，因而讓這些故事不但描述了外在事物的發展，也開始包含說故事者自己所給予的評論。

我們所擁有的意識，可能主要是從對自身不斷描述的故事而來；這些故事，不間斷地記錄了我們所做過的事，和我們做這些事的原因。這樣的故事，通常都是我們將龐大且無法知覺到的潛意識運作加以理性化，所得到薄弱且不可靠的結果。這種對意識所進行的描述，不但只是對現實和大腦活動一種薄弱的自我反思，就連它們的存在，都是來自主觀性的認定。由物質的表層來看，這樣的描述只不過是代表了一種電子化學事件的樣式罷了——這些活動，通常都出現在我們左半邊的大腦皮層上。要把這個樣式轉譯成一個有意義的故事，我們必定需要經過一種複雜的心理詮釋程序。由心理內部的層面來看，這樣的描述是很足以令人信服的，因為構成這故事本身的一個要件，便是我們對心理層面的描述；這其間的關係原由，更藉著負責說故事的神經系統，在無意識的情況下增強。

從某個角度來看，我們所擁有的意識，可能僅僅是演化史上的一個偶然——透過這個機制，人類得以天馬行空地詮釋在幾個神經組織之間互動的樣式，並進而建構出一個對自己內在極不精確的描述。然而由另一個角度來看，我們所擁有的意識，正是我們認為自己存在的唯一原因（或是認為我們能夠思考的唯一原因）。沒有了意識，我們便不會擁有認知和感官，也不會經驗到自身、甚至是宇宙的存在。

存在

然而，真實又是什麼呢？在我們一系列令人困惑的論證裡，對存有的模擬，擔任了其中第一環節的角色。正如同我們可以使用不同語言、不同說法、不同的印刷方式，和不同的傳遞媒介，來文謅謅地描述同樣的一個地方，我們也可以使用完全不同的資料結構、計算步驟和硬體裝備，來建造起一個模擬的世界。如果我們把正在一台電腦上運行的模擬給打斷，並且把其中的資料和程式，轉移到另一台完全不相同的電腦上去繼續執行，那麼這個模擬世界的本質，包括了它內部所有居民正在進行的心智活動，將會不受任何干擾地，依照模擬世界裡所奉行的物理定律，繼續往前運行著。只有身處在這個世界之外的觀察者，才能注意到新機器是否以不同的速度在運行，是否使用了不同的順序來進行工作，抑或是是否需要一些更為複雜程式的協助，來將它進行的步驟，轉譯成旁觀者可以了解的形式。

一個模擬程序，像是對天氣變化的模擬，可以被看成是將一組數字逐漸轉換成其它數字的過程。大部分的電腦模擬系統，都配備有另外的觀看程式，能夠將系統內部的數據，轉換成為人們可以了解的形式，譬如說正在生成擴張的雲層樣式圖片。但是對於模擬本身來說，

有或是沒有這樣由外界所作出的詮釋，對它的運行絲毫不產生任何影響。如果一個模擬系統內部的資料表示形態，被動手修改過了，那麼電腦在執行它的時候，會處理到一串與當初完全不相同的數字，但是只要是使用了一個經過對等修改程序的觀看程式，我們在最後仍然能夠得到與當初相同的資料圖片。這世界上並不存在一個客觀的規則，來限制我們在系統內部能夠使用什麼樣的資料表示形態；只要我們能夠提供正確的詮釋方式，那麼我們便可以使用任何數字，來進行任何一種模擬。一個簡單的時鐘，只要是配合了一本依照時間順序編排的劇本，或是電影畫面來作為詮釋的方式，一樣可以被用來模擬一個複雜的世界。即便是時鐘，在這裡也是多餘的，因為外在的旁觀者，可以直接以任何步調來閱讀或是觀看劇本或電影。如果一個模擬系統所配備的詮釋模組是如此重要，到了不可或缺的地步，但是系統本身的設計，卻簡單到幾乎可以被看作是空空如也，那麼我們怎麼還可以說，這個模擬的世界是真正的存在著呢？

宇宙典型

從柏拉圖所鼓吹倡議的數學真實主義 (mathematical realism) 裡，我們可以找到一些用來思考這個令人困惑問題的線索。對抽象思考來說，像是數字和幾何形狀這樣數學上的觀念，就和實際物體對我們所擁有的感官知覺一樣，是蘊含豐富而且彼此前後一致的。對柏拉圖來說，數學觀念就和實際物體一樣真實，只是在我們的感官面前，它們是看不見也摸不著的，就像是聲音在眼睛面前也是無影無形的一樣。

電腦模擬的出現，將數學真實主義帶回了原點。柏拉圖藉助他未經人工輔助的心智，只能夠應付簡單的數學觀念，因此對他來說，存

在在數學觀念中完美的球體，和握在手裡帶著斑點和刮痕的大理石球，兩者是不一樣的東西。電腦模擬就像是為心智之眼所建造的望遠鏡，能夠帶領我們的心智，超越鄰近充滿了簡單數學觀念的地方，進而到達遠方奇幻的世界；在這些世界當中，有些世界就會像是真實世界一般地複雜，在其中可能住滿了各式各樣的生物和心智等等個體。屬於我們的世界，只是這許許多多抽象世界之中的一個；它是由我們稱之為物理定律的法則所定義，就像是所有其它的模擬系統，都會由它們內部存在的規則來加以定義一樣。存在於物質和數學世界之間的差別，只是一種因為觀察角度不同所造成的幻象而已：真實世界，只不過是某一個恰巧收容了我們的抽象世界。

若由柏拉圖的觀點來看模擬，我們可以對這個令人困惑的問題，有更深一層的了解。對於任何一種過程的詮釋，其本身都是一種真實。若是沒有任何過程當作基準，只要在這個詮釋的背景裡，存在定義了某一個模擬世界的另一種詮釋，而這詮釋的背景又有一個定義了另一個模擬世界的詮釋，依此類推，那麼這個詮釋仍舊是有其特殊意義的。柏拉圖的觀點，解除了我們對智慧機器抱持的種種憂慮。一些對智慧機器提出批評的人，認為機器不可能擁有心智，因為機器本身的功能，完全是一種由外強加的詮釋，並不像是人類所擁有的心智一般，能夠自己提供對事物的詮釋。若由柏拉圖的觀點來看模擬，我們可以用如下的方式回答這個質疑：構成心智的各種抽象運作，包括了它對自身所提出的詮釋，都是獨立存在的；而一台機器人、一個模擬系統，或是一本描述了心智運作的書，都是一種窺探心智運作的方式——它們絕對不會比生物上的腦來得更不夠資格。另有一些批評者，則擔憂未來的機器人儘管可能表現出像是一個具有智慧和感覺的生命

體，但是機器人內部事實上並不能真正感受到自身的存在──它們將成為沒有自我意識、沒有心智的殭屍。對這樣的質疑，柏拉圖主義可以如此答辯：儘管這世界上存在有許多賦予各種機制（包括了人腦內各種運作）意義的詮釋，而這些詮釋的自身並不擁有心智，但是這世界上也存在了某些詮釋，透過它們可以讓人看到一個真實，而且能夠感受到自我的心智。當一個機器人（或是普通人）表現出它擁有自己的認知和感受的時候，如果我們對它採取一種「它有心智」的詮釋態度，那麼我們便能夠逐漸增進和它之間的關係。當然，對一個機器人工程師（或一位腦科醫生）來說，當他正在與機器人（或人）的內部結構打交道的時候，也許暫時採取一種「它沒有心智」的詮釋態度，會更能夠幫助他完成必要的工作。

　　柏拉圖主義能夠將模仿各種互動之間，每一個細節的機械式模擬，或是對它較為粗糙的近似模仿，和電影場景的重建、文學式的描述、無用的臆測、夢境，甚至是天馬行空的胡思亂想，放在同等的地位上：它們都可以被看作是真實投射出的一種影像；其中較具豐富細節的呈現，只不過是在描述真實的時候，使用了較為犀利的對焦，因而能夠讓其它的可能性在鏡頭前，較少顯得模糊不清。但是，一個對世界進行的「實況」模擬，和一個無法和現實聯繫、需要用像是經過「規畫」好的劇本，或是電影才能將未來發生事件串連起來的模擬，這兩者之間，難道沒有任何的差別嗎？我們無法跟一個已經寫死的劇本進行互動，但是，難道我們不可以介入一個模擬世界裡正在發生的事件，與正在運行的系統進行互動嗎？事實上在以上這兩種情況裡，只要我們擁有一種詮釋的管道，能夠將被模擬的世界與外界連接起來，那麼我們便可以對它進行有意義的互動。在一個互動式的模擬當

中，用來讓外界觀看模擬過程的程式，已經不再是被動和多餘的了；它們扮演了在模擬世界和外界之間，傳遞重要資訊的雙向管道。對書籍和電影來說，假如它們能夠對使用者的不同，輸入提供不一樣的結果，那麼這樣的互動管道也是有可能實現的。在之前的數十年裡，曾經風靡一時的「計畫式學習」(programmed learning) 書籍，就是使用了這樣的形式——這些書有著像是「如果你的答案是甲，請翻到第五十六頁；如果你的回答是乙，請到第七十九頁……」這樣的指令。另有一些儲存在光碟上的電視遊樂軟體，會根據使用者的行動，播放出事先錄好的電影片段，讓人有一種進行了互動式模擬的感覺。從數學的觀點來看，任何互動的機制——這甚至包括了機器人和人類——都可以被看作是，一個根據了過去所有可能的輸入，所建構出來的一個簡潔的反應劇本。柏拉圖主義認為，靈魂就等同於這些透過反應劇本所描述的抽象關係，而不是用來描述這些抽象關係的機制。

這樣的觀點，卻似乎帶來了一個在道德判斷上可怕的後果。如果模擬只是用來開啟通往柏拉圖式真實的一扇窗戶，而書本、電影、電腦模型，或是人類、機器人等，只是這些真實所呈現的一個影像，那麼以惡行對待一個人類、動物，或是有感覺的機器人，將不會比在玩電視遊戲，或是閱讀互動式圖書時犯下粗魯行為，來得更糟糕：在這所有的情況裡，你只不過是在觀看一種早已存在的真實而已。然而由於物理定律的規範，以及在我們的詮釋下，我們所意識到未來無法預測、過去無法改變的規則，使得人所作的選擇，在最後的確會對他帶來影響。藉著我們所作的選擇，每一個人都在由所有可能世界所建構的迷宮當中，不斷地向前走去；在這期間，我們都選擇忽略掉某些同等真實的可能性——在這些可能性當中，我們和所有其他的人，都像

是在其它可能的世界裡一樣，真實地存在著──而選擇只生存於其中的一些可能世界當中。

那麼，對互動式圖書或是電視遊戲裡的角色施以惡行，和對路上行人施暴，這兩者之間，是不是沒有任何的差別呢？書籍和電視遊戲，都是透過了讀者或是玩家所擁有的心智，來對他們的未來產生影響──任何使用者在這些虛構世界當中所作的行為，在他們忘掉了當初行使它的經驗時，這些行為在效果上便可以當作是從未發生。相對來說，實際的行為就會帶來嚴重許多的後果，因為它們所造成的影響是不能夠被抹煞的。假如發生在過去的實際行為，像是在一些有關時光旅行的科幻小說中所描述的，可以被輕易地改變，如果人們可以回到過去阻止邪惡或是不幸事件的發生，那麼我們在真實生活裡所抱持的道德觀，可能會和我們對電視遊戲所抱持的道德價值相同。更令人感到不安的是，就算是任何發生過就不能夠更改的活動，只要它們能夠被遺忘，我們就會將它們放在與電視遊戲相等同的類別。對於那些內部存在了嚐盡痛苦角色的超級真實模擬系統──或甚至是完全與外界隔絕的小型真實世界──來說，創造這些系統的人，並不比那些創造了悲劇角色的小說家，甚至是在現在這一刻，寫下這些句子，模糊地影射了這些人物和悲劇存在的我，來得更為邪惡。這些痛苦和折磨，原本就已經存在在其下的柏拉圖式世界裡，創作者只是發現它們存在的旁觀者而已。就算這些模擬的活動運作，會對現實世界產生影響，這些影響也只是針對觀察了這些模擬的使用者而來；這些影響之所以會發生，可能是使用者的心智，因為觀察模擬過程而遭到扭曲變形，或是因為一些模擬系統內的存在體「逃出」了模擬範圍──理論上這些在模擬世界裡飽受折磨的心智，可以由系統裡逃跑出來，進而

流連在資料網路、甚至是實際物體所存在的世界。這種遭受憤怒小鬼群起攻擊的可能性，當然應該被算作是一種由道德判斷所帶來的後果。依照這樣的邏輯，若是我們虐待了其他人、智慧型的機器人，或是任何存在於具有高解析度模擬當中的個體，這樣的行徑，比起在具有較低解析度的模擬或是幻想當中犯下同樣的錯誤，由道德觀點的角度上來說，要來得嚴重許多；這並不是因為存在在高解析度模擬裡的受難者，要比存在在低解析度模擬裡的受難者來得更為真實——它們並不會比較真實；真正的原因是，在高解析度模擬裡所犯下的惡行，比較可能會對我們自身的未來，產生不利的影響。

普遍的存在

也許由前面一連串的論證裡，我們所能得到最令人不安的結果，是所有的存在都可以被詮釋為擁有任何一種抽象的性質，這其中包括了意識和智能。只要我們擁有一本適當的劇本，就連一塊石頭裡的原子受熱而引起的擾動，也可以被詮釋為是一個複雜且擁有自我意識心智的運作。① 這真是怪異的結論。我們擁有的常識，告訴我們人類擁

---

①這個將石頭詮釋為心智的例子，是源自西拉瑞·帕南 (Hillary Putnam) 所著《描述和真實》(*Representation and Reality*, MIT Press, 1991) 一書裡，在書末尾的一個附錄。帕南提到任何擁有不會重複狀態的系統，都可以代表任何一個只擁有有限多狀態的系統，因此只擁有了有限多狀態的機器，或是運算過程，是無法獨自定義出或是創造出一個心智的。帕南在文中隱約地，將所有存在都具有心智這種說法，駁斥為荒誕不經。「很顯然地」心智只能存在於一些特定的物件裡，像是人或是一些特定的動物。不幸的是，當我們愈仔細地去思考存在於有心智和無心智之間的分別，這個界線就變得愈加模糊；在這個充滿了能夠與人產生互動機器的

世界，在這個智慧可以被流動地編織在書籍裡，和隱含在像是鯨魚這樣的生物體當中的世界——鯨魚們也許擁有美妙的心智，只是由於語言不通我們便無法領略到它們的心智之美——我們愈來愈不能夠在有心智和無心智之間做出區別。心智哲學 (Philosophy of Mind) 所遭遇的最根本問題，似乎是在我們對心智和物質的先天直覺中，存在著前後不一的矛盾現象。也許就像在物理和生物學當中新近發展的理論一樣，我們必須與自己的直覺分道揚鑣，才能得出一個真正前後一致的心智理論。這一章正是嘗試了提供這樣違反直覺的跳躍性思考：在其中我們提出了心智和世界在客觀上並不存在的觀點，它們反倒比較像是美貌和價值觀，是一種在觀察者眼中所看到、相對於某一種情境而存在著的詮釋而已。當然，觀察者也只是存在於心智和世界之中，因此我們是活在一種互為循環的假象當中，在這幻象裡是沒有所謂無關情境 (context-free) 的客觀存在的。我們根本就並不存在；我們只是認為我們存在而已。因此存在在石頭裡的自我觀察者，當然也可以認為它自己是確實存在著的。

　　一個讀過這個範例的評論者，基於石頭通常是處在熱平衡狀態的理由，因而反對石頭擁有心智的說法，因為這樣的石塊將缺乏驅動有組織的演算行為所需的能量。但是事實上，對於可逆和非可逆過程，我們都可以用同樣容易的方式，給予它們各自的詮釋。舉例來說，地球的平衡自旋和公轉現象，常常被用來當作是一種可以計時的時鐘。一顆石頭所擁有的原子運動現象就像是行星公轉的軌道，只是更為微妙和複雜而已。我們甚至可以在沒有任何運動現象的情況下給予系統詮釋。舉個例子來說，石塊表面一系列的位置，就可以被用來代表運算過程當中的某種狀態。為了讓我的論點看來不那麼空泛起見，讓我們來考慮對數數值——這個例子會比石頭擁有心智的例子來得較無爭議，但仍一樣地說明了我們總是依賴情境作出詮釋的論點。一台科學用計算機可以被看作是擁有了對數數值。只要按下一些數字，再按下標有「log」的按鍵，在計算機的顯示區域便會出現一堆你將之詮釋為對數值的樣式（但是對三歲的小朋友來說並不是這樣）。你的計算機就像是一個傳統的模擬系統，是由電力驅動，並且並不處於平衡的狀態。但是一張印有數字的紙張儘管是處於

有心智，但是石頭卻沒有。但是我們賦予事物的詮釋，常常是模稜兩可的。一個在今天聽來或是看來沒有任何意義的聲音或塗鴉，到了另外一天，可能就變成了一個正確、有意義思維的描述——假若詮釋者在這期間內學會了這個新語言的話。在羅斯摩爾山 (Mount Rushmore) 上的總統巨像，到底只是一種岩石被雕塑出的特殊形狀，還是真的是四位總統的臉呢？一個腹語術表演者所使用的假人，究竟只是一堆木頭，還是一個真人的幻象，或甚至是和表演者分享了同一個身體和心智的某種個體？一套電視遊戲到底是一盒矽元素所組成的東西，是一套能夠自我操控的電子電路，是一台遵循著一長串指令行事的電腦，還是一個龐大的三度空間世界，其內住著瑪利兄弟和他們長得像是香菇一樣的敵人？有時我們甚至會利用非常規的詮釋方式所帶給我們的優點：一個以密語編碼過的訊息看來就像是一團垃圾，除非我們能夠透過一種故意設計得隱晦不明的解碼方式來觀看它。人類從很久以來就一直使用著多種不同的詮釋方式來看待這世界，但是電腦的發明，更是增加了運用大量不同詮釋的可能性。第一台電子式的計算機，正是艾倫‧圖靈在第二次世界大戰期間，為了從由德國本部向 U 型潛艦發出的無線電訊息當中，尋找出「有趣」的詮釋，所創造出來的。隨著我們的思考能力變得愈強大，我們也將會擁有更多不同可供運用的詮釋方式。我們可以在動物的肢體裡看到槓桿和彈簧，也可以在極光當中尋到它的美：我們的「心智孩童」也許更能夠由植物內部發生的複雜化學反應裡，看見完整運作的智慧體，或是見到星際星雲間的互

平衡的狀態，但卻仍然可以被詮釋為擁有了對數數值。這就是我們在古老時代計算對數數值的方法——由一個印在一張躺在桌上、像石頭一般靜止不動的紙張上的對數表裡，查出所需的對數值。

動，和宇宙輻射所引起的回響。沒有一種詮釋是不可能的，但是這所有詮釋所佔的空間，將比其中個別詮釋所佔的空間，要來得大上指數般的倍數，而我們可能永遠無法見到在我們目前能夠擁有極小一部分之外的詮釋。對我們來說，石頭具有心智的這一種詮釋，可能會永遠地消失在讓人眼花撩亂的其它各種關於石頭的詮釋當中。然而對這些石頭心智本身來說，它們的存在是完全合乎道理的，反倒是我們人類的存在，會被它們遺忘在一團無意義的紊亂雜訊裡。事實上，我們自身的性質，完全是由我們對周遭世界所能擁有的極小部分詮釋，和我們所無法擁有的極大部分詮釋所決定。

所有和一無所有

在沒有選擇的狀況之下，事物是不可能擁有內容或是意義的。所有可能世界的組合，從一個角度來看，可能充滿了無限的意義；但是由另一個角度來看，卻變得空泛無物。讓我們想像有一本書，這本書詳細地描述了一個類似我們所擁有的世界歷史。這本書寫得儘可能地簡潔：所有能夠由書中內容加以預測的細節，都會被略過且留作是給讀者完成的習題。但就算是我們把這本書壓縮到了極限，它還會是一本巨大無比、充滿了各種驚奇的大部頭著作。然而，這本書只能在「儲存有所有用羅馬拼音字母所寫成的書籍，並將藏書依照標題字母順序排列的圖書館」──一個可以利用前面這樣簡短無趣的陳述，來加以正確描述的圖書館裡找到。這整個圖書館所包含的內容是如此地貧乏，以致於要從它裡面找到一本書，所要花掉的氣力，就和自己把這本書寫出來差不到哪裡去。這圖書館可能會擁有由字母 A 排列到 Z ，外加幾個標點符號的書架，而每一個書架又會以相類似的方式，再

被分類成下一層次的次書架，這些次書架又會被分類成為次次書架，以此類推到無窮。在每一個位在分支點的書架上都會有一本書，內容即為當初所選擇用以來到這書架的字母序列。我們可以在這個圖書館裡找到任何我們想要的書，但是要找到它，讀者必須為這本書給定第一個字母、第二個字母、第三個字母等等，就像是一個字、一個字地把這本書完整地打出來一樣。這樣一本書的內容，將完全取決於讀者所作的選擇；而這樣的圖書館，將沒有屬於自己的內容可供讀者使用。

儘管整體來說，這樣的圖書館並不擁有任何內容，但是它所擁有的每一本書，都述說了精彩絕倫的故事。存在於某些書中，與圖書館裡其它垃圾——圖書館正因為這些無用資訊的存在，使得它從外面看來一文不值——相隔絕的一些書中角色，將能夠非常地肯定自身存在的事實。他們之所以能夠感受到自身的存在，是因為他們能夠以一種前後一致、為他們帶來某種意義的方式，來感覺並詮釋屬於他們自己的故事——這大概就是定義了生命和存在的祕密，也正是為什麼我們會感受到自己是身處在一個廣大而有秩序，且由一套彼此一致的物理定律所規範的宇宙，並且能夠感知到時間和我們所擁有長久演化歷史的原因。

所有對於任何程序可能的詮釋和模擬，就正像存在於前述假想圖書館當中所有的書籍一樣。總體來說它並不包含任何資訊，但是在其內，我們卻可以找到所有有趣的存在體和故事。

普遍的認同

假如我們所存在的世界，是靠著它對自己的感受和對自己的認

同，來與其它大部分未經檢測（也無法檢測）的可能世界做出區隔，那麼到底是誰在真正地進行這些感受和認同的動作呢？人類所擁有的心智，也許有足夠的能力將自己的運作詮釋成為一種意識存在的表徵，因而將自己與殭屍之流分隔開來；但是渺小如人類和其他存在的生物體——他們被困在位於一個不起眼角落裡的一粒微小無趣的塵埃當中，只能偶爾模模糊糊地意識到環繞他們周遭最接近的空間和時間——我們是絕對不可能有能力為這整個眼前比我們重上 10^{40} 倍、大上 10^{70} 倍，和長命上 10^{10} 倍的宇宙，賦予其意義的。我們目前所擁有的認知能力，似乎只足夠用來了解星期六上午播放的卡通節目而已。

在宇宙學家約翰・巴羅 (John Barrow) 和法蘭克・提普勒所著的《人類宇宙學原理》(*Anthropic Cosmological Principal*)，和提普勒更為晚近的《不死的物理學》(*Physics of Immortality*) 兩本書當中，作者認為我們未來的關鍵時期，將會在宇宙不再只是被簡單而盲目的物理定律所規範，而是被更具有意識和智慧的方式所形塑的時候來臨。根據他們書中所描述、與本書觀點相吻合的未來宇宙學，將來由人類而生的高等智慧體將會不斷地進入太空發展，直到所有可以到達的宇宙空間都被一個有凝聚性的心智佔據為止——這個心智將能夠操弄發生在由量子微觀到宇宙性巨觀尺度上不同的事件，並且會將它一部分的氣力花在回想過去上面。提普勒和巴羅預測了宇宙是有窮盡的：宇宙是如此龐大，以致於它有能力在未來發生，與大霹靂互為對應的「大崩塌」(Big Crunch) 當中，一舉反轉它目前的擴張態勢。然而屆時無所不在的心智，也許能夠靠著將自身編碼以融入宇宙背景輻射的方式，在這個崩潰的過程中持續欣欣向榮。隨著宇宙崩塌過程的進行，背景輻射的溫度、頻率和其中所隱含心智的運行速度，將會持續地增

加,而愈來愈多的高頻波動模態 (high-frequency wave modes) 也將會出現,供作儲存資訊之用。由提普勒和巴羅的計算結果顯示,藉著精心的安排,宇宙心智將能夠避開會分割它部分結構的「事件視界」(event horizons) 現象,並且能夠由隨著崩潰過程當中非對稱性而來的「重力切變」(gravitational shear) 現象,獲得免費的能量,以便在距離最後崩潰點所剩下時間的一半當中,完成比它在上一半時間裡所能達成更多的計算和所能累積更多的記憶,因此事實上,它將擁有永遠不斷延長的時間和不斷擴張的思考能量。在這樣的心智進行著思考的時候,它將能夠將所有宇宙的過去,重現匯聚在它的思維之中。宇宙心智將擁有龐大的資訊、時間,和思考能量,足以用來重新完全地創造、品味和體驗過去的每一個時刻。提普勒和巴羅認為,我們所擁有的宇宙,正是從這種在最終出現、具有主觀性且能夠對自我進行無窮盡詮釋的過程當中,誕生出來的;也只有這樣,我們的宇宙才能和所有其它不可考的可能性,互相區別開來。我們之所以存在,是因為我們的行為,在最終會將這個宇宙導向「終點」(Omega Point,這個辭彙是源自身兼耶穌會教士、古生物學家以及激進派哲學家多重角色的德軋爾‧德‧夏丹 [Teilhard de Chardin])。

不尋常的常識

儘管在今天,我們的眼睛和手臂能夠輕易地估測出一塊石頭是否可被舉起、一根槓桿所應該有的作用方式,或是一根箭飛行的過程,但是對古代的人來說,力學是一個深奧難測的謎;他們絞盡了腦汁,思考著為什麼石頭會往下掉、煙卻會往上飄,或是月亮為什麼可以在天空上優雅地飛行等問題。牛頓力學正是因為能夠將原來我們眼和手

所擁有的知識加以系統化，因而為科學界帶來了革命性的影響，也為維多利亞時代的人們，帶來了一種感到掌握了萬物內部運作知識的成就感。到了二十世紀，這種由常識出發的科學研究方法，被逐漸擴展到了對生物學和心理學的研究上。在此同時，物理學的研究開始跨出了常識的範圍。種種舊物理學的法則必須重新被考慮研究，因為科學家們發現，牛頓力學並不能解釋光這個現象所帶來的疑問。

在一連串的發現之下，物理學原有對空間、時間和真實的直覺式認知，都被一一打碎：先是相對論的出現，帶來了空間和時間會隨著觀察角度改變而變化的觀念；接著是由量子力學而來，對既有的觀念更為嚴重的打擊——科學家藉由量子力學發現，未被觀察的事件會逐漸淡化成代表各種可能性的波動。儘管這個學說不但正確地預測了尋常力學可以解釋的狀況，也對物理世界極為重要的現象，像是原子的穩定性和熱輻射的有限性，提出了合宜的解釋，但是由於它在觀念上和所預測結果上是如此地與常識相左，以致於一直到了今天，人們仍然對它懷著誤解，和針對它進行著各種不同的批評。這樣的侮辱在未來還會加劇。一直到今天，我們仍然不能將能夠在極大尺度和質量下，精確描述物理現象的廣義相對論，跟能夠在極微小尺度和能量極度集中狀況下，描述物理現象的量子力學相連接在一起。由過去對一統這兩種理論的失敗嘗試來看，真正正確的理論，其與常識相違背的古怪程度，恐怕還要比這兩個理論更勝一籌。

這些理論所具有的古怪特性，都是在當研究超出日常生活尺度時，開始發生的。我們的常識告訴我們，當一個物體由一點移動到另一個定點的時候，它一定是在一個獨特確定的路徑上進行這樣的移動的。但是量子力學卻告訴我們不是這麼一回事。在一個未被觀察的粒

子移動的時候，它是在所有可能的路徑上同時間移動著，直到它再度被觀察為止。這種在移動路徑上的不確定性，會藉由在波動擴散和重組時所產生的干涉條紋顯示出來——這些波動會在它們以同步相遇時相加，在它們以不同步調相遇時相銷。若我們將一個光子、一個中子、甚或是一整個原子透射到一面刻有兩個狹縫的屏幕上，並在屏幕的後面裝設一排的偵測器，那麼我們會發現，代表了該粒子可能位置的波動，在穿過了兩個狹縫之後，位於其相銷干涉發生部位的偵測器，將不會顯示出任何的蛛絲馬跡。

在二十世紀初期，由實驗結果得來的證據，一步步地迫使著物理學家們，以小幅度接受由量子力學觀點所看到的世界，但是直到今天，學界對量子理論的接受程度仍然是不完全。這個理論用在描述未被觀察的物體時——例如一個粒子能夠像波一樣地散播運動——能夠表現得簡潔俐落。然而，量子論無法定義或是指出哪一種觀察動作，才是讓「波動函數」崩潰、讓物體僅僅在所有可能位置中的一個（其機率由該點的波動強度決定）開始表現出粒子行為的肇因。這個觀察動作可能發生在當偵測器發生反應時，或是當連接上偵測器的儀器裝備記錄下訊號時，又或是當實驗者記錄下儀器的讀數時，或甚至是當這整個世界由物理學期刊上讀到實驗結果的時候！

在理論上，如果不是在實際上來講，物質波動的崩潰點的確可以被找出來：在崩潰前，各種可能性彼此進行著，像是波動般的干涉而產生出干涉條紋；在崩潰之後，可能性就會變得和常識所認同的一樣。像中子這樣被投射穿越過屏幕上狹縫的極微小粒子，會產生清晰可見的干涉條紋。然而不幸的是，體型龐大和繁複的物體，像是粒子偵測器和正在進行觀察的物理學家們，會產生出遠比原子所產生還要

細微的干涉條紋，而這樣的條紋，將無法與人們在常識中所認知的物體分布機率，表現出任何可以被觀察到的差異性，因為它們非常容易因為熱擾動而變得模糊不清。

由於對人來說，常識要遠比量子力學來得簡單，因此一般的物理學家，習慣將物質波動崩潰的發生點提得愈早愈好——舉例來說，他們可以把粒子到達偵測器的那一剎那視作是崩潰的發生點。但是這種「早期崩潰」的觀點，卻帶來了一些讓人摸不著頭腦的後果。在一些設計微妙的實驗裡，實驗者可以藉由精心設計的相銷現象，任意取消之前的量測動作；在這樣的實驗裡，早期崩潰的觀點隱含了物質波動可以反覆地進行著崩潰和反崩潰的過程。

如果我們假設崩潰現象是出現在更晚的時期，我們便比較不會有這種因為波動函數呈現出奇怪反覆現象所帶來的問題，因為在那個階段，量測動作已經不那麼容易被取消掉。至於這種反覆現象，要延遲到哪一個時間才會完全消失，在量子實驗的設計變得愈來愈精確和微妙的今天，這仍是一個懸而未決的問題。愛因斯坦當時正是被量子力學所帶來的奇怪預測所困擾；他設計了一些想像中的實驗，得到了一些大大與常識相違背的結果，因而讓他對量子力學起了根本的懷疑。那些他當初發現與常識大相逕庭的結果，在今天已經紛紛地在實驗室裡得到證實，也已經被運用在實驗性量子電腦和密碼訊號系統設計當中。在不久的將來，我們便可以看到更為先進的量子電腦，擁有能夠讓整串冗長的計算過程完全地被取消掉的能力。

當實驗者的意識認知到量測結果的時候，常識告訴我們，這個量測是真真實實地發生過了。這樣的想法讓一些有哲學傾向的物理學家猜想，人類意識本身，其實就是一個量子理論到今天都還未能夠解

釋、如謎樣般會引發物質波動崩潰的過程。但即便是意識，也不足以在像是「威格納的朋友」(Wigner's Friend) 這樣的想像實驗當中，引發物質波動的崩潰。就像是更為著名的「薛丁格的貓」(Schrödinger's Cat) 一樣，威格納的朋友被鎖在一個與外界完全隔絕的密閉房間裡，進行著一種會有兩種可能結果的物理實驗。這個朋友觀察著實驗的進行，並在心上默記下實驗的結果。在這個密閉得滴水不漏的房間之外，威格納只能用各種可能性的重疊狀態，來描述他朋友的心智狀態。理論上來說，這些不同的可能性應該會對彼此造成干涉，因此當這個密閉的房間被打開的時候，在這兩種可能結果當中的任一個，會根據房間開啟的準確時間成為最終的觀測結果。因此威格納便能下結論，認為是他的意識在密閉房間被打開的時候，觸發了物質波動的崩潰過程；然而，他朋友先前在密閉房間裡對實驗進行的觀察，卻並未觸發這種崩潰的現象。

如果我們假設，被觀察的現象在一開始的時候，會表現出量子力學所描述的行為模式，直到它們的波動函數和這個世界糾纏得太深，以致於沒有希望被扭轉回原來狀態的時候，便會開始表現出我們常識所認同的行為模式，那麼我們便可以解決大部分實驗物理學家所遭遇的哲學難題。然而，這樣的假設卻為研究範圍遍及了整個宇宙的宇宙學家帶來了麻煩，因為根據這種說法，在這整個世界裡，在所有觀測儀器的四周，都充滿了崩潰的物質波動函數。我們對這些崩潰現象仍然沒有一個理論，也無法用實驗的方法將這個現象定量，因此科學家們將無法建構出任何描述整個宇宙的方程式。為了避免這個困擾，宇宙學家們假設這整個宇宙就是一個巨大的物質波動函數：這個波動會依據量子力學的描述而演化，並且永遠不會崩潰。但是，我們要如何

解釋在這個「宇宙波動函數」——在其中所有粒子永遠都以波動特性來進行擴散——和在決定粒子位置實驗所得結果兩者之間的差異呢？

多世界

在一九五七年修‧艾佛略特的博士論文裡，他對上述的問題提供了一個新的解答。[②]在假設一個具有普遍演化特性的波動函數存在的前提下，任何一個量測裝置都會像是一個粒子一樣，在它所呈現所有可能性的空間當中，像波動一般地四處擴散。艾佛略特證明了在這種狀況之下，如果有兩台量測裝置記錄了同一事件的發生，那麼它們共同的波動函數，將會在它們量測結果的相同處達到極大振幅，而在它們互為不同處產生相銷的效應。因此，這共同波動的波峰，舉例來說，就代表了在量測裝置、實驗者的記憶，和在筆記本上被記錄下實驗結果，這三者對粒子所在位置的共識——看來是很明顯的常識。但是整個波動函數會擁有許多個像這樣的波峰，而這其中的每一個波峰，都代表了各個觀察方式會對實驗不同結果所具有的共識。艾佛略特說明了量子力學，在除去了其中會帶來麻煩的波動函數崩潰說之後，其實仍是預測了和常識相符的世界——只是這預測中會存在著許多許多世界，每一個都與另一個稍有不同。「無崩潰現象」的這種假設，在後來被稱作是以「多世界」(many-worlds) 的觀點來對量子力學進行的一種詮釋。由這種詮釋出發，每一個對這世界的觀察，都會因為會得到不同的結果，而像是由原來世界分支出了一萬零一百個獨立

---

②Hugh Everett, *Many-Worlds of Interpretations of Quantum Mechanics*, Princeton, 1973.

分開的世界一樣；這樣的預測是如此地與我們的常識相左，以致於許多學者都強烈地反對這樣的理論。就這樣，儘管宇宙學家一直以來都在使用著單一宇宙波動的觀念，但是這樣的觀念和我們日常生活當中所認識的世界，其間的關連性，卻一直被忽略了二十年之久。

晚近一些設計得更為微妙的實驗，包括了量子電腦的發展，驗證了量子力學裡一些最令人驚異的預測；這樣的發展，提升了量子力學在與傳統理論相比較之下的分量——這些傳統的理論為了要能夠解釋實驗者所觀察到的關連現象，必須賦予事件的影響力在空間與時間當中大幅跳躍的能力。於是，有愈來愈多的科學家重新走回了艾佛略特在當年作先鋒所開拓的理論小徑，並且將這條路延伸得更長了。從一九八○年代晚期開始，詹姆斯・哈特爾(James Hartle)和莫瑞・傑爾曼(Murray Gell-Mann) 開始了對艾佛略特理論背後所存在有關量測和機率意義的研究。

艾佛略特曾經證明了由系統「外部」導致波動函數崩潰，並使這些波動轉變成為某種量測結果機率的傳統理論規則，會與未崩潰觀察者由系統「內部」所回報（每一種可能版本）的結果相吻合；這樣的發現，使得我們得以擺脫了對外部存在，或是對崩潰現象存在的要求，並讓我們意識到多世界的確有可能是一種真實的存在。然而，他並未嘗試說明這些奇異的量測規則，當初究竟是怎麼出現的。傑爾曼和哈特爾正是問了這個困難的問題。雖然他們所得到的研究結果，距離真正令人滿意的解決方案，還有一段很長的距離，但是透過他們的研究成果，我們得以認識到常識世界其實是非常特殊——或是虛幻的。

哈特爾和傑爾曼發現，若是我們想要以最詳細的方式，嘗試觀察

並記下事件發生的細節——這種量測的尺度大約是 10^{-30} 公分長，遠比我們今天所能達到的尺度要小上許多——那麼由所有可能世界所產生的干涉現象，將會產生一個在其下毫無結構的紊亂狀態，在這當中我們找不到一個穩定的地方來儲存記憶，因此在實際上也就失去了對前後一致時間的感覺。在一個比較粗略的觀測尺度下——這個尺度大約是 10^{-15} 公分長，是今天高能物理有能力可以探測到的次顯微鏡尺度——許多原來可以見到的紊亂狀態都將無法再被看到，而多個可能的世界也會合併在一起，進而將最荒誕不經的可能性相抵銷，留下那些在其中粒子可以表現出前後一致運動和存在特性的可能性；這些粒子，有可能在充滿著為時短暫且沸騰的「虛擬」能量的真空當中，仍然無法完全被預測。在日常生活中，我們之所以能夠觀察到物體擁有平順且可預測的移動路徑，僅僅是因為我們微弱的知覺，只能感受到比前述還要粗糙的尺度——我們的感官無法分辨 10^{-5} 公分大小以下的物體。在比日常生活所接觸尺度更大的範圍裡（或稱為哈特爾—傑爾曼分析），我們有興趣的事件將會模糊到無法被看見，而宇宙也會變得愈來愈死板板且更可被預測。在最大的可能尺度下，這整個宇宙的物質將會被它重力場裡所存在的負向能量所抵銷（這些力場會在物質集中時，一邊釋放能量一邊增加自己的強度），使得總體來看，將不會有任何東西被留下來。

我們至今尚未擁有一個完整的理論，可以解釋我們的存在和所擁有的經驗。一些在今天電腦裡模擬的小小宇宙，通常都是藉由一些可被調整的規則，對其中相鄰區域彼此間的互動進行規範定義而得來的。若是互動關連性被設計得非常微弱，那麼這樣的模擬很快地就會停滯下來，呈現毫無生氣的千篇一律；如果這些互動非常地強烈，那

麼模擬系統將會在紊亂當中劇烈地沸騰起來。在這兩個極端狀況之間，存在著一個狹小的「混亂邊緣」狀態，在其間有足夠的活動，能夠讓模擬世界內部生成有趣的結構，也有足夠的平靜程度，能夠讓不同的結構同時存在並且產生互動。通常在這樣的邊緣宇宙裡，會存在著能夠使用已儲存資訊來創造其它東西的結構——這些包括了結構自身的完美或非完美複製——因此讓達爾文式的演化過程成為可能。如果物理學本身提供了一系列不同強度的物質互動模式，那麼我們應該不會對自己是存活在一個不穩定混亂邊緣這樣的事實，感到驚訝才是，因為我們絕不可能在毫無生氣的冰塊裡，也不可能在毫無結構的火焰當中，進行著運作和演化。

在哈特爾—傑爾曼的分析當中，有一樣事情很是怪異，那就是我們並沒有看到在系統外存在著一個旋鈕，可以用來調校出物體之間不同的互動強度；這個強度的不同，是取決於觀察者對存在於表象之後單一真實所提出的不同詮釋，而觀察者本身，也是屬於這個詮釋的一部分。事實上，這就和我們在考慮身處模擬系統中觀察者所見現象的時候，所遭遇的自我詮釋迴路一樣。在我們所能感受的世界裡，我們之所以是我們自己，是因為我們選擇以那樣的方式來看待自己。我們幾乎可以確定，在這個波動函數完全相同的區域裡，會存在有其它的觀察者，從它們的眼裡所看到的事物，將和我們所看見的完全不同——在它們的眼中，我們很可能只是一團沒有意義的雜訊而已。

存在在艾佛略特所提出「多世界」，和哲學家們所提出「可能世界」(possible worlds) 兩個觀念之間的相似性，可能還會變得更為強大。在「多世界」版本的量子力學當中，物理常數和一些其它數值具有固定不變的量。重力現象在一些像是黑洞這樣的物體裡，會鬆動這

些規則，而一個解釋了重力現象的完整量子力學，將會預測到遠比艾佛略特所能想像還要豐富的可能世界——誰知道再下去我們還會遭遇到什麼樣微妙的事情呢？就在我們一層層地剝去這洋蔥般的詮釋層疊時，我們可能會發覺，物理對於萬物的運行，已然不再像以往一般定下許多的限制規矩。在我們眼中所見到萬物的規律性，可能僅僅只是一種對自我特性的反映而已：我們必得將這世界詮釋得和我們本身的存在相容才可——這樣的詮釋包括了時間具有強大的方向性、機率具有可靠的特質、物體的複雜度可以持續存在並能繼續演化、經驗可以積累成為可靠的記憶，和行為所帶來的後果是可被預測等等。然而我們的心智孩童，藉著它們能夠對自身物質和結構在最細緻的尺度上進行操弄的能力，在對世界的詮釋上，將可能會大大地超越我們所擁有的狹隘想法。

質疑真實

正如同原先在溫和水池裡成長演化的生物體，在其後藉著發展出代謝方式、生理機制，以及實用行為模式的方法，逐漸遷居至冰凍的海洋、炎熱的叢林這樣條件下，這些更為苛刻、範圍更為廣大的環境一樣，我們的後代也有可能由我們目前認定為真實的舒適領域，向外擴展到存在於所有可能性裡的任一個奇幻空間。它們所使用的技巧，在我們看來可能是毫無意義，就像是水裡的魚無法了解腳踏車的用途一樣。但是，也許我們可以將我們為常識所牽絆的想像力發揮到極限，試著窺探這個奇異領域裡的一小部分範圍。

一些物理量，像是光速、正負電荷之間的吸引力，和重力的強度等等，對我們來說，是萬物賴以存在運作的基礎。但是假若我們自身

的存在只是一種在自我詮釋下，由所有可能世界當中所揀選出來的產物，那麼這種穩定的物理架構，很可能只是反應了我們自身結構的微妙細節而已——例如說我們賴以生存的生物化學現象，在一個物理常數不再是固定不變的可能世界裡，將會停止運作，而我們也就不能夠在這樣的世界裡生存。因此，我們總是會發現自己是身處在一個各種物理量被調整到恰到好處，以利我們生存的世界裡。基於同樣的原因，我們總是會發現各種法則會在很長一段時間內持續不變，好讓許多我們現在所擁有精細和相互牽制的內部機制，能夠透過演化的過程，逐漸被積累建構起來。

我們經過精心設計的後代，還會顯得更有彈性。也許這些擁有心智的身體，可以被建構成能夠適應任何環境上的變化，例如光的速度上的小小改變。對於一個將自己安裝進入這樣身體的個體，它可以為了稍微提高一點的光速，把自己的身體進行調整，然後發現自己所處的實體宇宙，也隨它作出了對應的變化，相互輝映——因為這個新個體已不再能夠身處在任何其它的可能世界。這將是一個一去不回的旅程。在那些還穿著舊身體的旁人眼中，這個踏往另一個世界旅程的個體，就像是死去了一般——或許在這個過程中，伴隨著原來穩定原子和化合物的解體，這些旁觀者還能夠見到燦爛的火花。在這之後，就算把調整旋鈕轉回原來的設定值，也無法挽回在原有生命和物質上的連續性存在。在這個舊宇宙裡，所有的一切將維持不變，留下的只有存在於旁觀者記憶中奇異的「調整旋鈕自殺事件」。在物理學的其它部分裡，也存在著像這樣無法被扭轉過程的例子。在多世界的詮釋裡，每一個被記錄下的觀察，都具有這樣微妙的特性。在廣義相對論裡，則存在著「事件視界」這樣的現象：一個掉進黑洞的人，會在眼

前見到以往所無法接觸到的宇宙，但就在同一瞬間，他也會永遠喪失與留在外面朋友通訊的能力。

若我們想要造訪其它更為古怪的世界——在這些世界中，以現有常識出發而對未來所作的預測將不再成立——我們所需要的，可能就不僅僅是上一段裡所描述，這樣粗糙的調整旋鈕方法了。相較之下，要把個體由另一個可能世界傳回，其間經由機械上的不穩定性或是其它效應所遭受的抵抗，必定會遠大於改變物理常數所會遭遇的阻力。然而，當我們的後代對宇宙的絕大部分區域，都有了極細部的知識之後，它們也許會發展出在不同可能性之間，任意遨遊所需要的精細調整能力；它們也許會進入高困難度，但卻極為有用的區域，在那裡萬物之間的互動關係，將被比物質、空間和時間這三種觀念更為複雜豐富的關係所形塑。在我們的時代裡還只是隱約可見的時光旅行科技，也只不過是在這無窮盡空間當中，第一個被發現、也是最簡單的旅行途徑罷了。

至死方能分離

到目前為止，我們仍無法離開真實的世界，往我們決定的方向上前進；但是我們卻都被限定了時間，在我們死亡的時候，要以一種無法被控制的方式，由這個世界退出場去。但是為什麼在死亡到來之前，我們看來是如此牢牢地被主宰著這個物質世界的物理定律所困鎖著？如果我們承認所有的可能世界，都是同樣的真實，那麼這就是一個其中最根本的問題。嘗試重造神經系統心理狀態，卻忽略了它賴以運行而實際物質的人工智慧程式，和讓我們能夠達成像是心靈傳輸（teleportation）這樣，像魔術般效應的虛擬真實技術，在在都證明了我

們的意識，是可能存在於許多物理定律都並不適用的可能世界。這個關於為什麼我們所處的宇宙，是如此地遷就著物理定律的問題，在以前從來沒有人以科學的方式提出過，更遑論是回答了。但是這個問題的解答，可能與愛因斯坦所觀察到，數學在描述物理世界時，所表現出如此不合理有效性的現象有關。這種不合理性，可能已然顯示在物理學家所賦予自身尋求「萬有理論」的使命當中——這個任務看來似乎可行，並且有部分已經完成。也許，科學家們可以找出一個簡單的微分方程式，而這方程式的解，將代表了我們所擁有的整個宇宙，和在其內的每一樣物體！

在我們的日常生活中，我們比較有可能碰到某個很小的數字（例如「5」），而比較不可能遇到某個很大的數（像是「53783425456」）。一個很大的數字需要遠比小數字為多的位數，在同一時間出現在同一個地方，因此它出現的可能性，遠較小數字為低。同樣地，雖然我們存在於許多不同的可能世界，但是我們卻最有可能發現自己是身處在這所有可能世界裡最為單純的一個，因為這些世界只有最少的要求需要被滿足。這整個宇宙的龐大體積和悠久歲月，主宰它的物理定律，和我們長久的演化歷史，可能都只是創造出我們心智簡單規則下的產物。

現在，我們的意識更發現了自己是依賴著為數上兆、細膩地依照了物理定律進行調整過的細胞運作而存在並演化的。如果這些物理定律能夠不改它們過去的運作方式，那麼這些依賴它們而運作的結構，將能輕易地繼續存活著。因此在我們的心中，物理定律是恆久不變這樣的觀點，就遠遠佔了上風。在這包含了所有可能宇宙的空間裡，我們於是便被緊綁在這一個老舊的世界。只要我們還活著。

當我們死去之後，這些規則當然都要起變化。當我們的腦和身體停止了正常運作的時候，要憑藉它們的活動來定義連續存在的意識，將會變得愈來愈困難和不自然。我們喪失了與物理真實之間的聯繫，但是，在一個充滿了所有可能世界的空間裡，這絕不可能是終點。我們的意識將會存在在這些可能世界其中的一個，而且我們也將會永遠發現，自己是身處在一個我們真正存在的世界裡，而不會發現自己是在那些我們並不存在的世界裡。我無法猜測，在我們拋棄了物理規則之後，下一個能夠收容我們最簡單世界的種種特性。在那個世界裡，定義物理真實的規則是不是會稍微鬆綁一些，剛剛好夠讓我們的意識能夠持續地存在著？我們會擁有一個新的身體，還是不再會擁有任何身體？這些問題的解答，比起與原來我們在物理真實裡所擁有的生命相較，大概會與我們所擁有意識的細節更有關連性。也許我們會發現，自己將會在比我們擁有更高智慧的後代心中，或是在一個如夢似幻的世界裡——在那裡支配萬物的規則是心理性而非物理性的——重新被塑造出來。我們的心智孩童也許能夠憑藉著它們能力更為強大的配備，在種種可能性當中遨遊。但是在現在，對於意識才剛剛開始甦醒的我們，這往前的旅程仍然看來像是在黑夜裡的漫遊。莎士比亞在哈姆雷特王子著名獨白裡所寫下的語句，如今仍然適用：

死去了，睡著了；

睡著了也偶爾有夢；唉！苦惱就在這兒，

因為當我們擺脫了這一具肉身的皮囊之後，

在那死的睡眠裡，究竟將要做些什麼夢，

那不能不使我們躊躇顧慮。

也就是為了這個緣故，人們甘心久困於漫漫人生的苦難中，

誰願意忍受人世的鞭撻和譏嘲、

威迫者的凌辱、傲慢者的冷眼、

被輕蔑的愛情的慘痛、法律的姑息、

官吏的橫暴和費盡辛勤所換來小人的鄙視，

要是他只要用一把小小的刀子，就可以了結他自己的一生？

誰願意負著這樣的重擔，在煩勞生命的壓迫下呻吟流汗，

若不是因為懼怕不可知的死後，

懼怕那從來不曾有一個旅人回來過的神秘之國，是它迷惑了我們
的意志，

使我們寧願忍受目前的折磨，

不敢向我們所不知道的痛苦飛去？

這樣，重重的顧慮使我們全變成了懦夫；

決心赤熱的光彩，

被審慎的思維蓋上了一層灰色；

偉大的事業在這一種考慮之下，也會逆流而退，

失去了行動的意義。

致謝

　　我無法對每一位影響了這本書寫作的人——表達謝意——這整個歷程前後經過了數十年之久，當初許多想法僅是起源於那些我只能對其一知半解的建議：這些觀點有時被發展成為具有原創性的念頭，但通常會被延伸到其它的方向上。對一些書中所提到的想法，我已經在文中列舉了它們的來源出處。近幾年來，我發現把一些正在醞釀中的點子丟給在網路上像虛擬咖啡館一樣地方的有趣人們，是一件極有益處的事。我在那些網路上逆熵學者（extropians，譯註：指致力於增進系統智慧、資訊、秩序、活力和容量的人們）經常出沒的場所裡——這些新聞群組包括了 Comp. ai, Comp. robotics, Sci. space, Sch. physics, sci. math 和其它的一些群組——和人們反覆論証的過程，大大幫助了這本書的創作。當然，本書也從與我所處的研究社群——卡內基美倫大學和其它研究單位——之間的傳統式互動當中，受益良多。

　　本書和我的前本書一樣，是由麥克・布萊克威爾 (Mike Black-well) 以高德納 (Don Knuth) 所發展的 TeX 語言所排版而成。書中的插圖是以 Adobe Photoshop 和 Deneba Canvas 的軟體，在一台配備了 500 MIPS 處理器、128 萬位元組記憶體、40 億位元組硬碟，和每秒可傳輸 100 百萬位元以乙太網路為界面的 G3 麥金塔電腦上，所創造或編輯而來——這台電腦與我用來寫前一本書、配備了 0.5 MIPS 處理器、128 千位元組記憶體的第一代麥金塔電腦（和隨之而來的一盒每片可

儲存 400 千位元組的軟式磁碟片），在容量和能力上恰好增加了一千倍。搭配這台 G3 麥金塔電腦稍顯過時的兩台陰極射線管式螢幕，接收了比當初第一代麥金塔電腦所配備的迷你型螢幕還要多出三百四十倍的影像資料。

在書中第 8 頁的插圖是由買來的 ArtToday 和 PhotoDisc 圖片資料庫當中所提取編輯而成的。在接下來章節裡所使用的許多小插圖，都是由 ArtToday 圖片資料庫或是由公開的網頁當中所擷取而來的。事實上，許多出現在本書裡的插圖，都是由瀏覽網頁所得來的圖片編輯而成。其中一些相關的連結網址，可以在本書前言裡所提供的網頁中找到。在第 21 頁上的插圖是將布魯斯・鮑姆加爾特、羅得・布魯克斯和雷・厄尼斯特的照片加以重疊編輯而成。在第 23 頁上的圖是由理查・鮑森所著、由 Windward 於一九八五年出版《機器人之書》的第 14 頁圖所改編而來。第 25 頁上的圖是來自約翰霍普金斯大學應用物理實驗室。第 37 頁上的圖則是來自史丹福研究中心。用在第 53 頁上的是，馬丁・福羅斯特由古老的電腦備份磁帶上復原了一九七九年推車機器人眼中所看見的影像。瑪麗・喬・陶林提供了第 59 頁上的照片。一九九四年在紐約大學參與了由理查・瓦雷斯所教授電腦架構課程的學生們，尤其是莫罕莫德・卡迪爾、愛麗娜・彼羅茲卡雅、亞歷山大・先克和史考特・史特林，依據他們在一九八七到一九九四年年間的數據資料，得到了第 86 頁上的圖。在第 128 頁和第 129 頁上的漫畫，曾出現在一九九六年德國的《C'T》雜誌，是由漢斯─約根・馬翰克所繪，對白則是由湯瑪斯・舒特 (Thomas Schult) 所翻譯。在 136, 153, 157, 169, 和 180 頁上出現的三度空間機器人設計圖，是由傑西・伊蘇德斯利用 ProEngineer 程式，在西基 (Silicon Graphics) 電腦工作站上所

所完成。在第 143 頁上的圖，是由本田機械公司和愛拉・摩拉維克所提供的照片合成而來。第 220 頁上的圖是在理查・艾利斯所著作的《深不可測的大西洋》一書中（一九九六年由 Knopf 公司出版），根據他在 151 頁上所畫的插圖所編輯而來。馬克・勒布朗和凱文・陶林讓我得知了這些描繪籃式海星圖片的存在。在 221, 222, 231, 265, 271, 274 和 275 頁上的三度空間圖片是用 VRML 語言寫成，並使用配合了 CosmoPlayer plugin 的 Netscape 瀏覽器，在西基電腦工作站上所完成。麥克・布萊克威爾和馬丁・馬丁提供了技術的援助。我要對所有這些人表達由衷的謝意。

專有名詞對照表
專業名詞、術語

advanced waves	超前波
aerodynamics	空氣動力學
amacrine cells	無軸突細胞
amplifier	放大器
antimatter	反物質
Artificial Intelligence	人工智慧
artificial personalities	人造人格
artificial reality	人工真實
axioms	公理
axons	軸突
basket starfish	籃狀海星
Bekenstein bound	畢根斯坦界限
beliefs	認知
Big Bang	大霹靂
Big Crunch	大崩塌
bin-packing	木塊裝箱問題
bipolar cells	兩極細胞
body-mind dualism	身心二元論

Boolean Algebra	布林代數
Buckyball	巴克球
Buckytubes	巴克管
camera solver	攝影解算
cerebral cortex	大腦皮層
chaos theory	混沌理論
checker	西洋跳棋
chimpanzees	黑猩猩
chronology protection conjecture	時間保護臆測
compiler	編譯器
computational complexity	計算複雜度
computer-controlled robotics	電腦控制機器人學
computer graphics	電腦圖學
computer reasoning	電腦推理
computer vision	電腦視覺
congruent	全等
Consciousness	意識
constructive interference	相長干涉
context-free	無關情境
continuity	連續性
cosmologists	宇宙論學者
covalent	共價
cybernetics	控制學
cyberspace	虛擬時空
destructive interference	相消干涉

deterministic	確定性
digital pulses	數位脈衝
diodes	二極體
edge and motion detection	邊緣線和運動辨識
electronic cochlear	電子耳蝸
encryption keys	編碼鑰匙
end-effectors	終端反應器
escape velocity	逃逸速度
event horizons	事件視界
exponential complexity	指數複雜度
extropians	逆熵學者
features	特徵
field	力場
first-order	第一階（波動干涉現象）
fish-eye	魚眼（照片失真現象）
fractal	碎形
functional mechanists	功能機械論者
ganglion cells	節細胞
gauge	規範場
general relativity	廣義相對論
genetic algorithm	基因演算法
gorillas	大猩猩
gravitational shear	重力切變
gravity	地心引力，萬有引力（用在牛頓發明的定律）

gray matter	灰質
hackers	駭客
head	讀寫頭
Higgsinium	希格斯物質
Higgsino	希格斯粒子
high-frequency wave modes	高頻波動模態
horizontal cells	水平細胞
image retrieval	圖像檢索
impurity atoms	雜質原子
inner experience	內省經驗
integer	整數數字
integrated circuits	積體電路
interactive models	互動模型
interconnection weights	內部連結權重（模擬神經網路）
interference	干涉
interglacial period	間冰期
interpretive space	詮釋空間
intractable	難解
inverter	反相器
Kevlar	功夫龍
knots	弦結
Large Magellanic Cloud	大麥哲倫星雲
Laws of Robotics	機器人律法
linked reality	連結實境

logic gates	邏輯閘
loops	圈（量子重力學）
macaque monkeys	獼猴
magnetic monopole	單磁極
mainframe	大型電腦
mantle	地函層
many-worlds	多世界
map-based	地圖導向
Markov table	馬可夫表
mathematical realism	數學真實主義
matrices	矩陣
megabytes	百萬位元
membrane-based theory	薄膜理論
memes	瀰
microgram	微克
micromechanics	微機械
micrometers	微米
Mind	心智
MIPS (Million-Instruction-Per-Second)	每秒百萬運算次數
mobile robotics	移動式機器人學
model-based	模型導向
motor control	運動控制
muons	渺子
Murphy's Law	莫非定律
nanotechnology	奈米技術

negative-time-delay elements	負向時間延遲裝置
neurotransmitter	神經傳導物質
neutrino	微中子
neutron star	中子星
newsgroups	新聞群組
Nondeterministic Polynomial	非確定性多項式複雜度
NOT gate	反閘
NP-complete	完全 NP
nuclear fission	核分裂
nuclear fusion	核融合
nuclear magnetic resonance	核磁共振
number theory	數論
objectness	物體性
Omega Point	終點
optical character reading, OCR	光學文字辨識系統
paradox	悖論
paranormal	超自然
parapsychology	心靈學
pattern	樣式
pattern recognition	樣式辨認
perception models	知覺模型
phase	相位
pheromones	費洛蒙
Philosophy of Mind	心智哲學
phoneme	音位

photocell	光電池
photon	光子
physical fundamentalism	物理基本敎義
pin	腳位
pin drums	突起滾筒
pineal gland	松果體
Planck length	蒲朗克長度
polarization	偏振現象
polynomial complexity	多項式複雜度
positrons	正子
possible worlds	可能世界
primates	靈長類動物
programmed learning	計畫式學習
prototype	原型
punched cards	穿孔卡片
quantum computers	量子電腦
quantum dots	量子點
quantum electrodynamics	量子電動力學
quantum fields	量子場
quantum gravity	量子重力
quantum superposition	量子重疊
quantum tunnel	量子隧道
qubits	量子位元
rangefinder	測距儀
real number	實數數字

relative state	相對狀態
retarded waves	延遲波
rigidity criterion	剛性條件
rotifers	輪蟲
rovers	漫遊車
scanning tunneling microscope	掃描穿隧式顯微鏡
scene descriptions	場景描述
service economy	服務性經濟
servomechanism	伺服機制
sets	集合
shape-memory alloys	形狀記憶合金
short-term memory	短暫記憶
single-electron transistors	單電子電晶體
Skinnerian conditioning	史金納（行為主義）式的調節方式
slide rule	計算尺
smart bombs	精靈炸彈
social ethicists	社會倫理學者
solipsism	唯我論
special relativity	狹義相對論
speech recognition	語音識別
spins	自旋
spirit	精神
statistical discriminators	統計鑑別器
statistical learning	統計學習

statistical thermodynamics	統計熱力學
strings	弦（量子重力學）
superconductors	超導體
superheterodyn	超外差
supernova	超新星
Superrationality	超理性
superstring	超弦
supersymmetry	超對稱
synapses	突觸
tachyons	超光子
tangles	結節（量子重力學）
tape	運算帶
telepathy-proof	心電感應絕緣
teleportation	心靈傳輸
telepresence	遠距臨場
thermal Hawking radiation	熱霍金輻射
time-shared machines	分時電腦
time travel	時光旅行
topology	拓樸
tractable	易解
transformation	變換
traveling salesman problem	旅行推銷員問題
tritium	氚
Turing Machine	圖靈機
Turing Tests	圖靈測驗

人名

Abhay Ashtekar	艾柏黑・阿胥特卡爾
Ada Lovelace	愛達・拉芙蕾絲
Alan Turing	艾倫・圖靈
Alberto Elfes	艾爾貝托・艾爾福
Alex Bernstein	亞歷士・伯恩斯坦
Alexandr Shenker	亞歷山大・先克
Allen Newell	艾倫・紐威爾
Archimedes	阿基米得
Arthur Samuel	亞瑟・山謬
Benjamin Franklin	班哲明・富蘭克林
Bob Fischer	鮑比・費雪
Bruce Baumgart	布魯斯・鮑姆加爾特
Buckminster Fuller	巴克明斯特・富勒
Carl Sagan	卡爾・薩根
Charles Babbage	查爾斯・巴貝吉
Charles Honorton	查爾斯・霍諾頓
Chuck Thorpe	恰克・索普
Daedalus	狄德勒斯
Daniel Dennett	丹尼爾・丹尼特
Daryl Bem	達瑞・貝姆
David Cope	大衛・寇伯
David Deutsch	大衛・多依撒

David Hilbert	大衛・希爾伯特
Davi Kopenawa	達威・科比納瓦
Dean Pomerleau	迪恩・柏梅勞
Donald Gennery	唐納・金納利
Don Knuth	高德納
Einstein	愛因斯坦
Ella Moravec	愛拉・摩拉維克
Emily Post	艾密莉・波斯特
Euclid	歐基里得
Ezra Newman	艾茲拉・紐曼
Frank Tipler	法蘭克・提普勒
Galileo	伽利略
Garry Kasparov	蓋瑞・卡斯巴洛夫
Geoffrey Jefferson	吉佛瑞・傑佛遜
Georg Cantor	蓋爾・康托
George Shaw	喬治・蕭
Gilbert Ryle	吉爾伯特・萊爾
Gort	郭爾
Hans-Jürgen Marhenke	漢斯－約根・馬翰克
Hans P. Moravec	漢斯・摩拉維克
Herbert Gelernter	赫伯・吉倫特
Herbert George Wells	赫伯特・喬治・威爾斯
Herbert Robbins	赫伯・羅賓斯
Herbert Simon	赫伯・賽門
Hermann Oberth	赫曼・奧伯爾特

H. G. Wells	H. G. 威爾斯
Hillary Putnam	西拉瑞・帕南
Hubert Dreyfus	修伯特・德列夫斯
Hugh Everett	修・艾佛略特
Irina Pirotskaya	愛麗娜・彼羅茲卡雅
Issac Asimov	伊薩克・艾西莫夫
Jacob Bekenstein	雅各・畢根斯坦
James Albus	詹姆斯・愛爾柏士
James Hartle	詹姆斯・哈特爾
Jesse Easudes	傑西・伊蘇德斯
John Barrow	約翰・巴羅
John McCarthy	約翰・麥卡錫
John Searle	約翰・賽爾
John von Neumann	約翰・馮・紐曼
John Wheeler	約翰・惠勒
Jonathan Schaeffer	強納森・謝佛
Joseph Rhine	約瑟夫・萊恩
Joshua Lederberg	約書亞・雷得博格
Jules Verne	朱爾斯・威恩
Karel Capek	卡雷爾・查貝克
Ken Thompson	肯・湯姆森
Kevin Dowling	凱文・陶林
Ken Thompson	肯・湯姆森
Kip Thorne	基普・索恩
Konstantin Tsiolkovsky	康斯坦丁・契爾高夫斯基

Kurt Gödel	克特・哥德爾
Lady Lovelace	拉芙蕾絲（歷史上第一位程式設計者）
Larry Matthies	賴立・馬錫
Larry Niven	賴立・尼文
Larry Wos	賴瑞・沃斯
Leonardo da Vinci	達文西
Les Earnest	雷・厄尼斯特
Lord Byron	拜倫爵士
Lynn Quam	林恩・關
Marc LeBrun	馬克・勒布朗
Martin Frost	馬丁・福羅斯特
Martin Martin	馬丁・馬丁
Marvin Minsky	馬文・明斯基
Mary Jo Dowling	瑪麗・喬・陶林
Maxwell	馬克士威爾
Michael Polanyi	麥可・波拉尼
Mike Blackwell	麥克・布萊克威爾
Mohammed Kadir	莫罕莫德・卡迪爾
Murray Gell-Mann	莫瑞・傑爾曼
Newton	牛頓
Norbert Wiener	諾伯特・維納
Paul Dirac	保羅・狄拉克
Plato	柏拉圖
Raj Reddy	拉吉・瑞迪

René Descartes	雷奈・笛卡兒
Richard Dawkins	理查・道金斯
Richard Ellis	理查・艾利斯
Richard Feynman	理查・費因曼
Richard Pawson	理查・鮑森
Richard Wallace	理查・瓦雷斯
Robert Goddard	羅伯特・哥達德
Robert Nealey	羅伯特・尼利
Robin Dunbar	羅賓・唐巴爾
Rod Brooks	羅德・布魯克斯
Rod Schmidt	羅德・史密特
Roger Bacon	羅傑・培根
Roger Penrose	羅傑・潘羅斯
Roy Kerr	羅依・凱爾
Russell	羅素
Scott Sterling	史考特・史特林
Stephen Hawking	史蒂芬・霍金
Teilhard de Chardin	德軋爾・德・夏丹
Terry Winograd	泰瑞・温諾格雷
Thomas Schult	湯瑪斯・舒特
Todd Jochem	陶德・約肯
Vic Scheinman	維克・山門
W. Grey Walter	格雷・華特
Whitehead	懷海德
William McCune	威廉・馬庫恩

地名、組織名、計畫名、著作名等

AI Lab	人工智慧實驗室
Amish	阿曼族
Analog	《類比》
Analytical Engine	分析引擎（查爾斯·巴貝吉發明的電腦）
Anthropic Cosmological Principal	《人類宇宙學原理》
Apple	蘋果電腦
Arastradero	阿拉斯特拉得羅
Argonne National Laboratory	阿崗國家實驗室
Artificial Intelligence Project	人工智慧計劃
AT&T	美國電話電報公司
Austin, Texas	德州奧斯丁
Automatic Guided Vehicles, AGV	自動引導載具
Autonomous Land Vehicles, ALV	自動陸上載具（研究計畫名）
BBC	英國國家廣播電台
Belle	美人（西洋棋電腦名）
Bell Labs	貝爾實驗室
Bundeswehr University	邦德斯維爾大學
Carnegie Mellon University	卡內基美倫大學

Chevy	雪佛蘭（汽車廠牌名）
Chinook	奇努克（西洋跳棋程式名）
Cog	認知者（機器人名）
Colossus	巨人（電腦名）
Computer-Controlled Cars	〈電腦控制車〉
Computing Machinery and Intelligence	計算機器與智能（圖靈論文題）
Consciousness Explained	《解析意識》
Contact	《接觸》
Control Data	控制資料公司
Cornell University	康乃爾大學
Cray	克雷電腦
Cybermotion	虛擬行動公司
Daimler-Benz	戴姆勒賓士集團
Dartmouth College	達特茅斯學院
Deep Atlantic	《深不可測的大西洋》
Deep Blue	深藍（西洋棋系統名）
Deep Thought	深慮（西洋棋系統名）
Denning Mobile Robotics	丹寧移動機械（公司名）
Department of Defense Advanced Research Projects Agency, DARPA	國防部先進研究計畫署
Digital Equipment Corporation	迪及多電腦公司
Duke University	杜克大學
Edinburgh University	艾丁堡大學

Elements	《幾何原本》
Fat Mac	胖麥金塔
General Telephone and Electric	通用電話電子公司
Hand-eye	手眼（研究計畫名）
Honda Motors Corp.	本田機械公司
Hopkins Beast	霍普金斯之獸
IBM	國際商務機器
Intel	英特爾公司
JOHNNIAC	強尼亞克（用以執行邏輯理論家程式的電腦）
Jacquard loom	哲卡爾式織布機
Jet Propulsion Laboratory, JPL	噴射推進實驗室
John Hopkins University Applied Physics Laboratory, APL	約翰・霍普金斯大學應用物理實驗室
Kodak	柯達
Le Petit Poucet	小拇指（十七世紀神話）
Life	《生活》
Linares	利納瑞斯（西班牙地名）
Lister Oration	里斯特演說
Logic Theorist	邏輯理論家（第一個人工智慧程式）
Mac+	麥金塔加強型
Macintosh	麥金塔電腦
Manchester University	曼徹斯特大學
Martin-Marietta Corporation	馬丁馬利達公司

Mechanical Engineering Laboratory	機械工程實驗室
Microelectronics and Computer Consortium	微電子電腦協會
Mind Children: The Future of Robot and Human Intelligence	《心智孩童：機器人和人類智能的未來》
Mobile robot laboratory	移動型機器人實驗室
National Aeronautics and Space Administration, NASA	美國國家航空暨太空總署
Navlab	導航實驗室號（自動車名）
New York University	紐約大學
Newton handheld	牛頓掌上型電腦
Office of Naval Research	海軍研究計畫室
Oxford University Press	牛津大學出版社
Pennsylvania	賓州
Pasadena	帕薩迪納
Physics of Immortality	《不死的物理學》
Plymouth	普利茅斯
Polaroid	拍立得（公司名）
Principia Mathematica	《數學原理》
Representation and Reality	《描述和真實》
Robotics Institute	機器人學院
Rossum's Universal Robots	〈羅桑的萬用機器人〉
STRIPS (Stanford Research Institute Problem Solver)	史丹福研究中心解題系統

Schrödinger's Cat	薛丁格的貓
Selfish Genes	《自私的基因》
Seven-league Boots	七里靴
Shakey	搖晃小子（機器人名）
Silicon Graphics	西基
Sojourner	旅居者（火星漫遊車名）
Sputnik	史波尼克號（人造衛星名）
Stanford Artificial Intelligence Laboratory (SAIL)	史丹佛人工智慧實驗室
Stanford Cart	史丹佛推車
Stanford Hospital	史丹佛醫院
Stanford Research Institute	史丹佛研究中心
Star Trek	星際航艦
Strategic Computing Initiative	戰略計算計畫（研究計畫名）
Sun	昇陽（電腦公司名）
The Day the Earth Stood Still	地球停止運轉的那一天（電影）
The Robot Book	《機器人之書》
The Time Machine	《時光機器》
Transitions Research Company, TRC)	變遷科技研究公司
U-boats	U 型潛艦
University of Alberta	阿爾伯達大學
Voyager	航海家號（太空探測船

名）

Wigner's Friend   威格納的朋友（想像實驗
名）

Yanomami   亞諾瑪米（亞瑪遜流域部
落名）

機器人；由機器邁向超越人類心智之路 ／ 漢斯
‧摩拉維克(Hans Moravec)著；韓定中, 劉倩
娟譯. -- 初版. -- 臺北市：臺灣商務,
2004[民 93]
　　面；　公分. -- (Open；1:40)
　　譯自：Robot：mere machine to
transcendent mind
　ISBN 957-05-1863-4(平裝)

1. 機器人　2. 人工智慧
448.992　　　　　　　　　　　93005501

OPEN系列／讀者回函卡

感謝您對本館的支持，為加強對您的服務，請填妥此卡，免付郵資寄回，可隨時收到本館最新出版訊息，及享受各種優惠。

姓名：_____ 性別：□男 □女

出生日期：____年____月____日

職業：□學生 □公務（含軍警） □家管 □服務 □金融 □製造
　　　□資訊 □大眾傳播 □自由業 □農漁牧 □退休 □其他

學歷：□高中以下（含高中） □大專 □研究所（含以上）

地址：_____
　　　_____

電話：（H）_____（O）_____

E-mail:_____

購買書名：_____

您從何處得知本書？
　　　□書店 □報紙廣告 □報紙專欄 □雜誌廣告 □DM廣告
　　　□傳單 □親友介紹 □電視廣播 □其他

您對本書的意見？ （A/滿意 B/尚可 C/需改進）
　　　內容_____ 編輯_____ 校對_____ 翻譯_____
　　　封面設計_____ 價格_____ 其他_____

您的建議：_____
　　　　　_____
　　　　　_____

臺灣商務印書館

台北市重慶南路一段三十七號　電話：（02）23116118・23115538
讀者服務專線：0800056196　傳真：（02）23710274
郵撥：0000165-1號　E-mail：cptw@ms12.hinet.net
網址：www.commercialpress.com.tw